高职高专特色课程项目化教材

机械设计基础

主编 黄 杨 侯海晶

U0395346

东北大学出版社

·沈 阳·

© 黄 杨 侯海晶 2020

图书在版编目（CIP）数据

机械设计基础 / 黄杨，侯海晶主编. — 沈阳：东
北大学出版社，2020.10
ISBN 978-7-5517-2537-8

Ⅰ.①机… Ⅱ.①黄… ②侯… Ⅲ.①机械设计
Ⅳ.①TH122

中国版本图书馆 CIP 数据核字（2020）第 204241 号

出 版 者：东北大学出版社
　　　　　地址：沈阳市和平区文化路三号巷 11 号
　　　　　邮编：110819
　　　　　电话：024-83687331（市场部）　83680267（社务部）
　　　　　传真：024-83680180（市场部）　83680265（社务部）
　　　　　网址：http://www.neupress.com
　　　　　E-mail：neuph@neupress.com
印 刷 者：辽宁一诺广告印务有限公司
发 行 者：东北大学出版社
幅面尺寸：185 mm×260 mm
印　　张：22.25
字　　数：469 千字
出版时间：2020 年 10 月第 1 版
印刷时间：2020 年 10 月第 1 次印刷
策划编辑：牛连功
责任编辑：周　朦　杨世剑
责任校对：吕　翀
封面设计：潘正一

ISBN 978-7-5517-2537-8　　　　　　　　　定　价：48.00 元

前　言

　　机械设计基础是高等职业学校机械类相关专业的一门技术基础课。本书作为该课程的学习教材，兼顾了综合性和基础性的要求：一方面力求综合，尽量全面地介绍机械基础领域的知识；另一方面，考虑到高职教育的特点，在各模块知识的安排和选择上都力求简洁易懂。

　　本书内容包括静力学、材料力学、机械工程材料和热处理基础、常用机构、常用机械零部件五个模块。每个模块由若干个项目组成，每个项目又包含若干个任务，并采用任务驱动的模式进行编写。静力学包括约束反力的求法、平面力系的平衡方程；材料力学包括拉伸、压缩等变形后内力的求法及强度校核等；机械工程材料包括金属材料的力学性能、碳素钢和铸铁的种类及牌号；常用机构包括平面机构自由度的计算、铰链四杆机构的类型和运动受力特性、凸轮机构的运动分析和齿轮机构的介绍与设计尺寸；常用机械零部件包括联接件的选用、带传动和链传动的受力运动分析，以及轴承、联轴器的选用原则等。

　　本书由黄杨、侯海晶担任主编，赵海鹏、王丽咏、朱爱菊参编，具体分工为：黄杨编写了第一模块、第二模块、第四模块的项目一、二；侯海晶编写了第四模块的项目五和第五模块；赵海鹏编写了第三模块；王丽咏编写了第四模块的项目三；朱爱菊编写了第四模块的项目四。

　　本书的编写工作还得到了有关院校的大力支持，在此谨向他们致以诚挚的谢意。

　　由于编者水平有限，加之时间仓促，书中难免有不妥之处，诚望专家、同人和广大读者批评指正。

编者

2020 年 6 月

目　录

┃模块一┃

静力学

┃模块二┃

材料力学

┃模块三┃

机械工程材料和热处理基础

┃模块四┃

常用机构

▌ 模块五 ▌

常用机械零部件

静力学

　　对于大多数物体而言，只要受到的外力不是特别大，都可以近似地认为是刚体，这就使得对力学问题的研究变得非常简便。静力学的研究对象就是刚体。"平衡"和"运动"都是物体的运动状态，是相对的。若物体处于平衡状态，则作用于物体上的力系必须满足一定的平衡条件。当研究复杂力系对刚体的作用效应时，需简化为一个简单的力系，而作用效果不变。若两个力系对物体的作用效果相同，则称这两个力系为等效力系。所以静力学研究的主要问题是刚体的受力分析、简化力系，以及如何建立刚体在各种力系作用下的平衡条件。

项目一　力的概述和静力学公理

【学习目标】

(1)了解力的分类和表示方法。
(2)掌握静力学的四个公理并会应用。

【相关知识】

一、力的概念和三要素

力是物体间相互的机械作用,这种作用会使物体的运动状态发生改变,或使物体产生变形。力使物体运动状态发生改变的效应,称力的外效应;力使物体产生变形的效应,称力的内效应。

实践证明,力对物体的作用效果取决于三个要素:力的大小、力的方向、力的作用点。所以力是矢量,可以用带箭头的有向线段来表示力的三要素,如图1-1-1所示。

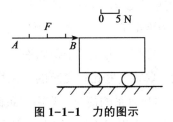

图 1-1-1　力的图示

二、力的类型

力的作用形式分为集中力和分布力。当力的作用范围很小时,可以把力简化为集中作用在物体的某个点上,这种力称为集中力,如图 1-1-2(a)所示,重力 P、拉力 F_T 等可视为集中力;当力的作用范围较大时,称为分布力,如高大的塔器受风载作用可看成是受分布力的作用,如图 1-1-2(b)所示。如果力连续均匀分布就称为均布力或均布载荷。均布力的大小用载荷集度 q 表示,即物体单位长度上所受的力。若均布力的合力为 F_Q [如图 1-1-2(c)中的虚线所示],且作用在受力物体的中点上,那么合力的大小 $F_Q=ql$。

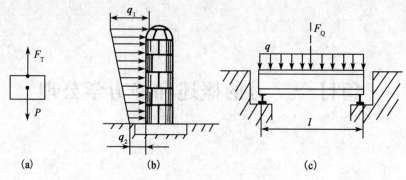

图1-1-2 力的作用形式

三、刚体的概念

刚体指在力的作用下，其内部任意两点之间距离保持不变的物体，即在力的作用下体积和形状都不发生改变的物体。这是一个理想化的力学模型，实际物体在力的作用下都会产生变形。

当研究物体在力系作用下的外部效应时，忽略变形并不影响对物体平衡问题的研究。静力学研究的对象就是刚体，一般称刚体静力学。当研究物体在力系作用下的内部效应时，不能忽略物体变形的作用，这正是材料力学需要研究的问题。

四、力系和平衡

作用在物体上的一组力称为力系。如果一个力系对物体的作用效果与另外一个力系对物体的作用效果相同，那么这两个力系彼此称为等效力系。等效力系可以相互代换。如果一个力 F 对物体的作用效果与一个力系的作用效果相同，则此力 F 称为该力系的合力。

若物体处于静止状态或匀速直线运动状态，称物体处于平衡状态。物体在力系作用下处于平衡状态，则称该力系为平衡力系。作用于物体上的力系若使物体处于平衡状态，就必须满足一定的条件，这些条件称为力系的平衡条件。

在确定物体的平衡条件时，要将一些比较复杂的力系用作用效果完全相同的简单力系或一个力来代替，这种方法称为力系的简化。应用力系的平衡条件，分析平衡物体的受力情况，判明物体上受哪些力的作用，确定未知力的大小、方向和作用点，这种分析称为静力分析。

五、力的和成与分解

1.力的合成

作用于物体上同一点的两个力，可以合成为一个合力，也作用在该点上，合力的大小和方向，是以这两个力为邻边所构成的平行四边形的对角线来表示的，如图1-1-3所示。

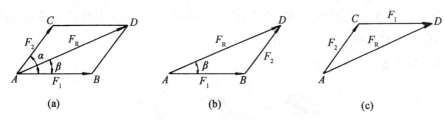

图 1-1-3 力的平行四边形公理

力的平行四边形公理指出，两个力的合成是矢量和，既有大小又有方向。分力 F_1，F_2 合成的合力 F_R 可用下列矢量式来表示：

$$F_R = F_1 + F_2 \qquad (1-1-1)$$

2．力的分解

工程上，常把一个合力分解为相互垂直的两个分力，这种分解称为正交分解，所得的两个分力称为正交分力，如图 1-1-4 所示。其公式如下所示：

$$\left. \begin{array}{l} F_1 = F\sin\alpha \\ F_2 = F\cos\alpha \end{array} \right\} \qquad (1-1-2)$$

图 1-1-4 力的正交分解

图 1-1-5 二力平衡

六、静力学公理

1．公理一：二力平衡公理

刚体在两个力作用下处于平衡状态的充分必要条件是：这两个力大小相等、方向相反、作用在同一直线上（等值、反向、共线），如图 1-1-5 所示。

只在两个点各受一个集中力作用而处于平衡状态的刚体被称为二力刚体，在构造物中称为二力杆。二力杆的受力特点是：所受两个力必沿两作用点的连线，且这两个力大小相等、方向相反、作用在同一直线上（等值、反向、共线）。如图 1-1-6 所示。

2．公理二：加减平衡力系公理

加减平衡力系公理：在作用于刚体的力系中，任意加上或减去一个平衡力系，且不改变原力系对刚体的作用效果，即新力系和原力系等效。这个公理可以用来简化力系。

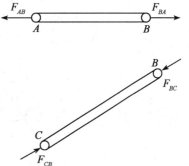

图 1-1-6 二力杆受力特点

推论一(力的可传性原理):作用在刚体上某点的力,可以沿其作用线移向刚体内任一点,不会改变它对刚体的作用效应。

证明:如图1-1-7所示。

图1-1-7 力的可传性原理

作用于刚体上的力的三要素变为:力的大小、力的方向和力的作用线。可见,作用于刚体上的力为滑动矢量。

3.公理三:力的平行四边形公理

作用在物体上同一点的两个力可以合成为一个合力。合力的作用点也在该点上,合力的大小和方向,由这两个力为边构成的平行四边形的对角线确定。或者说,合力矢等于这两个分力矢的几何和,如图1-1-8(a)所示。

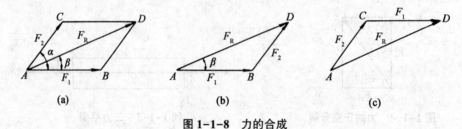

图1-1-8 力的合成

当只求合力的大小和方向时,可用力的三角形法则:从 A 点作与 F_1 大小相同,方向相同的矢量 $\overrightarrow{AB}$,过 B 点作与 F_2 大小相同的矢量 $\overrightarrow{BD}$,$\overrightarrow{AD}$ 即表示合力的大小和方向,如图1-1-8(b)所示。

推论二(三力平衡汇交定理):当刚体受同一平面内互不平行的三个力作用而平衡时,此三力的作用线必汇交于一点。

证明:三力平衡证明如图1-1-9所示。

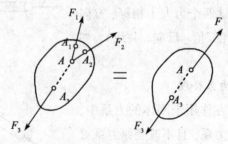

图1-1-9 三力平衡

4.公理四:作用与反作用公理

两个相互作用在物体上的力,总是同时存在的,且两个力大小相等、方向相反、沿同一直线分别作用在这两个物体上。这个公理概括了自然界中物体间相互作用的关系，说明力永远是成对出现的，有作用力就有反作用力。

必须注意：作用力与反作用力是作用在两个物体上的，而一对平衡力则是作用在同一物体上的，不要把公理四和公理一混同起来。

例如：重量为 P 的圆球，放在光滑的地面上。地面给球的支承力 F'_N 和球给地面的压力 F'_N 就构成一对作用力与反作用力，如图 1-1-10 所示。

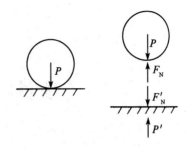

图 1-1-10　作用力与反作用力

【思考与练习】

(1)作用在同一刚体的两个力等值、反向、共线，符合(　　)。

　　A. 作用与反作用定理　　　　　　　　B. 二力平衡定理

　　C. 加减平衡力系定理

(2)分别作用在两个物体上的两个力等值、反向、共线，符合(　　)。

　　A. 作用与反作用定理　　　　　　　　B. 二力平衡定理

　　C. 加减平衡力系定理

(3)二力平衡公理适用于(　　)。

　　A. 刚体　　　　　　　　　　　　　　B. 变形体

　　C. 刚体和变形体　　　　　　　　　　D. 任意质点系

(4)刚体在一个力系作用下，此时只能(　　)，不会改变原力系对刚体的作用效应。

　　A. 加上由两个力组成的力系　　　　　B. 去掉由两个力组成的力系

　　C. 加上或去掉由两个力组成的力系　　D. 加上或去掉一个平衡力系

(5)作用在刚体上三个相互平衡的力，若其中两个力的作用线相交于一点，则第三个力的作用线(　　)。

　　A. 必定交于同一点　　　　　　　　　B. 不一定交于同一点

　　C. 必定交于同一点且三个力的作用线共面　　D. 必定交于同一点但不一定共面

项目二　力系基础知识

该项目主要介绍约束、约束反力、力矩、力偶的概念。通过学习项目二，学生应掌握简单物体的受力分析方法，并能准确地画出研究对象的受力简图；熟悉合力矩定理和平面力偶系平衡的条件，能够正确运用平面汇交力系和平面一般力系的平衡条件来列平衡方程，求出约束反力。

任务一　约束和约束反力

【学习目标】

(1) 熟悉工程上常见的几种约束类型及铰链约束的分类。

(2) 掌握约束反力的画法。

(3) 掌握平衡状态下物体的受力分析方法，能够准确画出物体的受力图。

【任务描述】

如图 1-2-1 所示，重量为 W 的圆球一边靠在墙上，一边和杆 AB 接触，杆 AB 在 B 端用绳子挂在墙上并且都处于平衡状态，试分别画出球和杆的约束反力。

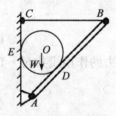

图 1-2-1　圆球受力

【任务分析】

根据任务描述，首先确定所要研究的对象分别是球和杆。小球的一端和墙接触，另一端和杆 AB 接触。显然，墙和杆 AB 对小球的运动都起到了限制作用，如果失去了墙和杆的限制，小球将不能保持原来的静止状态，那么如何将周围物体对小球的这些作用通过图示形式清楚地表达出来呢？

再来分析杆 AB，杆 AB 的 A 端与机架相连接，B 端与绳子相连，D 端与球接触，在这些力的作用下，杆 AB 处于平衡状态。A 点是什么类型的力？周围对 AB 杆的约束如何通过图示形式清楚地表达出来呢？想要解决这些问题，首先要了解有关约束和约束反力的相关知识。

【相关知识】

一、约束与约束反力的概述

1.自由体和非自由体

凡是能在空间做任意运动的物体称为自由体，如空中的飞机、小鸟等。如果物体受到其他物体对它的限制，在某些方向不能自由运动，则称为非自由体。例如悬挂的吊灯、地上的桌椅等。

2.约束和约束反力

限制某物体运动的装置称为该物体的约束。当非自由体沿约束所限制方向有运动趋势时，约束与非自由体之间便产生相互的作用力，称为约束反力。例如：汽车轮轴、地面是车轮的约束，轴对轮施加约束反力，轴承对轴施加约束反力，地面对车轮的支承力也为约束反力。

3.主动力与约束反力

物体受力可分为主动力与约束反力。主动力指凡是能主动引起物体运动状态改变，或有使物体运动状态改变趋势的力。主动力有时也叫载荷，一般大小、方向已知或可计算，如重力、风力等。约束反力是由主动力引起的，是一种被动力、未知力。静力分析的重要任务之一就是要确定未知的约束反力的大小、方向。非自由体的平衡可看作是作用于其上的主动力与约束反力的平衡。

4.约束反力的三要素

第一要素是作用点，其总是在约束与被约束物体相互接触处。第二要素是方向，必与约束所限制的运动方向相反，如图 1-2-2 中，灯是非自由体，灯链就是灯的约束。由于灯受到灯链的限制，唯独不能向下运动，所以灯链对灯的约束反力方向是向上的力 F_T。第三要素是大小，约束反力的大小可以根据平衡条件计算得出。

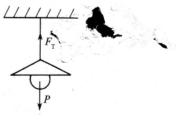

图 1-2-2 灯链对灯的约束反力

二、常见约束类型及约束反力

1.柔体约束

由柔软的绳索、皮带、链条等构成的约束称为柔体约束，如图 1-2-3 和 1-2-4 所示。由于柔体只能承受拉力，不能承受压力，所以约束反力作用于接触点，沿柔体中心线方向背离非自由体。这种约束反力通常用 F_T 表示。

图 1-2-3　柔体约束实例

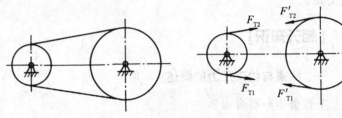

图 1-2-4　柔体约束受力

2.光滑面约束

若两物体接触面间的摩擦力很小，与其他作用力相比可忽略不计时，则认为接触面是"光滑"的。由于这种约束只能限制沿接触点的法线方向支承面的运动，所以约束反力作用于接触点，沿着接触面公法线方向，指向非自由体。这种约束反力通常用 F_N 表示，如图 1-2-5 所示。

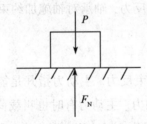

图 1-2-5　光滑面约束

工程上光滑面约束的实例很多。如图 1-2-6(a) 中，滚筒放置在 A，B 两个滚轮上，则滚轮可视为光滑面约束。约束反力的画法如图 1-2-6(b) 所示。

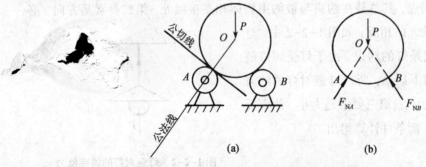

图 1-2-6　光滑面约束实例

三、光滑铰链约束的类型

1. 中间铰链(联接铰链)

两物体分别钻有直径相同的圆柱形孔,并用一圆柱形销钉联接,在不计摩擦时,即构成光滑圆柱形铰链约束,简称铰链约束,如图1-2-7所示。

图1-2-7　铰链约束

由于销钉只能限制两零件的相对移动,但不能限制两零件的相对转动。销钉与零件实际上是遵循光滑面约束反力的特点。如图1-2-8所示,销钉给零件的反力 F 应过接触点 K 的公法线,但因接触点 K 不能预先确定,所以反力 F 的方向也不能预先确定。通常将圆柱形销钉的约束反力用 x, y 两个方向的正交分力 F_x, F_y 或 X_A, Y_A 来表示。

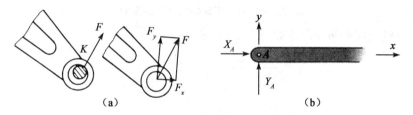

（a）　　　　　　　　　　　　　（b）

图1-2-8　铰链约束反力

工程上,采用圆柱形销钉联接的实例很多。如图1-2-9(a)所示的曲柄滑块机构,连杆与曲轴间、连杆与活塞间就采用圆柱形销钉联接,属于中间铰链。

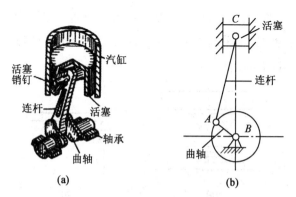

(a)　　　　　　　　　　(b)

图1-2-9　曲柄滑快机构

用销钉联接两个有孔零件,且被联接件均可绕销轴转动。这两个零件均可相对转动,又互相制约。约束反力用过销轴中心的两个正交的分力 F_{Ax} 和 F_{Ay} 表示,如图1-2-10所示。

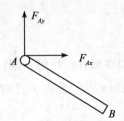

图 1-2-10　中间铰链的约束反力

2.固定铰链支座

如果中间铰链中的构件之一与地基或机架相连，便构成固定铰链支座，如图 1-2-11（a）所示。约束反力通过销轴中心方向，过销轴中心的两个正交的分力用 F_x，F_y 表示。

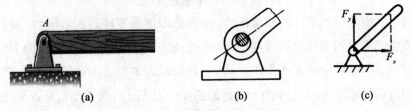

(a)　　　　　　　　　(b)　　　　　　　　　(c)

图 1-2-11　固定铰链的约束反力

固定铰链支座的两种形式如图 1-2-12 所示。

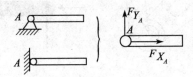

图 1-2-12　固定铰链的两种形式

3.活动铰链支座

在铰链支座的底部安装一排滚轮，可使支座沿固定支承面移动，只能限制构件离开和趋向支承面的运动。因此，活动铰链支座的约束反力通过销钉中心垂直于支承面，常用 F 表示。在工程结构中经常采用这种约束，目的是适应构件变形。活动铰链支座的受力情况如图 1-2-13(b) 所示。

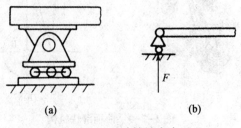

(a)　　　　　　　　　(b)

图 1-2-13　活动铰链支座

活动铰链支座常常应用于桥梁或卧式容器的支座上。如图 1-2-14 和 1-2-15 所示，支座的一端固定铰链，另一端用活动铰链。当容器或桥梁因热胀冷缩而长度稍有变化时，一端的活动铰链支座可沿支承面滑动，从而避免了温差应力。

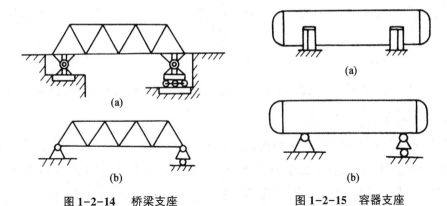

图 1-2-14　桥梁支座　　　　图 1-2-15　容器支座

4.二力杆约束

杆件的自重不计，杆件的两端均用铰链（或固定铰链支座）与周围的其他物体相联接，两铰链之间不受任何力作用。例如图 1-2-16 所示支撑床铺的杆。

图 1-2-16　支撑床铺的杆

二力杆约束的约束反力方向是沿着二力杆两铰链中心的连线，如图 1-2-17 所示。

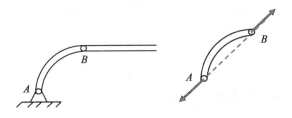

图 1-2-17　二力杆约束反力

【任务实施】

（1）首先对小球进行受力分析。

小球一端和墙通过接触点 E 相互作用，一端和杆 AB 通过接触点 D 相互作用。墙对小球和杆 AB 对小球的约束反力都属于光滑面约束，约束反力的方向是过接触点作一条公法线并指向小球，如图 1-2-18 所示。

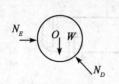
图 1-2-18 球的约束反力

图 1-2-19 杆 *AB* 的约束反力

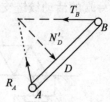
图 1-2-20 杆 *AB* 最终受的约束反力

（2）再对杆 *AB* 进行受力分析。

杆 *AB* 和机架通过固定铰链 *A* 相连，属于固定铰链约束；和绳子通过接触点 *B* 相连，属于柔体约束；和小球通过接触点 *D* 相连，属于光滑面约束(与上面球的约束反力是一对作用力和反作用力)。根据不同类型的约束反力的作用特点，杆 *AB* 的约束反力如图 1-2-19所示。

由于 *AB* 杆与外界有三个接触点，所以会受到三个力的作用。根据三力平衡汇交定理，如果刚体受到同一平面内互不平行的三个力的作用而处于平衡状态，则这三个力必汇交于一个点，即过 *A* 点的力与过 *D* 点的力还有过 *B* 点的力相交于一点，最终受力如图 1-2-20所示。

【思考与练习】

（1）判断图 1-2-21 的受力图是否正确。

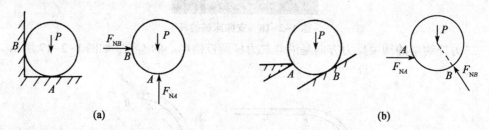

（a）

（b）

图 1-2-21

（2）画出图 1-2-22 中圆球的受力图。

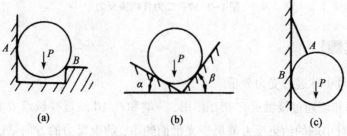

（a）　　　　（b）　　　　（c）

图 1-2-22

（3）试绘出图 1-2-23 中圆球、杆(自重不计)及整体的受力图。

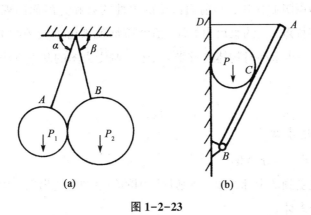

图 1-2-23

任务二　物体的受力分析和受力图

【学习目标】

(1) 熟练掌握物体受力分析方法。

(2) 掌握根据约束反力的特点,准确绘制不同类型的约束反力。

【任务描述】

如图 1-2-24 所示,水平梁 AB 上作用有均布载荷 q 和集中力 F。A 端为固定铰链支座,B 端为活动铰链支座,梁重不计,试画出梁 AB 的受力图。

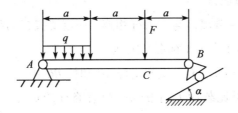

图 1-2-24　梁的受力

【任务分析】

根据任务描述,我们首先确定所要研究的对象是梁 AB(其自重忽略不计)。从图 1-2-24 中可以看出,梁 AB 在 C 处受到外力 F 的作用,使得梁有沿着力 F 方向产生运动的趋势。由于受到 A,B 两端铰链支座的限制,梁 AB 保持平衡。由于 B 端铰链支座是活动的,不能限制梁在外力作用下沿 B 端支承面水平方向的移动,只能限制梁在垂直于支承面方向的运动。A 端铰链支座是固定的,能限制梁在与铰链中心轴线相垂直的平面内沿任何方向的移动,但不能限制梁在外力作用下绕 A 端铰链转动。由此可见,A,B 两端铰链支座对梁的约束限制作用，与前面讨论的柔性约束和光滑面约束有所不同。那么，这种约束具有哪些特点？其约束反力如何表示？下面就来讨论铰链约束的性质及其约束反力的特点，以进一步掌握对物体进行受力分析、画受力图的基本方法和步骤。

【相关知识】

一、画受力图的步骤

1.选择研究对象，取分离体

解除研究对象受到的全部约束，将其从周围的约束中分离出来，并画出相应的简图，这个过程称为取分离体。

2.画受力图

在分离体图上，先画上所有的主动力，再依次去掉约束的特征，逐个画上相应的约束力，然后标明各力的符号，这个简图称为受力图。

二、画受力图的注意事项

(1)明确研究对象，分离彻底。

(2)根据约束类型去画各约束力的作用线和指向。

(3)在物系问题中，宜先画整体受力图，再画各物体的受力图，各分离体之间的作用力必须满足作用与反作用定律。

(4)画出全部外力，而不画内力。外力是研究对象以外的物体对研究对象的作用力，包括主动力、约束力。内力是所研究对象内部各物体间的相互作用力。在这里，内力与外力均是相对于所取分离体而言。

(5)找出二力杆。如果分离体与二力杆相连，一定要按二力杆的特点去画它对分离体的作用力。注意正确运用三力平衡汇交定理。

例题 如图 1-2-25 所示，有一支架由杆 AB 和杆 BC 用铰链联接而成。由于杆重比载荷 F_P 小的多，故忽略杆的自重，杆的另一端 A 和 C 分别用铰链固定于墙上。载荷 F_P 作用在销钉上，试分析杆 AB，BC 及销钉的受力图。

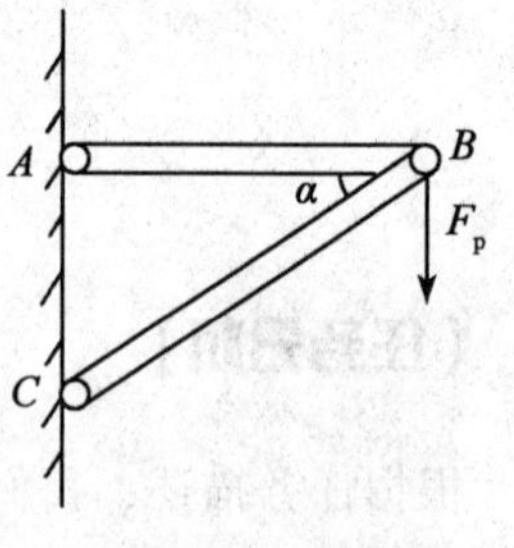

解：(1)分析杆 AB，BC 的受力情况，并画出它们的受力图。

分别取杆 AB，BC 杆为研究对象，画出简单的轮廓图。

图 1-2-25 支架

若不计杆 AB 和杆 BC 的自重，则 AB，BC 两杆都只分别受到两端铰链约束反力的作用而处于平衡，显然杆 AB 和杆 BC 皆为二力杆。假设杆 AB 是受拉杆，这两个力大小相等、方向相反、作用线共线(沿两铰链中心连线)，其受力如图1-2-26 (a)所示。同理，假设杆 BC 是受压杆，受到铰链 B 和铰链 C 处的约束反力 F_{BC} 和 F_{CB} 的作用,这对力必等值、反向、共线(沿两铰链中心连线),其受力如图1-2-26(b)所示。

(2)分析销钉 B 受力情况并画出其受力图。

取销钉 B 为研究对象,其受到主动力 F_P、二力杆 AB 给它的约束反力 F'_{BA} 及二力杆 BC 给它的约束反力 F'_{BC} 作用,在三力的作用下处于平衡,符合三力平衡汇交定理。根据作用与反作用公理,则 $F_{BA} = -F'_{BA}$,$F'_{BC} = -F'_{BC}$。销钉 B 受力如图1-2-26(c)所示。

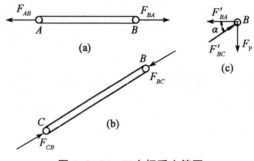

图1-2-26 二力杆受力简图

【任务实施】

(1)取梁 AB 为研究对象,画出分离体。

(2)先画主动力。

作用在梁 AB 上的主动力有集中力 F 和均布载荷 q,均布载荷的合力大小为 $F_Q = qa$,作用在距 A 点的 $a/2$ 处。

(3)画约束反力。

A 处为固定铰链约束,约束反力用一对正交分力 F_{Ax},F_{Ay} 表示,B 处为活动铰链约束,约束反力垂直于支承面并通过铰链中心,用 F_B 表示,如图1-2-27所示。

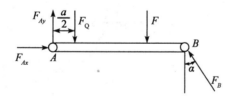

图1-2-27 梁的受力

【思考与练习】

(1)画出图1-2-28中杆 AB(自重不计)的受力图。

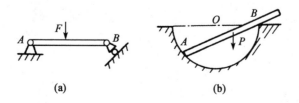

(a)　　　　　　　　　　(b)

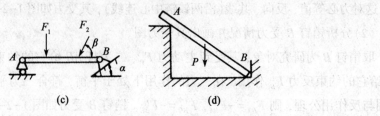

图 1-2-28

(2)画出图 1-2-29 中杆 AB(自重不计)的受力图。

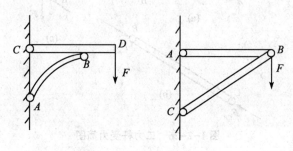

图 1-2-29

(3)试画图 1-2-30 中杆 AB，CD 的受力图(CD 自重不计)。

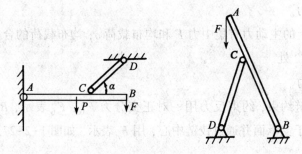

图 1-2-30

项目三 力矩和力偶

力矩和力偶都是让物体产生转动效应的物理量。该项目介绍了力矩的概念和应用，根据力矩的计算公式，计算不同的力对不同的点所产生的力对点之矩；还介绍了如何应用合力矩定理来计算合力矩的大小。力偶是只能让物体产生转动效应的物理量，该项目详细介绍了如何利用平面力偶系的平衡方程来解决力偶作用下的平衡问题。

任务一 力对点之矩

【学习目标】

(1)明确力矩的概念和计算公式。
(2)掌握应用合力矩定理来计算合力矩的方法。

【任务描述】

如图 1-3-1 所示，直齿圆柱齿轮受到的啮合力 $F_n = 980$ N，齿轮的压力角 $\alpha = 20°$，节圆直径 $D = 160$ mm，试求啮合力 F_n 对齿轮轴心 O 之矩。

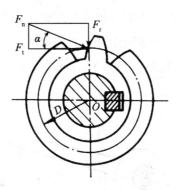

图 1-3-1 齿轮轮齿受力

【任务分析】

在如图 1-3-1 所示结构中，力 F_n 对构件的作用效应不仅有使构件移动的趋势，而且还有使构件绕 O 点顺时针转动的趋势。在其他条件都不变的情况下，力 F_n 与水平方向的夹角 α 减小会使转动趋势更加明显，当 $\alpha = 0°$ 时顺时针转动的趋势最大。若改变 α 使得力 F_n 的作用线通过 O 点，则构件只有移动的趋势而没有转动趋势。另外，在其他条件都不变时，增大力 F_n 也会加大构件的转动趋势。那么，为什么当 $\alpha = 0°$，即力 F_n 的作用线与半径垂直时，构件转动的趋势更为明显呢？从图中可以看出，此时的 O 点到作用线的距离达到最大。

这就说明，力 F_n 对构件的转动效应不仅与该力的大小有关，还与构件的转动中心到力的作用线的距离有关，并且成正比关系。

【相关知识】

一、力对点之矩的概念

力对刚体的作用效应有两种：一种是如果力的作用线通过刚体的质心，将使刚体在力作用的方向上平移；另一种是如果力的作用线不通过刚体的质心，则刚体将在力的作用下移动且转动。这里我们研究的是力对刚体的转动效应。一般情况下，力的移动效应取决于力的三要素，力的转动效应用力矩来衡量。

如图 1-3-2 所示，观察扳手拧螺母的情况。可以看出，力 F 使扳手绕 O 点转动的效应取决于下列两个因素：①力 F 的大小与该力作用线到转动中心的距离 d 的乘积；②力使扳手绕 O 点转动的方向。这两个因素在力学上用一个物理量"$\pm Fd$"来表示，称为力 F 对 O 点之矩，简称力矩，记为

$$m_o(F) = \pm Fd \qquad (1-3-1)$$

其中，O 点称为力矩中心；O 点到力 F 作用线的距离 d 称为力臂。

力矩是一个代数量，其正负号规定如下：力使物体绕矩心逆时针转动时，力矩为正，反之为负。力矩的国际单位制是牛·米（N·m）或千牛·米（kN·m）。

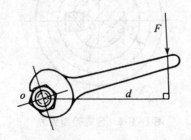

图 1-3-2　力对点之矩

二、杠杆原理

典型的应用力矩的例子，就是杠杆平衡问题。设有一杠杆，受力情况如图1-3-3所示，作用在杆上有两个主动力F_1和F_2，O点为杠杆的支点，a和b分别为自O点到F_1和F_2作用线的距离。实践证明，杠杆处于平衡状态的条件是$F_1 \cdot a = F_2 \cdot b$，即$F_1 \cdot a - F_2 \cdot b = 0$，其数学表达式为

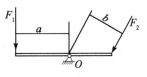

图1-3-3 杠杆原理

$$m_o(F_1) + m_o(F_2) = 0 \tag{1-3-2}$$

公式(1-3-2)表明，如果作用在杠杆上的两力对其支点O之矩的代数和等于零，杠杆即处于平衡状态。如果作用在杠杆上的力超过两个，则式(1-3-2)可扩展为

$$m_o(F_1) + m_o(F_2) + \dots + m_o(F_n) = 0，即 \sum m_o(F) = 0 \tag{1-3-3}$$

也就是说，如果作用在杠杆上的各力对其O点之矩的代数和等于零，杠杆即处于平衡状态。

三、合力矩定理

如前所述，力矩是度量力对物体的转动效应的物理量，而合力与分力是等效的。故合力对某点之矩，等于各分力对该点之矩的代数和，其数学表达式为

$$m_o(F_R) = m_o(F_1) + m_o(F_2) + \dots + m_o(F_n) = \sum m_o(F) \tag{1-3-4}$$

【任务实施】

解法一 如图1-3-1所示，先将啮合力F_n分解为圆周力F_t和径向力F_r，则有

$$F_t = F_n \cos\alpha, \quad F_r = F_n \sin\alpha$$

根据合力矩定理并将有关数据代入，得出啮合力F_n对齿轮轴心O之矩。

解法二 运用力矩计算公式求力矩，具体计算步骤如下所示。

算法一：

$$m_o(F_n) = m_o(F_t) + m_o(F_r)$$

$$= -F_n \cos\alpha \times \frac{D}{2} + 0$$

$$= -73.67 \text{ N} \cdot \text{m}$$

算法二：

$$m_o(F_n) = -F_n \cos\alpha \times \frac{D}{2}$$

$$= -73.67 \text{ N} \cdot \text{m}$$

【思考与练习】

（1）怎样选择一个点，使力对该点之矩等于零？

（2）计算图 1-3-4 中各力 F 对 O 点之矩。

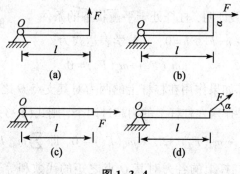

图 1-3-4

（3）力对刚体的作用效应指（　　　）。

    A. 移动和转动　　　　　B. 变形　　　　　　　C. 运动和变形

（4）如图 1-3-5 所示，大小相等的四个力，作用在同一平面上且力的作用线交于一点 C，试比较四个力对平面上点 O 的力矩，指出哪个力对 O 点之矩最大。（　　　）

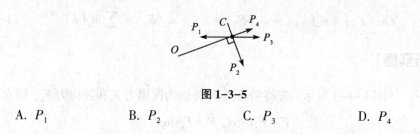

图 1-3-5

    A. P_1　　　　　　　B. P_2　　　　　　　C. P_3　　　　　　　D. P_4

任务二　力偶及其性质

【学习目标】

（1）掌握平面力偶的基本概念、力偶的基本特性及力偶矩的计算公式。

（2）了解力的平移定理。

【任务描述】

钳工攻螺纹或铰孔时，要求双手握住铰杠的两端，一推一拉，均匀用力，如图 1-3-6 所示。如果用一只手握住铰杠的一端用力，则丝锥、铰刀容易折断，试分析原因。

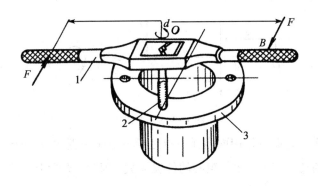

图 1-3-6 丝锥

1—扳杠；2—丝锥；3—零件

【任务分析】

钳工攻螺纹或铰孔时，要求双手握住铰杠的两端，一推一拉，均匀用力，这一对力大小相等、方向相反、作用线相互平行，每个力都使铰杠产生转动效应且转动方向相同，但由于两力的矢量和为零，丝锥铰杠不受径向力的作用。如果用一只手握住铰杠的一端用力，丝锥铰杠就会受到径向力的作用，虽然可使铰杠的丝锥的轴线转动，但如果该力较大时丝锥、铰刀就容易折断。显然，这一对力使物体产生的转动效应与一个力对物体的作用效应是不同的。要准确解释其中的原理，就需要了解力偶的基本知识及力的平移定理。

【相关知识】

一、力偶和力偶矩

一对大小相同、方向相反且作用线相平行的力组成的力系称为力偶。如图 1-3-7 所示，汽车司机转动方向盘的一对作用力即为力偶，记作 F，F'。力偶的两个力所在的平面，叫作力偶的作用面。两力作用线间的距离叫作力偶臂，一般用 d 表示。由以上例子可知，力偶对刚体的作用效应是使刚体产生转动。

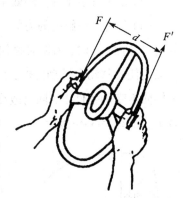

图 1-3-7 力偶作用实例

既然力对物体的转动效应用力矩来度量，而力偶又只可以使物体产生转动效应。因此，我们把力偶中两个力对其作用面内任一点之矩的代数和作为度量力偶对物体的转动效应。如图 1-3-8 所示，在力偶作用面内任取一点 O 为矩心，该点到力 F' 的距离为 x，则力偶中的两个力 F，F' 对 O 点力矩的代数和为

$$m_o(F) + m_o(F') = F(x+d) - F'x = Fx + Fd - F'x = Fd$$

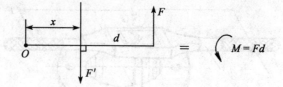

图 1-3-8　力偶矩

上述结果表明，力偶对作用面内任一点之矩恒等于力偶中任一个力的大小和力偶臂的乘积，与力偶的转向有关，而与矩心的位置无关。因此，力学上以乘积"$\pm Fd$"表示力偶对物体转动效应的度量，称为力偶矩，记为 $m(FF')$，或简写为 M，即

$$m(FF') = M = \pm Fd \qquad (1-3-5)$$

其中，正负号表示力偶的转向，规定如下：力偶逆时针转动时，力偶矩为正，反之为负。力偶矩的单位同力矩的单位，也是牛·米（N·m）。

所以，力偶对刚体的转动效应取决于下列三个因素：①力偶矩的大小；②力偶的转向；③力偶作用面的方位。我们把上述三个因素称为力偶三要素。因此力偶也可以用如图 1-3-8 所示的带箭头的圆弧线表示。

二、力偶的性质

（1）力偶在任意轴上的投影恒等于零，即力偶无合力。力偶不能与一个力等效，也不能用一个力来平衡。因此，力偶只能用力偶来平衡。可见，力偶和力是组成力系的两个基本物理量。

（2）力偶对其作用面内任意一点之矩恒等于其力偶矩，而与矩心的位置无关。

（3）力偶对刚体的作用效果取决于力偶三要素，而与力偶的作用位置无关。

（4）在同一平面内的力偶，只要两个力偶的代数值相等，则这两个力偶相等，即为力偶的等效性。同时，力偶对物体的转动效果唯一决定于力偶三要素。因此，可以在力偶作用面内任意移动和转动力偶，而不改变它对物体的作用效果；也可以在保证力偶矩大小和转向不变的条件下，同时改变力偶中力的大小和臂的长短，而不改变它对物体的作用效果。如图 1-3-9 所示。

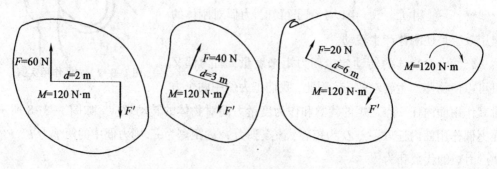

图 1-3-9　力偶的等效性

三、力的平移定理

由静力学公理二可知，在刚体内，力可以沿其作用线移动，而不改变它对物体的作用效应。如果将力的作用线平行移动到另一位置，其作用效应是否改变呢？

设有一力 F 作用于刚体的 A 点，如图 1-3-10(a) 所示。为了将该力平移到任意点 O，在 O 点施加一对平衡力 F' 和 F''，且 $F' = -F'' = F$，如图 1-3-10(b) 所示。在 F，F'，F'' 三力中，F 与 F'' 构成一个力偶，力偶臂为 d，力偶矩恰好等于原力 F 对 O 点之矩，即 $m(FF'') = Fd = M = m_o(F)$。如图 1-3-10(c) 所示，$M = m_o(F)$ 即附加力偶的力偶矩。力 F'，M 对刚体的作用效果与力 F 在原位置时对该刚体的作用效果是等效的。

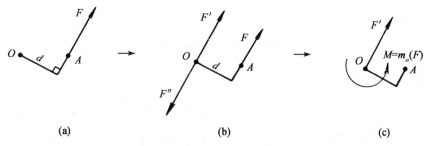

(a)   (b)   (c)

图 1-3-10 力的平移定理

力的平移定理：作用在刚体上的力，可以平行移动至刚体内任一点，移动结果得到一个和原来大小相同、方向相同、作用线平行的力，同时产生一个附加力偶，其力偶矩等于该力对新作用点之矩。

四、固定端约束

在实际工程中，常常遇到物体或构件受到固定端约束的情况，如图 1-3-11 所示卡盘上的工件和图 1-3-12 所示埋入地下的电线杆等。这些构件在平面内不能做任何运动。固定端约束的特点是构件的受约束端既不能向任一方向移动，也不能转动。约束反力限制移动，力偶限制转动。

图 1-3-11 卡盘上的工件

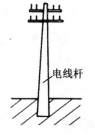

图 1-3-12 电线杆

如图 1-3-13(a) 所示，A 端是固定端约束，约束反力来自多个方向[如图 1-3-13(b) 所示]。假设将这些力都平移到 A 点，根据力的平移定理，这些力等效于若干个通过 A 点的力和若干个力偶。由于这些力都通过 A 点，故可以合成为通过 A 点的一个合力，但是合力的具体方向不能确定，故将合力正交分解成两个分力 F_{Ax} 和 F_{Ay}，而若干个力偶也可以进行合成，合成的结果是一个合力偶 M_A，如图 1-3-13(c) 所示。

综上所述，约束反力 F_{Ax}，F_{Ay} 限制构件的上下左右移动，约束反力偶 M_A 限制构件绕 A 点的转动(受力情况如图 1-3-13 所示)。所以，固定端 A 处的约束反力可用两个正交的分力 F_{Ax}，F_{Ay} 和力矩为 M_A 的力偶表示。

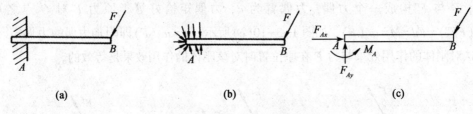

图 1-3-13　固定端约束

【任务实施】

工人攻螺纹或铰孔时，要求用双手握住丝锥铰杠的两端，一推一拉，均匀用力，如图 1-3-14(a) 所示。这一对力大小相等、方向相反、作用线相互平行，形成力偶，使物体产生转动效果。

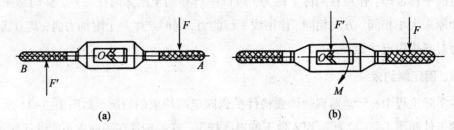

图 1-3-14　丝锥受力

钳工用单手操作铰杠丝锥攻螺纹时，如图 1-3-14(b) 所示，在铰杠手柄上的作用力为 F，则力 F 对铰杠中心 O 点产生力矩 $m_o(F)$，可使铰杠和丝锥垂直于图面的轴线转动。但根据力的平移定理，力 F 对丝锥的作用效应相应于力偶 M 使丝锥转动，力 F' 则会使丝锥杆产生变形甚至折断。如果用双手操作，两手的用作力若保持等值、反向和平行，则两力平移到铰杠中心上的两个平移力等值、反向、共线，则相互抵消，丝锥只产生转动。所以，用铰杠丝锥攻螺纹时，要求用双手操作且均匀用力，不能单手操作。

【思考与练习】

(1)什么是力偶？力偶是不是平衡力系？

(2)力偶中的两个力在坐标轴上投影的代数和是多少？

(3)力偶中的两个力是等值反向的，作用力与反作用力也是等值反向的，而二力平衡条件中的两个力也是等值反向的,试分析三者有何区别?

(4)既然力偶只能用力偶去平衡,那么怎样解释如图1-3-15所示的轮子的平衡呢?

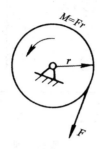

图1-3-15

(5)下列关于力偶性质的描述正确的说法是(　　)。

　　A. 力偶可以用一个力代替,因而也可以用一个力平衡

　　B. 力偶对任意点之矩恒等于力偶矩,与矩心位置无关

　　C. 力偶对物体的运动和变形效应没有影响

(6)构成力偶的两个力(　　)。

　　A. 大小相等　　　　　　B. 方向相反

　　C. 作用线平行但不共线　　D. 以上特征都是

(7)关于力偶,以下说法中正确的是(　　)。

　　A. 组成力偶的两个力大小相等、方向相反,是一对作用力与反作用力

　　B. 组成力偶的两个力大小相等、方向相反,是平衡力系

　　C. 力偶对任一点之矩等于力偶矩

　　D. 力偶在任一坐标轴的投影,等于该力偶矩的大小

任务三　平面力偶系的平衡

【学习目标】

(1)明确平面力偶系的概念。

(2)利用平面力偶系的平衡方程来求解相关约束反力的大小。

【任务描述】

如图1-3-16所示,在多轴钻床上加工一水平工件的三个孔。工作时,每个钻头作用于工件的切削力构成一个力偶,各力偶矩的大小分别为 $M_1 = M_2 = 10$ N · m, $M_3 = 20$ N · m,转向如图所示。工件在 A, B 两处用两个螺栓卡在工作台上,两螺栓间的距离为 L

=200 mm。试求两个螺栓对工件的水平约束反力 F_A 和 F_B 的大小。

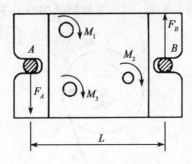

图 1-3-16　多轴钻床加工工件

【任务分析】

根据任务描述，在多轴钻床上加工一水平工件的三个孔，工作时工件在水平面内受三个钻头的主动力偶作用，三个主动力偶都使工件产生顺时针转动趋势。为确保加工安全，在工件的两端各用一个螺栓卡住，防止工件转动。由于力偶可以在其作用面内移动，因此可以用一等效主动合力偶 M 来代替三个主动力偶对工件的作用。力偶只能用力偶来平衡，所以两个螺栓对工件的水平约束反力必然组成一个力偶与主动合力偶 M 平衡。因此螺栓对工件的水平约束反力应为等值、反向且作用线相互平行，如图 1-3-16 所示。要计算这两个力的大小，需要用到有关平面力偶系的合成与平衡的知识。

【相关知识】

一、平面力偶系的合成

既然力偶对物体只有转动效应，而且转动效应由力偶矩来度量，那么，平面内有若干个力偶同时作用时，也只能产生转动效应，显然其转动效应的大小也等于各力偶转动效应的总和。平面力偶系合成的结果是一个合力偶，其合力偶矩 M 等于各分力偶矩的代数和，即

$$M = M_1 + M_2 + \cdots + M_n = \sum M \qquad (1-3-6)$$

例题　如图 1-3-17 所示，某物体受三个共面力偶的作用，已知 $F_1 = 9$ kN，$d_1 = 1$ m，$F_2 = 6$ kN，$d_2 = 0.5$ m，$M_3 = -12$ kN·m，试求合力偶。

解：
$$M_1 = -F_1 d_1 = -9 \times 1 = -9 \text{ kN·m}$$
$$M_2 = F_2 d_2 = 6 \times 0.5 = 3 \text{ kN·m}$$

故合力偶矩为：$M = M_1 + M_2 + M_3 = (-9) + 3 + (-12) = -18$ kN·m

因此，此力偶系的合力偶的转向是顺时针，力偶矩大小为 18 kN·m。

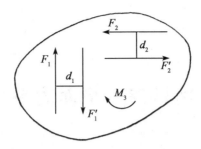

图 1-3-17 平面力偶系

二、平面力偶系的平衡

同前所述，平面力偶系合成的结果是一个合力偶，合力偶矩等于各分力偶矩的代数和。当平面力偶系的合力偶矩等于零时，该力偶系中各分力偶对物体的作用效果相互抵消，物体处于平衡状态。所以，平面力偶系平衡的充分与必要条件是：力偶系中各分力偶矩的代数和等于零，即

$$\sum M = 0 \qquad (1-3-7)$$

【任务实施】

(1)选择工件为研究对象，分析受力情况。

工件在水平面内受三个钻头施加的三个主动力偶的作用和两个螺栓的水平反力的作用。根据力偶系的合成定理，三个主动力偶合成后仍为一个力偶 M，其力偶矩大小为

$$M = \sum M_i = M_1 + M_2 + M_3 = (-10) + (-10) + (-20) = -40 \text{ N} \cdot \text{m}$$

其中，负号表示合力偶矩为顺时针方向。

(2)求两个螺栓对工件的水平约束反力 F_A 和 F_B。

由力偶性质可知，力偶只能与力偶平衡。因此工件受三个主动力偶的作用和两个螺栓的水平反力的作用而平衡，则两个螺栓的水平反力 F_A 与 F_B 必然组成一力偶与主动合力偶 M 平衡。故两个螺栓的水平反力 F_A 与 F_B 必大小相等、方向相反、作用线互相平行。设它们的方向如图 1-3-13 所示，根据平面力偶系的平衡条件 $\sum M_i = 0$，得

$$F_A \cdot L + M = 0$$

可解得

$$F_A = (-M)/L = -(-40)/0.2 = 200 \text{ N}（图设方向正确）$$
$$F_B = F_A = 200 \text{ N}（方向与 } F_A \text{ 相反）}$$

【思考与练习】

(1)平面力偶系合成的结果是什么？

(2)平面力偶系平衡的条件是什么？

项目四　平面力系

各力作用线位于同一平面的力系称为平面力系。在平面力系中，如果各力的作用线汇交于一点，则称为平面汇交力系；如果各力作用线既不汇交也不完全平行，而是任意分布，则称为平面任意力系。平面力系的平衡都需要用平衡方程来解决。

任务一　平面汇交力系

【学习目标】

(1) 了解平面汇交力系的概念。

(2) 了解合力投影定理的应用。

(3) 掌握平面汇交力系的平衡条件。

【任务描述】

圆球重 $P=10$ N，用绳悬挂于光滑的墙壁上，如图 1-4-1 所示。已知绳与墙之间的角度 $\alpha=30°$。试求绳所受的拉力及墙所受的压力。

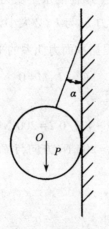

图 1-4-1　圆球受力

【任务分析】

根据任务描述可知,圆球除了受重力 P 作用外,还受到绳的柔体约束反力和墙的光滑面约束反力的作用。这三个力作用在同一个平面内,且它们的作用线汇交于一点,我们把这样的力系称为平面汇交力系。这样的力系能不能进一步简化成一个力?如果构成平衡时,这个力系又应该满足什么条件?如何求出力系中的未知的力?

【相关知识】

一、力系的分类

力系分平面力系和空间力系。各力作用线位于同一平面力系的称为平面力系。在平面力系中,如果各力的作用线汇交于一点,则该力系称为平面汇交力系;如果各力作用线相互平行,则称为平面平行力系;若各力作用线既不汇交也不完全平行,而是任意分布,则称为平面任意力系。

二、合力投影定理

设有一平面汇交力系 F_1,F_2 作用在刚体的 A 点上,如图 1-4-2 所示。其合力 F_R 可写成矢量式为 $F_R = F_1 + F_2$。将所有的力都向 x 轴和 y 轴投影,得

$$\begin{cases} F_{Rx} = F_{1x} + F_{2x} \\ F_{Ry} = F_{1y} + F_{2y} \end{cases} \quad (1-4-1)$$

将上述关系式推广到有多个力 F_1,F_2,$\cdots$,F_n 构成的平面汇交力系,得出合力投影定理:合力在某轴上的投影,等于各分力在同一轴上投影的代数和。其数学表达式为

$$\begin{cases} F_{Rx} = F_{1x} + F_{2x} + \cdots + F_{nx} = \sum F_x \\ F_{Ry} = F_{1y} + F_{2y} + \cdots + F_{ny} = \sum F_y \end{cases} \quad (1-4-2)$$

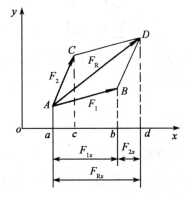

图 1-4-2 合力投影定理

三、平面汇交力系合成的解析法

设有一平面汇交力系 F_1，F_2，$\cdots$，F_n，各力在直角坐标轴 x，y 上的投影分别为 F_{1x}，F_{2x}，$\cdots$，F_{nx} 及 F_{1y}，F_{2y}，$\cdots$，F_{ny}；合力在 x，y 轴上的投影分别为 F_{Rx}，F_{Ry}，根据合力投影定理有：

$$F_{Rx} = F_{1x} + F_{2x} + \cdots + F_{nx} = \sum F_X \qquad (1-4-3)$$

$$F_{Ry} = F_{1y} + F_{2y} + \cdots + F_{ny} = \sum F_Y \qquad (1-4-4)$$

然后应用式(1-4-3)和(1-4-4)，求出合力的大小和方向，即

$$\begin{cases} F_R = \sqrt{\left(\sum F_X\right)^2 + \left(\sum F_Y\right)^2} \\ \tan\theta = \left|\dfrac{\sum F_Y}{\sum F_X}\right| \end{cases} \qquad (1-4-5)$$

其中，θ 为合力 F_R 与 x 轴所夹锐角。

所以，平面汇交力系可以合成一个合力，合力也作用在汇交点上。利用式(1-4-5)求合力 F_R 的大小和方向，这种方法称为平面汇交力系合成的解析法。

四、平面汇交力系的平衡方程

平面汇交力系合成的结果是一个合力，合力等于力系中各力的矢量和，即 $F_R = \sum F$。显然，如果合力 F_R 等于零，物体便处于平衡状态；反之，如果物体处于平衡，则合力 F_R 等于零。所以，平面汇交力系平衡的充分与必要条件是合力等于零。由式(1-4-5)得

$$F_R = \sqrt{\left(\sum F_X\right)^2 + \left(\sum F_Y\right)^2} = 0 \qquad (1-4-6)$$

欲使上式成立，必须满足如下条件：

$$\left.\begin{matrix} \sum F_X = 0 \\ \sum F_Y = 0 \end{matrix}\right\} \qquad (1-4-7)$$

式(1-4-7)称为平面汇交力系的平衡方程。平面汇交力系平衡的解析条件是各力在直角坐标轴上投影的代数和都等于零。

【任务实施】

(1)取圆球为研究对象，画出圆球的受力图。

圆球除了受重力 P 作用外，还受到绳的柔体约束反力 F_T 和墙的光滑面约束反力 F_N 的作用。因为圆球处于平衡状态，所以 P，F_T，F_N 三力汇交于 O 点，受力如图 1-4-3 所示。

（2）建立坐标系 Oxy，列出以下平衡方程：

$$\begin{cases} \sum F_X = 0 \\ \sum F_Y = 0 \end{cases} \quad \begin{cases} F_T\sin\alpha - F_N = 0 \\ F_T\cos\alpha - P = 0 \end{cases}$$

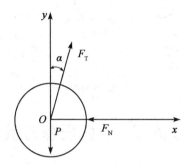

图 1-4-3　圆球受力

（3）解（2）中方程求未知量，得

$$F_T = 11.55 \text{ N}, \quad F_N = 5.77 \text{ N}$$

故绳受的拉力和墙受的压力分别与 F_T 和 F_N 互为作用与反作用力，分别等于 11.55 N 和 5.77 N。

【思考与练习】

（1）一工件结构如图 1-4-4 所示，A，B，C 三处均为铰链约束。AB 长为 $2l$，D 为 AB 中点，并作用有集中力 P，各杆重量不计。试求 A 处约束反力及 BC 杆受力。

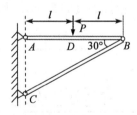

图 1-4-4

（2）如图 1-4-5 所示，已知 $P = 2$ kN，求 CD 杆的为 F_{CD} 和固定端 A 处的约束反力。

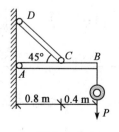

图 1-4-5

（3）已知受力情况如图 1-4-6 所示，求平衡时 α 的数值和地面的反力 N_D 的数值。

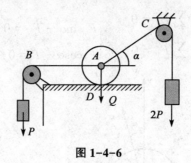

图 1-4-6

任务二　平面任意力系

【知识目标】

（1）了解平面任意力系的概念。

（2）熟悉平面任意力系的简化方法。

（3）应用平面任意力系的平衡方程解决实际问题。

【任务描述】

某工厂自行设计的简易起重吊车结构图如图 1-4-7 所示。横梁采用 22a 号工字钢，长为 3 m，重量 $P=0.99$ kN 且作用于横梁的中点 C，$\alpha=20°$，电机与起吊工件共重 $F_P=10$ kN。试求吊车运行到图示位置时，拉杆 DE（自重不计）所受的力及销钉 A 处的约束反力。

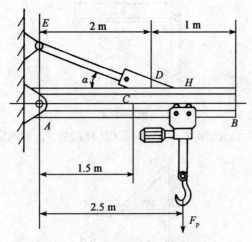

图 1-4-7　简易起重吊车结构图

【任务分析】

分析横梁 AB 的受力，可得到其所受的主动力和约束力所构成的力系已不是平面汇交力系，所以不能用平面汇交力系的平衡方程来求拉杆 DE（自重不计）所受的力及销钉 A 处的约束反力，而要根据这种力系的特点，建立新的平衡方程来求拉杆 DE（自重不计）所受的力及销钉 A 处的约束反力。

【相关知识】

一、平面任意力系的简化

应用力的平移定理可将平面任意力系向一点简化。设有一平面任意力系 F_1，F_2，$\cdots$，F_n 作用在刚体上，如图 1-4-8(a)所示。在力系所在的平面内任选一点 O，称为简化中心。根据力的平移定理，将各力分别向 O 点平移，于是得到汇交于 O 点的力系 F_1'，F_2'，$\cdots$，F_n' 和力偶矩分别为 M_1，M_2，$\cdots$，M_n 的附加力偶系，如图 1-4-8(b)所示。

平移后力的大小不变，附加力偶的力偶矩分别等于原力系中各力对简化中心 O 点之矩，如图 1-4-8(c)所示，即

$$\begin{cases} F_1' = F_1,\ F_2' = F_2,\ \cdots,\ F_n' = F_n \\ M_1 = m_o(F_1),\ M_2 = m_o(F_2),\ \cdots,\ M_n = m_o(F_n) \end{cases} \quad (1\text{-}4\text{-}8)$$

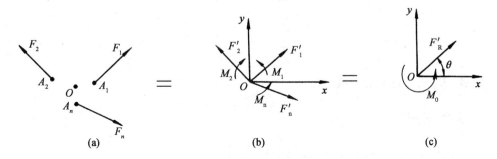

图 1-4-8 平面任意力系的简化

综上所述，平面任意力系合成的结果是一个合力和一个合力偶。合力等于力系中各力的矢量和，合力偶等于各个分力偶的代数和，即

$$\begin{cases} F_R = F_1 + F_2 + \cdots + F_n = F_1' + F_2' + \cdots + F_n' = \sum F \\ M_R = M_1 + M_2 + \cdots + M_n = \sum M \end{cases} \quad (1\text{-}4\text{-}9)$$

二、平面任意力系的平衡方程

平面任意力系合成的结果是一个合力和一个合力偶。显然，如果合力 F_R 和合力偶 M_R 都等于零，物体便处于平衡状态。反之，如果物体处于平衡状态，则合力 F_R 等于零且合力偶 M_R 也等于零。所以，平面任意力系平衡的充分必要条件是：

$$\begin{cases} F'_R = \sqrt{(\sum F_x)^2 + (\sum F_y)^2} = 0 \\ M_o = \sum m_o(F) = 0 \end{cases} \qquad (1-4-10)$$

平面任意力系平衡的解析条件：力系中各力在两个任选的直角坐标轴上的投影的代数和分别等于零，以及各力对任一点之矩的代数和也等于零。由此得平面任意力系的平衡方程为

$$\left. \begin{array}{l} \sum F_x = 0 \\ \sum F_y = 0 \\ \sum m_o(F) = 0 \end{array} \right\} \qquad (1-4-11)$$

平面任意力系的平衡方程，除上述的基本形式外，还可表示为以下两种形式。

(1)二力矩式(一个投影方程和两个力矩方程，且 A，B 连线不能垂直于 x 轴)

$$\left. \begin{array}{l} \sum m_A(F) = 0 \\ \sum m_B(F) = 0 \\ \sum F_x = 0 \end{array} \right\} \qquad (1-4-12)$$

(2)三力矩式。

$$\left. \begin{array}{l} \sum m_A(F) = 0 \\ \sum m_B(F) = 0 \\ \sum m_C(F) = 0 \end{array} \right\} \qquad (1-4-13)$$

其中，A，B，C 三点不能共线。

【任务实施】

(1)以横梁 AB 为研究对象，画出受力图。

由于拉杆 DE 分别在 D，E 两点用销钉联接，所以 DE 为二力杆，受力沿杆的轴线。销钉 A 处的约束反力用一对正交分力 F_{Ax}，F_{Ay} 表示。如图 1-4-9 所示。

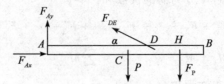

图 1-4-9　简易起重吊车受力图

(2)列出平衡方程，求未知量。

$$\sum m_A(F) = 0, \quad 即 \quad F_{DE} \cdot AD\sin\alpha - P \cdot AC - F_p \cdot AH = 0$$

$$\sum F_X = 0,\ 即\ F_{Ax} - F_{DE}\cos\alpha = 0$$

$$\sum F_Y = 0,\ 即\ F_{Ay} - F_{DE}\sin\alpha - P - F_p = 0$$

解方程组，并将有关数据代入，得

$$F_{DE} = 38.72\ \text{kN}$$

$$F_{Ax} = 36.38\ \text{kN}$$

$$F_{Ay} = -2.25\ \text{kN}$$

其中，负号说明 F_{Ay} 的实际指向与图示假设方向相反。

【思考与练习】

（1）一悬臂梁如图 1-4-10 所示。已知：$F = 2\sqrt{2}$ kN，$l = 2$ m。试求固定端 A 处的约束反力。

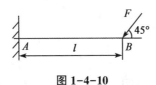

图 1-4-10

（2）直角钢杆 $ABCD$ 尺寸及载荷如图 1-4-11 所示，杆自重不计。试求支座 A，B 处的约束反力。

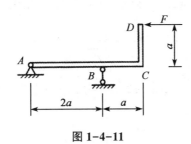

图 1-4-11

（3）如图 1-4-12 所示，组合梁由 AC 和 CD 在 C 处铰接而成。梁的 A 端插入墙内，B 处铰接一个二力杆。已知：$F = 20$ kN，均布载荷 $q = 10$ kN/m，$M = 20$ kN·m，$l = 1$ m。试求插入端 A 及 B 处的约束力。

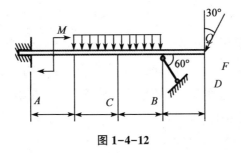

图 1-4-12

项目五　空间力系

【学习目标】

(1)了解空间力系的概念。

(2)熟悉力在空间坐标轴上的投影。

(3)掌握空间力系的合力矩定理的应用。

【任务描述】

图1-5-1为带轮轴的受力示意图。电动机通过联轴器传递驱动转矩M，带轮两边拉力分别为F_{T2}和F_{T1}。如果$M=20$ N·m，带轮直径$d=160$ mm，距离$a=200$ mm，皮带斜角$\alpha=30°$，带轮两边拉力$F_{T2}=2F_{T1}$。试求A，B两轴承的约束反力。

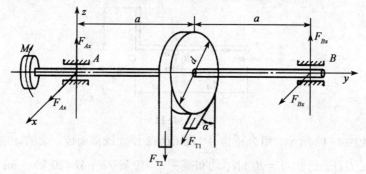

图1-5-1　带轮轴的受力示意图

【任务分析】

对带轮轴进行受力分析。转矩M，拉力F_{T1}与F_{T2}，以及A，B两轴承的约束反力，形成一组空间力作用于轴AB上。其作用线并不是在同一平面内，而是空间分布的，我们把这种力系称为空间力系。这种力系能不能进一步简化？简化结果是什么？如果构件平衡时，力系又应该满足什么条件？

【相关知识】

一、力在空间直角坐标轴上的投影

1. 一次投影法

如图 1-5-2 所示，设空间直角坐标系的三个坐标轴 x，y，z 轴，已知力 F 与三个坐标轴所夹的角为锐角，则力 F 在三个坐标轴上的投影等于力的大小乘以该夹角的余弦，即

$$\left.\begin{aligned} F_x &= F\cos\alpha \\ F_y &= F\cos\beta \\ F_z &= F\cos\gamma \end{aligned}\right\}$$

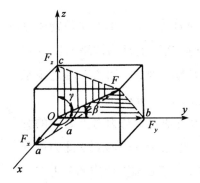

图 1-5-2　一次投影法

2. 二次投影法

有些时候，需要求某力在坐标轴上的投影，但没有直接给出这个力与坐标轴的夹角，这时须采用二次投影法，如图 1-5-3 所示，即

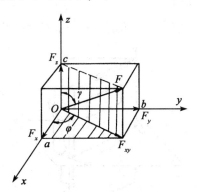

图 1-5-3　二次投影法

$$\left.\begin{aligned} F_x &= F\sin\gamma\cos\varphi \\ F_y &= F\sin\gamma\sin\varphi \\ F_z &= F\cos\gamma \end{aligned}\right\}$$

反之，若已知力在三个坐标轴上的投影 F_x，F_y，F_z，也可求出力的大小和方向，即

$$\left.\begin{array}{l} F = \sqrt{F_x^2 + F_y^2 + F_z^2} \\[2mm] \cos\alpha = \dfrac{F_x}{F} \\[3mm] \cos\beta = \dfrac{F_y}{F} \\[3mm] \cos\gamma = \dfrac{F_z}{F} \end{array}\right\}$$

式中，α，β，γ 分别为力 F 与 x，y，z 轴所夹的锐角。

二、力对轴之矩

如图 1-5-4 所示，力 F 对 O 点之矩，是力 F 使物体绕矩心 O 转动效应的度量。从空间角度来看，物体绕 O 点转动，实际上是物体绕通过 O 点且垂直于力作用面的 z 轴的转动。因此，用力对轴之矩来度量力使物体绕轴转动的效应，记为 $m_z(F)$。

下面以开门为例，说明力对轴之矩与力对点之矩的关系。设门把手上作用一力 F（如图 1-5-5 所示），此力可分解为平行于 z 轴的分力 F_z 和垂直于 z 轴平面内的分力 F_{xy}。实践证明：分力 F_z 不能使门转动，只有分力 F_{xy} 才可能使门绕 z 轴转动。若分力 F_{xy} 所在平面与 z 轴的交点为 O，则力 F 对 z 轴之矩就可用力 F_{xy} 对 O 点之矩来计算。设 d 为力 F_{xy} 的作用线到 O 点的距离，故有

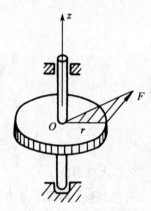

图 1-5-4　力对轴之矩

$$m_z(F) = m_z(F_{xy}) = m_o(F_{xy}) = \pm F_{xy} d$$

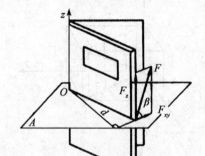

图 1-5-5　推门时力对轴之矩

上式中正负号表明力使物体绕 z 轴转动有正反转向之分。从 z 轴正向来看，逆时针方向转动的力矩为正；反之为负。也可按右手法则判定：用右手握住 z 轴，四指顺着力矩转动的方向，如果拇指与 z 轴正向一致，力矩为正；反之为负。力对轴之矩的单位与力对

点之矩相同。

由此可见：力对轴之矩是力使物体绕轴转动效应的度量，是个代数量，它等于力 F 在垂直于 z 轴平面上的分力对该轴与此平面的交点之矩。当力 F 与 z 轴共面（平行、相交）时，力 F 对 z 轴之矩为零。

三、合力矩定理

相对于平面力系中的合力矩定理，在空间力系中力对轴之矩也有类似的关系。如一空间力系由 F_1，F_2，$\cdots$，F_n 组成，其合力为 F_R，则合力 F_R 对某轴之矩等于各分力对同一轴之矩的代数和（证明略），记作：

$$m_z(F_R) = m_z(F_1) + m_z(F_2) + \cdots + m_z(F_n) = \sum m_z(F)$$

例题 图 1-5-6 为一斜齿圆柱齿轮。其上作用的啮合力为 F_n，斜齿轮的分度圆半径为 r。已知夹角 α，β，现求力 F_n 沿三个坐标轴的投影及力 F_n 对 y 轴之矩。

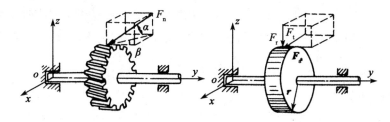

图 1-5-6 斜齿轮齿受力分析

解：（1）先求力 F_n 在三个坐标轴上的投影。

由于力 F_n 与 Oxy 平面的夹角 α 已知，且 F_n 在 Oxy 面上的投影与 y 轴的夹角 β 也已知，所以采用二次投影法，得

$$F_X = F_t = F_n\cos\alpha\sin\beta$$

$$F_Y = F_a = -F_n\cos\alpha\cos\beta$$

$$F_Z = F_r = -F_n\sin\alpha$$

其中，F_t，F_a，F_r 分别为啮合力沿三个坐标轴的分力，即圆周力、轴向力、径向力。

（2）求 F_n 对 y 轴之矩。

根据合力矩定理有

$$m_y(F_n) = m_y(F_t) + m_y(F_a) + m_y(F_r)$$

而 F_r，F_a 与 y 轴共面，对 y 轴之矩分别为零，只有分力 F_t 对 y 轴之矩，所以有

$$m_y(F_n) = m_y(F_t) = F_t r = r F_n\cos\alpha\sin\beta$$

四、空间任意力系的平衡方程

与平面任意力系一样，空间任意力系向某点简化可得到一个主矢 F_R' 和一个主矩 M_O。

主矢 F_R' 的大小和主矩 M_O 的值为

$$F'_R = \sqrt{\left(\sum F_X\right)^2 + \left(\sum F_Y\right)^2 + \left(\sum F_Z\right)^2}$$

$$M_0 = \sqrt{\left[\sum m_X(F)\right]^2 + \left[\sum m_Y(F)\right]^2 + \left[\sum m_Z(F)\right]^2}$$

空间任意力系平衡的充分必要条件：主矢 F'_R 与主矩 M_O 同时为零。由此得

$$\left.\begin{array}{l}\sum F_X = 0 \\ \sum F_Y = 0 \\ \sum F_Z = 0 \\ \sum m_X(F) = 0 \\ \sum m_Y(F) = 0 \\ \sum m_Z(F) = 0\end{array}\right\}$$

上式为空间任意力系的平衡方程。前三个方程表示力系对物体无任何方向的移动作用，后三个方程表示力系对物体无任何绕轴的转动作用。六个独立的平衡方程最多可求解六个未知量。

【任务实施】

（1）取轮轴为研究现象，并画出它的受力图（如图 1-5-1 所示）。

（2）取轴线为 y 轴，建立坐标系。

（3）列平衡方程并求解。

$$\sum M_y = 0, \quad (F_{T2} - F_{T1})\frac{d}{2} - M = 0$$

由 $F_{T2} = 2F_{T1}$，得

$$F_{T1} = \frac{2M}{d} = \frac{2\times20}{0.16} = 250 \text{ N}, \quad F_{T2} = 2F_{T1} = 500 \text{ N}$$

$$\sum M_z = 0, \text{即} -F_{Bx} - F_{T1}\sin\alpha \times a = 0$$

$$F_{Bx} = -0.5F_{T1}\sin\alpha = -0.5 \times 250 \times \sin30° = -62.5 \text{ N}$$

$$\sum M_x = 0, \text{即} F_{Bz}2a - F_{T2}a - F_{T1}\cos\alpha \times a = 0$$

$$F_{Bz} = 0.5(F_{T2} + F_{T1}\cos\alpha) = 0.5(500 + 250 \times \cos30°) = 358.3 \text{ N}$$

$$\sum F_x = 0, \quad F_{Ax} + F_{Bx} + F_{T1}\sin\alpha = 0$$

$$F_{Ax} = -F_{T1}\sin\alpha - F_{Bx} = -250 \times \sin30° - (-62.5) = -62.5 \text{ N}$$

$$\sum F_z = 0, \text{即} F_{Az} + F_{Bz} - F_{T2} - F_{T1}\cos\alpha = 0$$

$$F_{Az} = F_{T2} + F_{T1}\cos\alpha - F_{Bz} = 500 + 250 \times \cos30° - 358.3 = 358.2 \text{ N}$$

【思考与练习】

1.填空题

(1)当力与某轴共面时,则力对该轴之矩等于_____。

(2)空间力系平衡时,其在坐标平面内的投影组成的平面力系一定_____。

2.判断题

(1)一个力沿任一组坐标轴分解所得的分力的大小和该力在坐标轴上的投影的大小相等。(　　)

(2)在空间问题中,力对轴的矩是代数量,力对点的矩是矢量。(　　)

3.计算题

图1-5-7为一铰车的主视图、侧视图,已知$G=2$ kN,求A,B两轴承的约束反力。

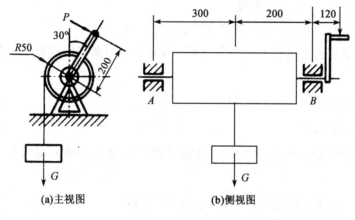

图1-5-7

【模块小结】

1.构件的受力分析、画受力图

(1)静力学基础知识。

二力平衡公理:它阐明了作用在一个物体上的最简单力系的平衡条件。

加减平衡力系公理:它阐明了任意力系等效代换的条件。

力的平行四边形法则:它阐明了作用在一个物体上的两个力的合成规则。

作用与反作用公理:它阐明了力是两个物体之间的相互作,确定了力在物体之间的传递关系。

(2)约束和约束反力。

约束力总是作用在被约束体与约束的接触处,其方向也总是与该约束所能限制的运动或运动趋势的方向相反。

约束和约束反力的类型有柔性约束、光滑面约束、铰链约束、固定端约束。

(3)画受力图。

画物体受力图时应注意如下事项：作图时，对象要明确，分离要彻底，画出全部外力，而不画内力；在分析两物体之间的相互作用力时，要注意应满足作用与反作用公理；若机构中有二力构件，应先分析二力构件的受力，然后再分析其他作用力。

2.平面力偶系

(1)力对点之矩的概念。

(2)力偶和力偶矩的概念。

(3)合力矩定理。

平面汇交力系在合力平面内的任意一点之力，等于其所有分力对同一点的力矩的代数和。利用这一定理可以求出合力作用线的位置，以及用分力矩来计算合力矩等。

(4)平面力偶系的合成与平衡。

平面力偶系的合力偶矩等于各分力偶矩的代数和。

平面力偶系合成的结果为一个合力偶，因而要使力偶系平衡就必须使合力偶矩等于零。

3.平面任意力系

(1)平面汇交力系。

根据力在坐标轴上的投影和合力投影定理可以求出平面汇交力系合力的大小和方向。

平面汇交力系平衡的充分必要条件：合力等于零。

平面汇交力系平衡的解析条件：各力在直角坐标轴上投影的代数和都等于零。

$$\left. \begin{array}{l} \sum F_x = 0 \\ \sum F_y = 0 \end{array} \right\}$$

(2)力的平移定理。

力的平移定理是任意力系向一点简化的依据，也是分析力对物体作用效应的一个重要方法。

(3)平面任意力系的平衡条件与平衡方程。

平面任意力系平衡的充分必要条件：平面任意力系向作用面内任一点简化得到的主矢和主矩都为零。

平面任意力系平衡的解析条件：力系中各力在两个任选的直角坐标轴上的投影的代数和分别等于零，以及各力对任一点之矩的代数和也等于零。

平面任意力系的平衡方程为

$$\left.\begin{array}{l} \sum F_x = 0 \\ \sum F_y = 0 \\ \sum m_o(F) = 0 \end{array}\right\}$$

4.空间力系

(1)力在空间直角坐标轴上的投影。

一次投影法：力 F 在空间直角坐标轴上的投影等于力的大小乘以力与该轴夹角的余弦。

二次投影法：如果没有直接给出力与坐标轴的夹角，可以改用二次投影法。

(2)力对轴之矩的概念。

(3)合力矩定理。

相对于平面力系中的合力矩定理，在空间力系中力对轴之矩也有类似的关系。

(4)空间力系的平衡条件及平衡方程。

空间力系向任一点简化，可得一个空间汇交力系与一组空间力偶系，前者可合成为主矢，后者可合成为主矩。

空间力系平衡的充分必要条件：空间力系向任一点简化得到的主矢、主矩都为零。根据平衡条件，可列出六个方程，求解六个未知量。

【模块综合练习】

1. 判断题

(1)凡合力都比分力大。(　　　)

(2)平面力偶矩的大小与矩心点的位置有关。(　　　)

(3)力和力偶可以合成。(　　　)

(4)凡在二力作用下的约束称为二力构件。(　　　)

(5)两端用光滑铰链联接的构件是二力构件。(　　　)

(6)刚体上的力可沿作用线移动。(　　　)

(7)力的可传性原理和加减平衡力系公理只适用于刚体。(　　　)

(8)图 1-5-8 中 F 对 O 点之矩为 $m_o(F) = FL$。(　　　)

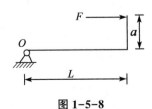

图 1-5-8

(9)作用与反作用公理只针对一个物体而言。(　　)

(10)力偶矩的大小与矩心位置无关。(　　)

(11)力矩的大小与矩心位置无关。(　　)

2. 选择题

(1)加减平衡力系公理适用于(　　)。

    A. 刚体   B. 变形体

    C. 任意物体   D. 由刚体和变形体组成的系统

(2)关于力的投影和力矩,正确的说法是(　　)。

    A. 都是矢量   B. 都是代数量

    C. 一个是矢量,另一个是代数量

(3)物体受同一平面上多个力作用,则各分力力矩的代数和等于合力的力矩,这是
(　　)。

    A. 牛顿定律   B. 力偶

    C. 合力矩定理   D. 能量不减定理

(4)下列说法不正确的是(　　)。

    A. 力偶在任何坐标轴上的投影恒为零

    B. 力可以平移到刚体内的任意一点

    C. 力使物体绕某一点转动的效应取决于力的大小和力作用线到该点的距离

    D. 力系的合力在某一轴上的投影等于各分力在同一轴上投影的代数和

(5)依据力的可传性原理,下列说法正确的是(　　)。

    A. 力可以沿作用线移动到物体内的任意一点

    B. 力可以沿作用线移动到任何一点

    C. 力不可以沿作用线移动

    D. 力可以沿作用线移动到刚体内的任意一点

材料力学

构件所受的作用力包括外力和内力。内力指构件抵抗外力作用在其内部产生的各部分之间的作用力，且在一定弹性范围内随外力的增大而增大。在计算构件强度时，首先要求出外力作用下构件产生的内力，然后计算内力在横截面内的密集程度，即应力。应力是用来判断杆件强度是否足够大的物理量。构件在外载作用下，具有足够的抵抗变形的能力，称为刚度。构件的强度、刚度和稳定性问题是材料力学研究的主要内容。

项目一　材料力学的概述

一、材料力学的研究对象

(1)构件：组成机械零部件或工程结构中的部件统称为构件。

(2)杆件：长度远大于横向尺寸的构件，其几何要素是横截面和轴线。其中，横截面是与轴线垂直的截面，轴线是横截面形心的连线。

(3)板和壳：一个方向的尺寸(厚度)远小于其他两个方向的尺寸的构件。

(4)块体：三个方向(长、宽、高)的尺寸相差不多的构件。

(5)变形与小变形：在载荷作用下，构件的形状及尺寸发生变化称为变形。绝大多数工程构件的变形都极其微小，比构件本身尺寸要小得多，所以在分析构件所受外力时，通常不考虑变形的影响，而仍可以用其变形前的尺寸来计算。

二、工程上对构件的基本要求

(1)强度：构件在外载作用下，具有足够的抵抗断裂破坏的能力。例如，储气罐不应爆裂，机器中的齿轮轴不应断裂，等等。

(2)刚度：构件在外载作用下，具有足够的抵抗变形的能力。例如，机床主轴不应变形过大，否则影响加工精度。

(3)稳定性：某些构件在特定外载(如压力)作用下，具有足够的保持原有平衡状态的能力。例如，千斤顶的螺杆、内燃机的挺杆等。

三、变形固体及其基本假设

在外力作用下，一切固体都将发生变形，故称变形固体。而构件一般均由固体材料制成，所以构件一般都是变形固体。由于变形固体种类繁多，工程材料中有金属与合金、工业陶瓷、聚合物等，其性质是多方面的。因此在材料力学中通常省略一些次要因素，需做下列假设：

(1)连续性假设：认为整个物体所占空间内毫无空隙地充满物质；

(2)均匀性假设：认为物体内的任何部分，其力学性能相同；

(3)各向同性假设：认为物体内在各个不同方向上的力学性能相同。

四、杆件变形的基本形式

1.轴向拉伸与压缩

轴向拉伸与压缩是杆件变形中最简单的一种形式。例如，常用的螺栓联接，在螺栓被拧紧后就承受拉力。杆件拉伸和压缩的受力特点：作用在杆件两端的两个力大小相等、方向相反，且作用线与杆件的轴线相重合。其变形特点：杆件沿轴向拉伸或缩短，其横截面变细或变粗，如图 2-1-1 所示。

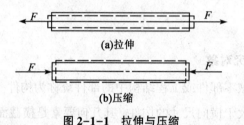

图 2-1-1　拉伸与压缩

2.剪切

剪切变形是工程实际中常见的一种基本变形。用剪床剪钢板时，钢板在上下刀刃产生的两个力的作用下，在 $m—m$ 截面的左右两侧沿截面 $m—m$ 发生相对错动，直到最后被剪断，如图 2-1-2 所示。杆变形时，这种截面间发生相对错动的变形，称为剪切变形。剪切变形的受力特点是外力大小相等、方向相反、作用线相距很近；变形特点是截面沿外力的方向发生相对错动。产生相对错动的截面，称为剪切面。

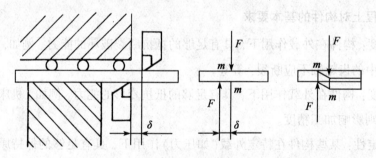

图 2-1-2　剪床

从剪切的受力和变形特点可知，剪切面总是与作用力平行，而位于相邻两反向外力作用线之间。机械中常用的联接件(销钉、键和铆钉等)，都是承受剪切的零件。

3.挤压

一般情况下，联接件在发生剪切变形的同时，与被联接件传力的接触面上将受到较大的压力作用，从而出现局部变形，这种现象称为挤压。如图 2-1-3 所示的铆钉联接，上钢板孔左侧与铆钉上部左侧、下钢板孔右侧与铆钉下部右侧相互挤压。如果挤压力过大，就会使构件在接触的局部区域产生塑性变形或起皱压陷，而造成挤压破坏。

构件上发生挤压变形的表面称为挤压面。挤压面就是两构件的接触面，一般垂直于外力方向。

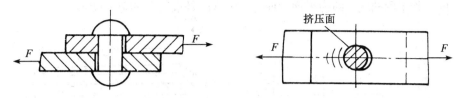

图 2-1-3 铆钉联接的挤压变形

4.扭转

扭转是杆的一种基本变形。如图 2-1-4 所示，钳工攻丝时，加在手柄两端大小相等、方向相反的力，在垂直于丝锥轴线的平面内构成一个力偶矩为 M 的力偶，使丝锥转动。下面丝扣的阻力则形成转向相反的力偶，阻碍丝锥的转动，丝锥在这一对力偶的作用下将产生变形。

扭转的受力特点是构件的两端都受到一对数值相等、转向相反、作用面垂直于杆轴线的力偶作用，它的变形特点：各杆截面绕轴线产生相对转动，这种变形称为扭转变形，如图 2-1-5 所示。以扭转变形为主的构件称为轴，工程上轴的横截面多用圆形截面或圆环形截面表示。

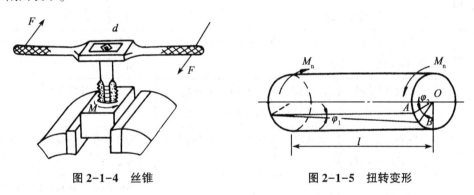

图 2-1-4 丝锥　　　　　　　　**图 2-1-5 扭转变形**

5.平面弯曲

在日常生活和工程实践中，弯曲也是常见的一种变形。例如，用扁担挑东西，扁担变弯了；跳水运动员站在跳板上，跳板在运动员（载荷）作用下，轴线也由直线变成了曲线（如图 2-1-6 所示）。以上各例具有相同的受力特点：外力垂直于构件的轴线。其变形特点是构件的轴线由直线变成了曲线。这种变形称为弯曲。凡是以弯曲为主要变形的构件称为梁。在工程中的大多数梁的横截面都有对称轴，如图 2-1-7 所示。横截面纵向对称轴 y 与梁的轴线 x 构成的平面称为纵向对称平面，如图 2-1-8 所示。若作用在梁上的外力（包括力偶）都位于纵向对称平面内，梁的轴线在纵向平面

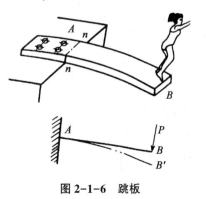

图 2-1-6 跳板

内弯曲成一条平面曲线，即为平面弯曲。平面弯曲是最简单的弯曲变形。

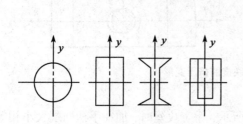

图 2-1-7　常用梁截面形状

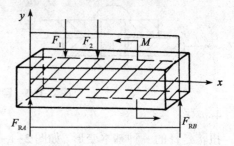

图 2-1-8　梁的平面弯曲

综上所述，等直杆受外力作用时产生的变形有五种基本形式，其受力特点和变形特点列于表 2-1-1 中。

表 2-1-1　杆件变形的基本形式

变形	受力特点	变形特点
拉伸	作用在杆件两端的力大小相等、方向相反，且作用线与杆件的轴线重合	杆件沿轴线伸长，其横截面变细
压缩	作用在杆件两端的力大小相等、方向相反，且作用线与杆件的轴线重合	杆件沿轴线缩短，其横截面变粗
剪切	在被剪切物体的两个侧面，各受到两个大小相等、方向相反、作用线之间距离很小的合力 F 的作用	两力之间的横截面上产生相对滑移
扭转	在轴上受到一对大小相等、方向相反、作用面均垂直于轴线的力偶	杆件各横截面绕杆轴线发生相对转动
平面弯曲	梁的外力都作用在纵向对称面上	梁的轴线在纵向对称面内弯曲成一条平面曲线

项目二　构件的内力分析和内力图

如果杆件受到的外力性质不同，所产生的内力也各不相同，从而产生的变形也就各不相同。本节将讨论杆件在受到拉伸、压缩、扭转、弯曲等几个基本变形时其横截面上的内力计算及内力图的画法。从内力图上可以方便地找出杆件内力值最大的地方，即危险截面，为设计截面尺寸和布置受力情况提供有力的依据。

任务一　拉伸与压缩

【学习目标】

（1）了解拉伸与压缩的概念。

（2）熟悉横截面上内力和轴力的概念。

（3）掌握计算轴力和画轴力图的方法。

【任务描述】

杆所受外力大小和方向如图 2-2-1 所示，求题中杆件 1—1，2—2 及 3—3 截面上的轴力，并作轴力图。

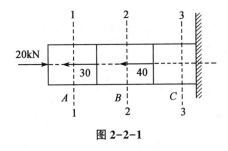

图 2-2-1

【任务分析】

要解决上面的问题，必须研究杆的受力情况，特别是杆所受的内力。根据图中各力的大小可以看出，在这些外力的作用下，杆件没有处于平衡状态。而内力是需要在外力平衡的作用下求出的。所以应该首先分析如何才能使杆件在外力的作用下处于平衡状态，以及求内力的方法和步骤。因此，就要学习求内力、轴力的方法和步骤。

【相关知识】

一、内力、轴力及其求法

表2-2-1 内力、轴力及其求法

内力	定义	杆件受到外力作用而变形时，其内部颗粒之间，因相对位置改变而产生的相互作用力，称为内力
	特点	(1)内力是因外力而引起的，内力随外力产生和消失。 (2)内力随外力增大而增大，但是有限度的，不可能无限增大。例如，拉伸弹簧时，其内部产生的阻止弹簧伸长的抵抗力就是内力，拉伸必须在弹簧的弹性限度之内，即拉伸弹簧的外力是有限度的，因此内力就有限度了。 (3)内力随外力减小而减小
轴力	定义	因轴向拉、压杆的外力的作用线一定与杆的轴线重合，所以内力的作用线也一定与杆的轴线重合，把这个内力称为轴力。因此，轴力也就是杆件横截面上的内力
截面法求内力	定义	取杆件的一部分作为研究对象，利用静力平衡方程求内力的方法称为截面法。截面法是材料力学中求内力的基本方法
	步骤	(1)切：假想沿某横截面将杆切开； (2)留：留下左半段或右半段作为研究对象； (3)代：将抛掉部分对所留下部分的作用用内力代替； (4)平：对留下部分用平衡方程求出内力，即轴力的值
轴力图	概述	轴力沿杆轴线方向变化的图形称为轴力图。轴力图表示轴力随截面位置的变化规律
	特点	横轴表示截面位置，纵轴表示轴力大小。拉力为正，画在横轴以上；压力为负，画在横轴以下

二、轴力正负的规定

如图2-2-2所示，杆受到外力 F 的作用，沿截面 $m—m$ 切开。截面内力如图2-2-3所示。

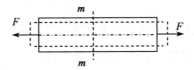

图 2-2-2 杆受到外力作用

图 2-2-3 截面内力

轴力符号规定：与截面外法线方向一致时为正，否则为负。正的轴力表示拉伸，负的轴力表示压缩，简称"拉为正，压为负"。图 2-2-3 所示的轴力都是正的。

三、轴力图

一般情况下，拉压杆各截面的轴力是不同的，表示拉压杆各截面的轴力的图像称为轴力图。

轴力图的绘制步骤如下：

(1)画一条与杆的轴线平行且与杆等长的直线作基线；

(2)将杆分段，凡集中力作用点处均应取作分段点；

(3)用截面法，通过平衡方程求出每段杆的轴力；

(4)按大小比例和正负号，将各段杆的轴力画在基线两侧，并在图上标出数值和正负号。

例题 图 2-2-4(a)所示为一活塞杆。作用于活塞上的力分别简化为 $F_1 = 3$ kN，$F_2 = 1.4$ kN，$F_3 = 1.6$ kN，见图 2-2-4(b)。试画出活塞杆的轴力图。

解：(1)内力分析：首先沿截面 1—1 将杆件截成两段，然后取左段为研究对象，如图2-2-4(c)所示。截面 1—1 的轴力为 F_N，由左段的平衡方程

$$\sum F_x = 0, \quad F_{N1} + F_1 = 0$$

得

$$F_{N1} = -F_1 = -3 \text{ kN}$$

同样，应用截面法沿截面 2—2 截开[如图 2-2-4(d)所示]，求得轴力 F_{N2} 为

$$\sum F_x = 0, \quad F_{N2} + F_1 - F_2 = 0$$

得

$$F_{N2} = F_2 - F_1 = -1.6 \text{ kN}$$

也可取右侧为研究对象，如图 2-2-4(e)，得

$$F'_{N2} = -F_3 = -1.6 \text{ kN}$$

（2）画轴力图，见图 2-2-4(f)。

通过此例题可以归纳出轴力的计算方法：某一截面上轴力的大小等于截面一侧所有外力的代数和；外力背离截面取正，外力指向截面取负。

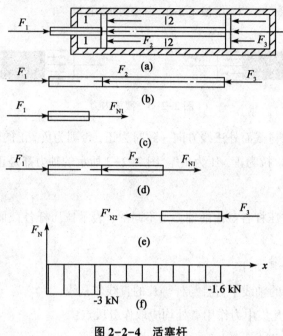

图 2-2-4　活塞杆

【任务实施】

为了使杆件处于平衡状态，需要施加一个墙给杆件的外力，大小为 50 N，方向水平向右。

（1）分三段求解轴力。

$$N_A + 20 = 0, \quad N_A = -20 \text{ kN}$$

$$N_B + 20 - 30 = 0, \quad N_B = 10 \text{ kN}$$

同理，$N_C = 50$ kN。

（2）作轴力图，如图 2-2-5 所示。

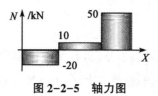

图 2-2-5 轴力图

【思考与练习】

(1)作用于杆上的载荷如图 2-2-6 所示。用截面法求各杆指定截面的轴力,并作出各杆的轴力图。

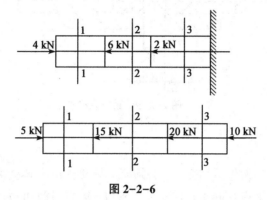

图 2-2-6

(2)试求图 2-2-7 所示各题杆件 1—1,2—2,3—3 截面上的轴力,并作轴力图。

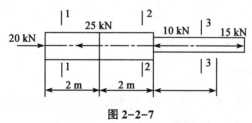

图 2-2-7

(3)试作图表示各受力杆的轴力图。

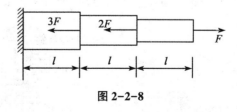

图 2-2-8

任务二 剪切与挤压

【学习目标】

(1)了解剪切与挤压的概念和实用计算方法。

(2)掌握利用剪切和挤压的强度条件校核构件强度的方法。

【任务描述】

电机车挂钩用销钉联接如图2-2-9所示。已知挂钩厚度 $t=8$ mm，销钉材料的 $[\tau]=$ 60 MPa，$[\sigma_{jy}]=200$ MPa，电机车的牵引力 $F=15$ kN。试选定销钉的直径（挂钩与插销的材料相同）。

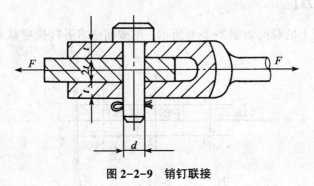

图 2-2-9 销钉联接

【任务分析】

为了保证联接件不发生剪切变形，必须研究联接件的具体受力情况、变形情况及强度条件，由强度条件来设计联接件的尺寸。所以，要学习剪切和挤压的概念及有关计算方法。

【相关知识】

一、剪切和挤压的概念

剪切变形，是工程实际中常见的一种基本变形。以铆钉为例，受力特点是联接件受到两组大小相等、方向相反、作用线相距很近的平行力系作用，如图2-2-10所示。变形特点是构件沿两组平行力系的交界面发生相对错动。产生相对错动的截面，称为剪切面。

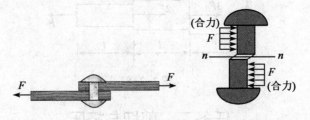

图 2-2-10 铆钉联接

从剪切的受力和变形特点可知，剪切面总是与作用力平行，而位于相邻两反向外力作用线之间。机械中常用的联接件（销钉、键和铆钉等），都是承受剪切的零件。

一般情况下，联接件在发生剪切变形的同时，其与被联接件传力的接触面上将受到较大的压力作用。如图2-2-11所示的螺栓联接，在螺栓与钢板相互接触的侧面上，发生彼此间局部承压现象,从而出现局部变形,这种现象称为挤压。如果挤压力过大,就会使构件在接触的局部区域产生塑性变形或起皱压陷现象,而造成挤压破坏。构件上发生挤压变形的表面称为挤压面。挤压面就是两构件的接触面,一般垂直于外力方向。

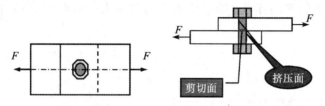

图 2-2-11　螺栓联接的挤压变形

二、剪切的实用计算

1.剪力

下面以图 2-2-12 所示螺栓联接为例,说明剪切的实用计算方法。

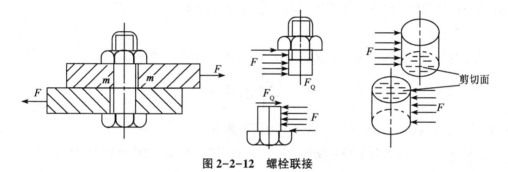

图 2-2-12　螺栓联接

假想沿剪切面 m—m 将螺栓分为两段(如图 2-2-13 所示),任取一段为研究对象。由平衡条件可知,两个截面上必有与截面相切的内力,由于内力作用线切于截面,故称为剪力,用符号 F_Q 表示。剪力 F_Q 的大小由平衡条件得

$$\sum F_x = 0,\ F_Q = F$$

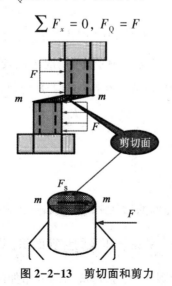

图 2-2-13　剪切面和剪力

2.切应力

构件受剪切时，剪切面上的应力称为切应力，用符号 τ 表示。由于剪力 F_Q 切于截面，τ 也切于截面，且切应力在剪切面上的分布复杂。所以为了计算简便，工程中通常采用以实验、经验为基础的实用计算，即近似地认为切应力在剪切面上均匀分布，其计算公式为

$$\tau = \frac{F_Q}{A} \qquad (2-2-1)$$

式中，F_Q——剪力，单位为 N；

　　A——剪切面面积，单位为 mm^2；

　　τ——切应力，单位为 MPa。

这种简化方法称为"实用计算法"，即以平均切应力代替实际切应力。此法切合实际，不但计算简便，并且安全可靠，能满足工程上的要求。

3.抗剪强度

为了保证构件工作时有足够的抗剪强度，剪切实用计算的强度条件为

$$\tau = \frac{F_Q}{A} \leqslant [\tau] \qquad (2-2-2)$$

式中，$[\tau]$ 为材料的许用切应力，其大小由试验测得。

实验表明，金属材料的许用切应力 $[\tau]$ 与许用拉应力 $[\sigma]$ 之间有如下关系：

(1)对塑性材料：$[\tau] = (0.6 \sim 0.8)[\sigma]$；

(2)对脆性材料：$[\tau] = (0.8 \sim 1.0)[\sigma]$。

三、挤压的实用计算

1.挤压应力

作用于挤压面上的压力，称为挤压力，用符号 F_{jy} 表示。单位挤压面积上的挤压力称为挤压应力，用符号 σ_{jy} 表示。挤压应力的分布情况也比较复杂，所以和剪切一样，工程中也采用实用计算法，即认为挤压应力在挤压面上是均匀分布的，于是有

$$\sigma_{jy} = \frac{F_{jy}}{A_{jy}} \qquad (2-2-3)$$

式中，F_{jy}——挤压力；

　　A_{jy}——挤压面的计算面积。

计算面积 A_{jy} 需要根据挤压面的形状来确定。如图 2-2-14(a)所示的键联接中，挤压面为平面，则该接触平面的面积就是挤压面的计算面积，即 $A_{jy} = \frac{h}{2} \cdot l$。对于销钉、铆钉等圆柱形联接件，其挤压面为圆柱面，挤压应力的分布如图 2-2-14(b)所示，则挤压面

的计算面积为半圆柱面的正投影面积，即 $A_{jy} = dl$，如图 2-2-14（c）所示。这时按挤压应力的计算公式得到，近似于最大挤压应力 σ_{jymax}。

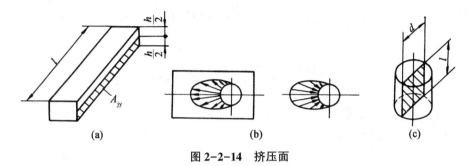

图 2-2-14　挤压面

2.挤压强度

为了保证联接件具有足够的挤压强度，则挤压实用计算的强度条件为

$$\sigma_{jy} = \frac{F_{jy}}{A_{jy}} \leqslant [\sigma_{jy}] \tag{2-2-4}$$

式中，$[\sigma_{jy}]$ 为材料的许用挤压应力。

$[\sigma_{jy}]$ 的数值可由实验获得。常用材料的 $[\sigma_{jy}]$ 仍可从有关手册中查得。对于金属材料，许用挤压应力和许用拉应力[6]之间有如下关系：

（1）对塑性材料：$[\sigma_{jy}] = (1.7{\sim}2.0)[\sigma]$；

（2）对脆性材料：$[\sigma_{jy}] = (0.9{\sim}1.5)[\sigma]$。

应该注意的是，如果互相挤压构件的材料不同，则应对许用挤压应力 $[\sigma_{jy}]$ 值较小的材料进行挤压强度核算。对于联接件，一般都是首先进行抗剪强度计算，然后再进行挤压强度校核。

例题　如图 2-2-15 所示，齿轮与轴通过 B 型普通平键联接。已知轴径 $d = 70$ mm，键的尺寸为 $b{\times}h{\times}l = 20$ mm${\times}12$ mm${\times}100$ mm，传递转矩 $T = 2$ kN·m，材料许用应力 $[\sigma_{bs}] = 100$ MPa，$[\tau] = 60$ MPa，试校核此键联接。

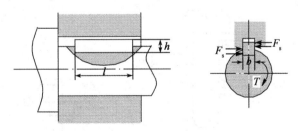

图 2-2-15　平键联接

解：（1）校核键联接的剪切强度。

剪力：

$$F_s = \frac{T}{\frac{d}{2}} = \frac{2000000}{\frac{70}{2}} = 57\,142.86 \text{ N}$$

$$\tau = \frac{F_s}{A} = \frac{57142.86}{b \times l} = \frac{57142.86}{20 \times 100} = 28.57 \text{ MPa} \leqslant [\tau]$$

由上式可知，剪切强度足够。

（2）校核键联接的挤压强度。

$$\sigma_{bs} = \frac{F_{bs}}{A_{bs}} = \frac{F_{bs}}{\frac{h}{2} \times l} = \frac{57142.86}{6 \times 100} = 95.24 \text{ MPa} < [\sigma_{bs}]$$

由上式可知，挤压强度足够。因此，此键联接强度足够。

【任务实施】

（1）销钉的受力情况如图 2-2-16 所示，根据剪切强度条件设计销钉直径。

$$\tau = \frac{F/2}{\frac{\pi d^2}{4}} = \frac{4 \times 7500}{\pi d^2} \leqslant 60$$

$$d \geqslant \sqrt{\frac{4 \times 7500}{60\pi}} = 13 \text{ mm}$$

（2）根据挤压强度条件校核销钉的挤压强度，取销钉直径 $d = 13$ mm。

$$\sigma_{jy} = \frac{F/2}{dl} = \frac{7500}{13 \times 8} = 72 \text{ MPa} < [\sigma_{jy}] = 200 \text{ MPa}$$

所以，可同时满足剪切和挤压的强度要求。

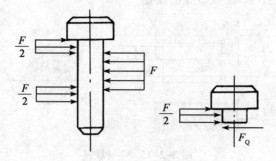

图 2-2-16 销钉联接

【思考与练习】

(1) 如图 2-2-17 所示螺栓联接中，已知拉力 $P = 200$ kN，中间板的厚度 $\delta = 20$ mm，螺栓材料的许用剪应力 $[\tau] = 80$ MPa，试求螺栓的直径。若许用挤压应力 $[\sigma_{jy}] = 200$ MPa，试求螺栓的直径。

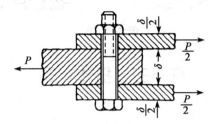

图 2-2-17

(2) 如图 2-2-18 所示钢板联接中，被联接件的厚度 $\delta = 10$ mm。铆钉材料许用剪应力 $[\tau] = 140$ MPa，许用挤压应力 $[\sigma_{jy}] = 320$ MPa，拉力 $P = 24$ kN，长度关系 $d = 2\delta$。试校核此铆钉联接的强度。

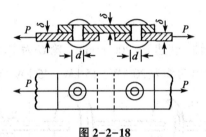

图 2-2-18

(3) 如图 2-2-19 所示螺栓受拉力 F 作用，已知材料许用剪应力 $[\tau]$ 和许用拉应力 $[\sigma]$ 之间的关系有 $[\tau] = 0.8[\sigma]$。试求螺栓直径 d 与螺栓头高度 h 的合理比值。

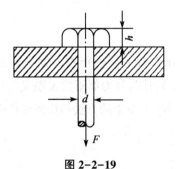

图 2-2-19

(4) 如图 2-2-20 所示联轴器用四个螺栓联接，螺栓对称地安排在直径 $D = 480$ mm 的圆周上，联轴器传递的力偶矩 $M = 24$ kN·m，若材料的许用剪应力 $[\tau] = 80$ MPa，试求螺栓的直径 d。

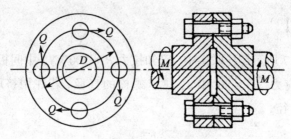

图 2-2-20

任务三　扭转变形

【学习目标】

(1) 掌握扭转的概念及外力偶矩的计算方法。

(2) 掌握扭矩的计算方法，并会画扭矩图。

【任务描述】

如图 2-2-21 所示传动轴，转速 $n=200$ r/min，轮 C 为主动轮，输入功率 $P=60$ kW，轮 A，B，D 均为从动轮，输出功率为 20 kW，15 kW，25 kW。试绘制该轴的扭矩图。

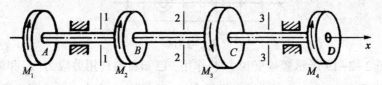

图 2-2-21　传动轴

【任务分析】

由图分析可知，该轴在若干个外力偶的作用下处于平衡状态。那么，扭转变形具有怎样的受力和变形特点？功率、转速与外力偶矩的关系是怎样的？如何根据外力偶矩的大小求出内力偶矩(即扭矩)的大小？求扭矩的方法和步骤是什么？扭矩的正负如何判断？

【相关知识】

一、扭转的受力和变形

如图 2-2-22 所示，轴在外力偶的作用下发生扭转变形。作用在垂直于轴线的不同平面内的外力偶，满足

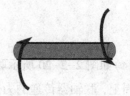

图 2-2-22　扭转变形

平衡方程：$\sum M = 0$。其变形特点是圆轴各横截面将绕其轴线发生相对转动。

二、功率、转速与外力偶矩的关系

扭转时作用在轴上的外力是一对大小相等、转向相反的力偶。但是，在工程实际中，常常是不直接给出外力偶矩的大小，只是知道轴传递的功率和轴的转速，它们之间的关系是

$$M = 9550 \frac{P}{n} \tag{2-2-5}$$

式中，M ——作用在轴上的外力偶矩，单位为 N·m；

　　P ——轴传递的功率，单位为 kW；

　　n ——轴的转速，单位为 r/min。

从上式可以看出，轴所承受的力偶矩与传递的功率成正比，与轴的转速成反比。因此，在传递同样的功率时，低速轴所受的力偶矩比高速轴大。所以在一个传动系统中，低速轴的直径要比高速轴的直径大一些。

三、圆轴扭转时横截面上的内力

若已知轴上作用外力偶矩，圆轴扭转时横截面上的内力就是扭矩。

1.截面上扭矩正负的规定

内力偶的力偶矩称为扭矩，以符号 T 表示。扭矩的正负符号按右手螺旋法则规定：用右手四指弯向表示扭矩的转向，大拇指的指向离开截面时，扭矩规定为正，反之为负（即扭矩矢量的指向与截面的外法线方向一致者为正，反之为负）。如图 2-2-23 所示。

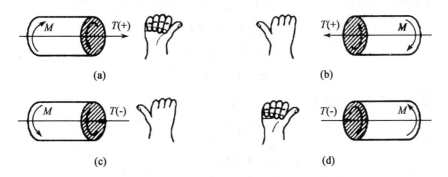

图 2-2-23　右手螺旋法则

2.截面法求扭矩的步骤

（1）切：假想沿某横截面将圆轴切开。

（2）留：留下左半段或右半段作为研究对象。

（3）代：将抛掉部分对留下部分的作用用规定的正扭矩方向来代替。

（4）平：对留下部分，用平衡方程求出扭矩的值。

四、扭矩图

为了形象地表示各截面扭矩的大小和正负,以便分析危险截面,常把扭矩随截面位置变化的规律绘成图像,该图像称为扭矩图。其画法与轴力图画法类似。取平行于轴线的横坐标 x 表示各截面位置,垂直于轴线的纵坐标 M_n 表示相应截面上的扭矩值。正值画在横坐标轴上方,负值画在横坐标轴下方。

例题 1 如图 2-2-24(a)表示装有三个轮子的传动轴,作用于主动轮上的外力偶矩 $M_B = 6$ kN·m,从动轮上的外力偶矩 $M_A = 4$ kN·m, $M_C = 2$ kN·m,求 2—2 截面的内力。

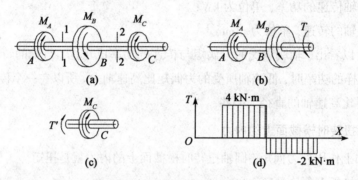

图 2-2-24 扭转的内力分析

解: 运用截面法,取左段轴为研究对象,如图 2-2-24(b)所示。由于整个轴是平衡的,所以左段轴也必然平衡。又因为力偶只能用力偶来平衡,按照扭矩方向的正负规定,假设截面 2—2 上的扭矩方向如图所示,用 T 表示。外力偶 M_A 与 T 反向,代入负值;外力偶 M_B 与 T 同向,代入正值,扭矩的大小可以用静力平衡条件求得,即

$$\sum M_x(F) = 0$$

$$T - M_A + M_B = 0$$

$$T = M_A - M_B = -2 \text{ kN·m}$$

若取右段轴研究,如图 2-2-17(c)所示,同样可得

$$\sum M_x(F) = 0$$

$$T' + M_C = 0$$

$$T' = -M_C = -2 \text{ kN·m}$$

最后画出轴力图 2-2-24(d)。

例题 2 传动轴如图 2-2-25(a)所示,主动轮 A 输入功率 $P_A = 20$ kW,从动轮 B, C, D 输出功率分别为 $P_B = 10$ kW, $P_C = P_D = 5$ kW,轴的转速 $n = 200$ r/min。试绘制该轴的扭矩图。

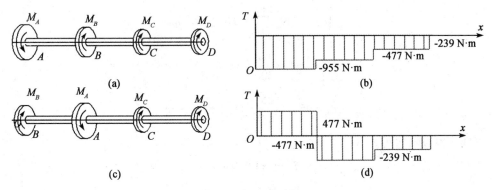

图 2-2-25 传动轴

解：（1）计算外力偶矩。

$$M_A = 9550 \frac{P_A}{n} = 9550 \times \frac{20}{200} = 955 \text{ N} \cdot \text{m}$$

$$M_B = 9550 \frac{P_B}{n} = 9550 \times \frac{10}{200} = 477 \text{ N} \cdot \text{m}$$

$$M_C = M_D = 9550 \frac{P_C}{n} = 9550 \times \frac{5}{200} = 239 \text{ N} \cdot \text{m}$$

（2）计算各段截面扭矩值。

$$T_{AB} = -M_A = -955 \text{ N} \cdot \text{m}$$

$$T_{BC} = -M_A + M_B = -477 \text{ N} \cdot \text{m}$$

$$T_{CD} = -M_D = -239 \text{ N} \cdot \text{m}$$

（3）画扭矩图如图 2-2-25（b）所示。由图可知，最大扭矩（绝对值）发生在 AB 段，其值为

$$|T|_{max} = 955 \text{ N} \cdot \text{m}$$

讨论　若将轮 A 放在中间，如图 2-2-25（c）所示，再作出扭矩图，如图 2-2-25（d）所示，则最大扭矩发生在 BA，AC 两段，即

$$|T|_{max} = 477.5 \text{ N} \cdot \text{m}$$

由此可见，主动轮与从动轮所在的位置不同，轴所承受的最大扭矩也不同。两者相比，图 2-2-25（c）所示轮子布局比较合理。一般应将主动轮布置在几个从动轮中间，使两侧轮子的转矩之和相等或接近相等。

【任务实施】

（1）求各轮转矩。

$$M_A = 9549 \times \frac{20}{200} = 954.9 \text{ N} \cdot \text{m}$$

$$M_B = 9549 \times \frac{15}{200} = 716.2 \text{ N} \cdot \text{m}$$

$$M_C = 9549 \times \frac{60}{200} = 2864.8 \text{ N} \cdot \text{m}$$

$$M_D = 9549 \times \frac{25}{200} = 1193.63 \text{ N} \cdot \text{m}$$

（2）求各段轴扭矩。

$$T_1 = 954.9 \text{ N} \cdot \text{m}$$

$$T_2 = 1671.1 \text{ N} \cdot \text{m}$$

$$T_3 = -1193.63 \text{ N} \cdot \text{m}$$

（3）作扭矩图，如图 2-2-26 所示。

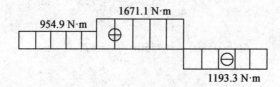

图 2-2-26　扭矩图

【思考与练习】

（1）讨论图 2-2-27 中的受扭圆轴，分析其截面 m—m 上的扭矩 $T = $ _____。

A. $M_e + M_e = 2M_e$　　　　　B. $M_e - M_e = 0$

C. $2M_e - M_e = M_e$　　　　　D. $-2M_e + M_e = -M_e$

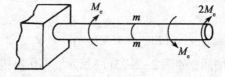

图 2-2-27

（2）试绘制扭矩图，说明图 2-2-28 中轴上 3 个轮子如何布置比较合理。

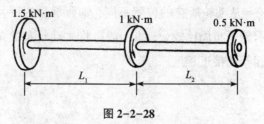

图 2-2-28

（3）如图 2-2-29 所示传动轴，转速 $n = 200$ r/min，轮 C 为主动轮，输入功率 $P = 60$ kW，轮 A，B，D 均为从动轮，输出功率为 20 kW，15 kW，25 kW。试绘该轴的扭矩图。

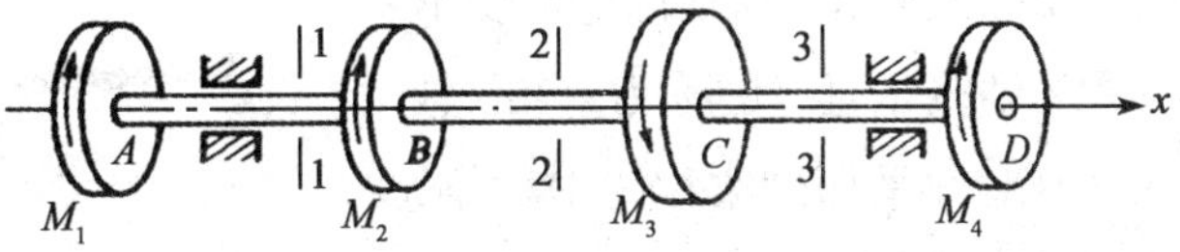

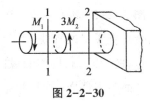

图 2-2-29

(4)求图 2-2-30 所示受扭圆轴各段的扭矩,并作各杆的扭矩图。

图 2-2-30

任务四 弯曲变形

【学习目标】

(1)熟悉平面弯曲的概念及实例。

(2)掌握计算弯曲变形内力的方法,并会画剪力图和弯矩图。

【任务描述】

如图 2-2-31 所示,已知一承受均布载荷的简支梁,梁所受的均布载荷为 q,跨度为 l。那么,梁在发生弯曲变形时受的内力是什么样的?怎样计算梁发生弯曲时的内力?

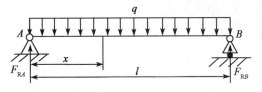

图 2-2-31 受均布载荷作用的简支梁

【任务分析】

如图 2-2-31 所示受均布载荷的横梁 AB,在载荷 q 的作用下将发生弯曲。要解决上述问题,必须从梁所受的外力入手,先分析梁的变形,然后分析梁发生弯曲变形时受的内力,进而求出梁弯曲时的内力。

【相关知识】

一、平面弯曲的概念

杆受垂直于轴线的外力或纵向平面的外力偶矩矢的作用时,轴线变成了曲线,这种

变形称为弯曲，如图 2-2-32 所示。凡是以弯曲变形
为主的杆件通常称为梁。轴线是直线的称为直梁，轴
线是曲线的称为曲梁；有对称平面的梁称为对称梁，
没有对称平面的梁称为非对称梁。

图 2-2-32　弯曲变形

工程结构与机械中的对称梁，其横截面往往具有对称轴，横截面纵向对称轴 y 与梁
的轴线 x 构成纵向对称平面，如图 2-2-33 所示。若作用在梁上的外力（包括力偶）都位
于纵向对称平面内，且力的作用线垂直于梁的轴线，则变形后梁的轴线将是该平面内的
曲线，这种弯曲称为平面弯曲。过轴线与荷载作用的纵向对称面垂直的水平面上，各纤
维既不伸长也不缩短，则称这个平面为中性面，可以将梁分成拉、压两个区域。

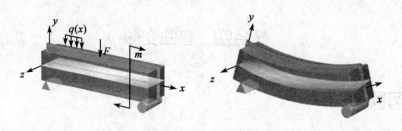

图 2-2-33　对称平面

二、弯曲变形的实例

1.吊车大梁简化

吊车大梁简化如图 2-2-34 所示。

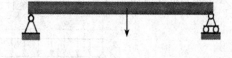

图 2-2-34　吊车大梁简化

2.楼板梁简化

楼板梁简化如图 2-2-35 所示。

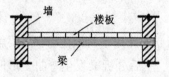
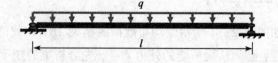

图 2-2-35　楼板梁简化

3.简易桥梁简化

简易桥梁简化如图 2-2-36 所示。

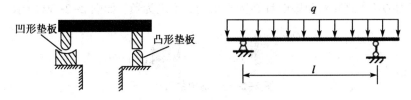

图 2-2-36 简易桥梁

三、截面法求梁的内力

如图 2-2-37 所示，为了求出梁横截面 $m—m$ 上的内力，先在 $m—m$ 处将梁断开，取左段梁为研究对象，由平衡方程可求得

$$\sum F = 0;\ F - F_Q = 0$$

得

$$F_Q = F$$

这个作用线平行于横截面的内力称为剪力，用 F_Q 表示。

由平衡方程还可求得

$$\sum M_c(F) = 0;\ M - FX = 0$$

得

$$M = FX$$

这个作用平面垂直于横截面的内力偶的力偶矩称为弯矩，用 M 表示。

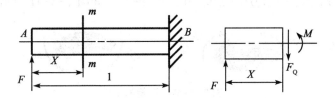

图 2-2-37 截面法求剪力和弯矩

四、剪力 F_Q 和弯矩 M 的正负号规定

1.剪力的正负号规定

（1）如图 2-2-38 所示，取左段梁为研究对象时，向上的外力取正号；向下的外力取负号。取右段梁为研究对象时，向下的外力取正号；向上的外力取负号。因此，由外力计算剪力时，可规定"左上右下剪力为正"。

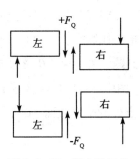

图 2-2-38 剪力的正负

（2）剪力 Q：绕研究对象顺时针转为正剪力，反之为负，如图 2-2-39 所示。

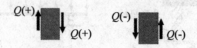

图 2-2-39　剪力的正负

2.弯矩的正负号规定

（1）如图 2-2-40 所示，计算弯矩时，取左段梁为研究对象时，对截面形心产生顺时针转动效应的外力矩（包括力偶矩）取正号；反之取负号。取右段梁为研究对象时，对截面形心产生逆时针转动效应的外力矩（包括力偶矩）取正号；反之取负号。因此，由外力计算弯矩时，可规定"左顺右逆弯矩为正"。

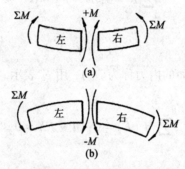

图 2-2-40　弯矩的正负

（2）弯矩 M：弯矩为正值，截面是上凹下凸，凹边为压应力，凸边为拉应力；弯矩为负值，截面上凸下凹，凹边为压应力，凸边为拉应力。如图 2-2-41 所示。

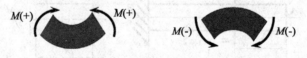

图 2-2-41　弯矩的正负

五、横截面上剪力和弯矩的计算

截面上的剪力和弯矩的计算方法：任意截面上的剪力等于该截面左段梁或右段梁上所有外力的代数和；任意截面上的弯矩，等于截面左段梁或右段梁上所有外力对截面形心力矩的代数和。

例题　外伸梁 DB 受力如图 2-2-42 所示。已知均布载荷集度为 q，集中力偶 $M_c = 3qa^2$。图中 2—2 与 3—3 截面称为 A 点处的临界截面，即 $\Delta \to 0$。同样 4—4 与 5—5 截面为 C 点处的临界截面。试求梁各指定截面的剪力和弯矩。

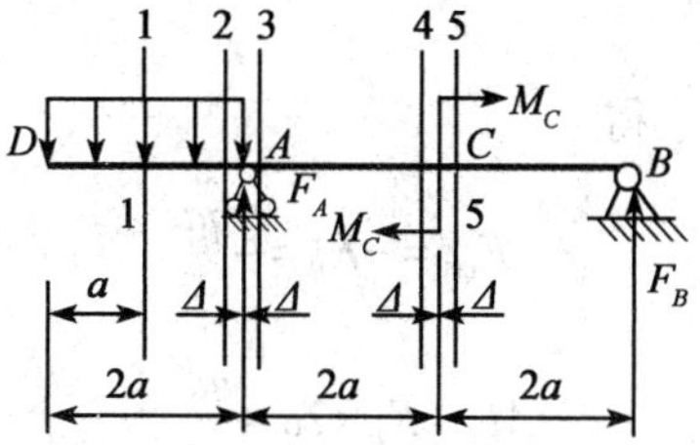

图 2-2-42 外伸梁的受力

解：(1)求梁支座的约束力。

取整个梁为研究对象，画受力图，列平衡方程求解。

$$\sum M_B(F) = 0, \ -F_A \times 4a - M_C + q \times 2a \times 5a = 0, \ 得 \ F_A = \frac{7qa}{4};$$

$$\sum F_y = 0, \ F_B + F_A - q \times 2a = 0, \ 得 F_B = \frac{qa}{4}。$$

(2)求各指定截面上的剪力和弯矩。

① 1—1 截面：

由 1—1 截面左段梁上外力的代数和求得到该截面的剪力为

$$F_{Q1} = -qa$$

由 1—1 截面左段梁上外力对截面形心力矩的代数和求得该截面的弯矩为

$$M_1 = -qa \times \frac{a}{2} = -\frac{qa^2}{2}$$

② 2—2 截面：

由 2—2 截面左段梁计算，得

$$F_{Q2} = -q \times 2a = -2qa$$

$$M_2 = -q \times 2a \times a = -2qa^2$$

③ 3—3 截面：

由 3—3 截面左段梁计算，得

$$F_{Q3} = -q \times 2a + F_A = -2qa + \frac{7qa}{4} = -\frac{qa}{4}$$

$$M_3 = -q \times 2a \times a = -2qa^2$$

④ 4—4 截面：

由 4—4 截面右段梁计算，得

$$F_{Q4} = -F_B = -\frac{qa}{4}$$

$$M_4 = F_B \times 2a - M_C = \frac{qa^2}{2} - 3qa^2 = -\frac{5qa^2}{2}$$

⑤5—5 截面：

取 5—5 截面右段梁计算，得

$$F_{Q5} = -F_B = -\frac{qa}{4}$$

$$M_5 = F_B \times 2a = \frac{qa^2}{2}$$

由以上计算结果可以看出：

(1)集中力作用处的两侧临近截面上的弯矩相同，但剪力不同，说明剪力在集中力作用下产生了突变，突变的幅值等于集中力的大小。

(2)集中力偶作用处的两侧临近截面上的剪力相同，但弯矩不同，说明弯矩在集中力偶作用下产生了突变，突变的幅值等于集中力偶矩的大小。

(3)由于集中力的作用截面上和集中力偶的作用截面上剪力和弯矩有突变，因此，应用截面法求任一指定截面上的剪力和弯矩时，截面不能取在集中力或集中力偶的作用截面处。

六、剪力图和弯矩图

1.画图步骤

由前面的分析可知，一般情况下，剪力和弯矩随截面位置变化而变化。若用截面到梁左端或右端的距离 x 代表截面位置，则梁内各截面的弯矩可以写成坐标 x 的函数，即剪力方程 $F_Q = F(x)$ 和弯矩方程 $M = M(x)$。它们表示剪力或弯矩沿梁的轴线变化的规律。为了便于看出梁上各截面弯矩的大小和正负，可将剪力方程或弯矩方程用图像表示出来，称为剪力图或弯矩图。

绘制剪力(弯矩)图的步骤如下：

(1)求出梁的支座反力；

(2)求出各集中力、集中力偶的作用点处截面上的值；

(3)取横坐标 x 平行于梁的轴线，表示梁的截面位置；纵坐标 $F_Q(M)$ 表示各截面的剪力(弯矩)；

(4)将各控制点画在坐标平面上，然后连接各点。

作图时将正值画在 x 轴的上方，负值从上到下画在 x 轴的下方，并在图上标注出各控制点的数值。

2.画图规律

(1)若梁在某一段内无均布载荷作用，即 $q=0$，$F_Q(x)$ 为常数，$M(x)$ 是 x 的一次函数。因而，剪力图是平行于 x 轴的直线，弯矩图是斜直线。

(2)若梁在某一段内有均布载荷，即 $q=C$，$F_Q(x)$ 是 x 的一次函数，$M(x)$ 是 x 的二次函数。因而，剪力图是斜直线，弯矩图是抛物线。若均布载荷向下，弯矩图为向上凸的抛物线;若均布载荷向上,弯矩图为向下凸的抛物线。

(3)在集中力作用处,剪力图有一突变,突变的大小与方向等于集中力(自左向右作图),M 图发生转折。

(4)集中力偶作用处,弯矩图将产生突变,突变的大小等于外力偶矩的数值。自左向右作图时,若力偶为顺时针转向,弯矩图向上突变;若力偶为逆时针转向,弯矩图向下突变。

(5)绝对值最大的弯矩总是出现在下述截面之一上:$F_Q = 0$ 的截面上,集中力作用处,集中力偶作用处。

以上规律虽然是由例题总结出来的,但它却有普遍意义。工程上常利用这些规律来绘制剪力图、弯矩图。

【任务实施】

(1)求支座反力。由对称性可得

$$F_{RA} = F_{RB} = \frac{1}{2}ql$$

(2)列剪力方程和弯矩方程。以梁左端 A 点为原点,取截面左侧的外力,计算距原点为 x 的任意截面上的剪力和弯矩。剪力方程和弯矩方程为:

$$F_Q(x) = F_{RA} - qx = \frac{1}{2}ql - qx \quad (0 < x < l)$$

$$M(x) = F_{RA} \cdot x - qx \cdot \frac{x}{2} = \frac{1}{2}qlx - \frac{1}{2}qx^2 \quad (0 \leq x \leq l)$$

(3)画剪力 F_Q 的剪力图。剪力方程表明剪力是 x 的一次函数,因而剪力图是斜直线,需确定其两截面上的剪力 F_Q 值。由 $F_{QA} = F_{RA} = \frac{1}{2}ql$,$F_{QB} = F_{RA} - ql = -\frac{1}{2}ql$ 画出剪力图,如图 2-2-43(b)所示。

(4)画弯矩 M 的弯矩图。弯矩方程表明弯矩是 x 的二次函数,因而弯矩图是抛物线,故需要根据弯矩方程确定若干个截面上的 M 值才能画出。

由

$$x = 0, \ M(0) = 0$$

$$x = \frac{l}{4}, \ M\left(\frac{l}{4}\right) = \frac{3ql^2}{32}$$

$$x = \frac{l}{2}, \ M\left(\frac{l}{2}\right) = \frac{1}{8}ql^2$$

$$x = \frac{3l}{4}, \ M\left(\frac{3l}{4}\right) = \frac{3ql^2}{32}$$

得

$$x = l, \quad M(l) = 0$$

画出弯矩图,如图 2-2-43(c)所示。

(5)确定 $|F_Q|_{max}$ 和 $|M|_{max}$。由剪力 F_Q、弯矩 M 图可知,梁的两端截面上剪力最大,中点截面上弯矩最大,它们的大小分别为

$$|F_Q|_{max} = \frac{1}{2}ql, \quad |M|_{max} = \frac{1}{8}ql^2$$

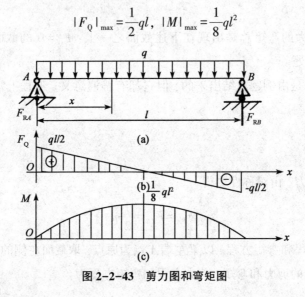

图 2-2-43 剪力图和弯矩图

【思考与练习】

(1)什么是弯矩图?弯矩图能说明什么问题?怎样绘制弯矩图?

(2)图 2-2-44 所示悬臂梁 AB 在自由端受集中力 F 作用,试列出梁的剪力方程和弯矩方程,并绘制其剪力图和弯矩图。

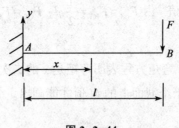

图 2-2-44

(3)简支梁 AB 受集中力 F 作用,如图 2-2-45 所示。试画出此梁的剪力图与弯矩图。

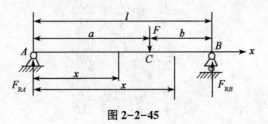

图 2-2-45

（4）试作图 2-2-46 中的梁的剪力图和弯矩图。

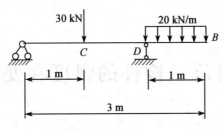

图 2-2-46

（5）试求图 2-2-47 所示各梁中截面 1—1 和 2—2 上的剪力和弯矩，并作剪力图和弯矩图。

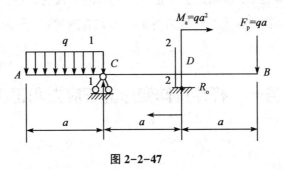

图 2-2-47

（6）试列图 2-2-48 所示各梁的剪力方程和弯矩方程，作剪力图和弯矩图，并确定 Q_{max} 及 M_{max} 值。

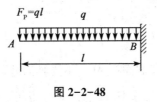

图 2-2-48

项目三　构件的强度和变形

杆件在受外力作用下，产生相应的内力和变形，将在其横截面上产生相应的应力。在杆件变形的基本类型中，横截面上受正应力变形的形式有两种：一种是拉(压)变形，另一种是弯曲变形。横截面上受切应力变形的形式有两种：一种是剪切变形，另一种是圆轴扭转变形。

任务一　杆件拉伸变形的正应力和正应变

【学习目标】

(1)掌握拉(压)杆强度计算和校核的方法步骤。

(2)掌握利用强度条件设计构件尺寸的方法。

【任务描述】

如图 2-3-1 所示，阶梯形圆截面杆 AC，承受轴向载荷 $F_1 = 200$ kN，$F_2 = 100$ kN，AB 段的直径 $d_1 = 40$ mm。如欲使 BC 与 AB 段的正应力相同，求 BC 段的直径 。

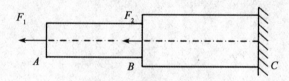

图 2-3-1　阶梯形圆截面杆

【任务分析】

阶梯形圆截面杆在两个力的作用下是否达到了平衡？求轴力应该是在外力平衡的条件下进行求解的，那么如何增加力使该圆杆平衡？正应力的公式与杆直径有什么关系？利用两段正应力相同的公式，并代入数值就能求出 BC 段的直径。

【相关知识】

一、拉(压)杆件横截面上的正应力

如图 2-3-2 所示,杆件的两部分直径不同,那么拉伸外力 F 增大到一定程度时,哪一段先断裂呢? 由经验可知,应该是直径小的一段先断裂,原因是两段轴的强度不同。

构件强度的大小用应力来表示。应力是指构件在外力作用下单位面积上的内力。应力描述了内力在截面上的分布情况和密集程度,用来衡量构件受力的强弱程度。杆件受拉(压)时的内力在横截面上是均匀分布的,如图 2-3-3 所示。

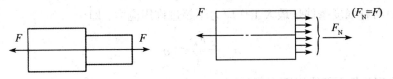

图 2-3-2 直径不同的杆件   图 2-3-3 内力在横截面上的分布

假设杆件的横截面积为 A,轴力为 F_N,则单位面积上的内力为 F_N/A。由于内力垂直于横截面,因而应力也垂直于横截面。我们称这样的应力为正应力,用符号 σ 表示,于是有

$$\sigma = \frac{F_N}{A} \tag{2-3-1}$$

式中,F_N 的单位为 N;A 的单位为 m^2;σ 的单位为 N/m^2,即 Pa。σ 的单位还有 MPa,1 MPa = 10^6 Pa。

这就是拉(压)杆件横截面上正应力 σ 的计算公式。σ 的正负规定与轴力相同,即拉应力时符号为正,压应力时符号为负。

二、许用应力和安全系数

1. 极限应力 σ°

由金属材料知识可知,当塑性材料达到屈服强度 σ_s 时,将产生较大塑性变形;脆性材料达到抗拉强度 σ_b 时,将发生断裂。工程上把使材料丧失正常工作能力的应力称为极限应力或危险应力 F,以 σ° 表示。因此,对于脆性材料 $\sigma^\circ = \sigma_b$;对于塑性材料 $\sigma^\circ = \sigma_s$。

2. 工作应力 σ

构件工作时,由载荷引起的应力称为工作应力。构件拉伸或压缩变形时,其横截面上的工作应力为

$$\sigma = \frac{F_N}{A} \tag{2-3-2}$$

显然,要使构件能安全地工作,其最大工作应力不能超过自身的极限应力 σ°。

3.安全系数和许用应力

通常把极限应力除以大于 1 的系数 n,作为材料的许用应力,用符号 $[\sigma]$ 表示,n 称为安全系数。即

$$\sigma = \frac{\sigma^0}{n} \tag{2-3-3}$$

在实际生产中,工作应力应满足

$$\sigma \leqslant [\sigma] = \frac{\sigma^0}{n} \tag{2-3-4}$$

三、拉(压)杆的强度条件

拉(压)时杆强度条件是最大工作应力不超过许用应力,即

$$\sigma_{\max} = \frac{F_N}{A} \leqslant [\sigma] \tag{2-3-5}$$

根据强度条件可解决以下三类问题。

1.强度校核

此时杆件的截面面积 A、杆件的许用应力 $[\sigma]$ 及载荷均为已知,然后计算出危险截面上的工作应力 σ,比较是否满足 $\sigma \leqslant [\sigma]$。

2.设计截面

根据已知的载荷和许用应力,确定截面的面积,即 $A \geqslant F_N / [\sigma]$,然后根据其他工程要求确定截面形状,最后确定截面的具体几何尺寸。

3.确定承载能力

若杆件的截面面积 A 与材料的许用应力 $[\sigma]$ 是已知的,则可算出杆件所能承受的最大轴力,即 $F_N \leqslant [\sigma] A$,根据 F_N 可计算出许可载荷。

四、应力集中

受轴向拉伸或压缩的等截面直杆,其横截面上的应力是均匀分布的。但在实际工程中,这样外形均匀的等截面直杆是不多见的。由于结构和工艺等方面的要求,杆件上常常带有孔、退刀槽、螺纹、凸肩等,这些地方使杆件的截面的形状和尺寸有突然的改变。实验证明,在杆件截面发生突变的地方,即使在最简单的轴向拉伸或压缩的情况下,截面上的应力也不再是均匀分布。例如,具有圆孔的受拉伸直杆,在孔附近的局部范围内,应力显著增大,而在较远处应力分布趋于均匀。这种由于截面突然改变而引起的应力局部增大的现象,称为应力集中。截面尺寸改变得越急剧、角越尖、孔越小,应力集中的程度就越严重,如图 2-3-4 所示。

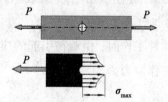

图 2-3-4　应力集中的分布

各种材料对应力集中的敏感程度并不相同。在静应力作用下，对于塑性材料制成的零件可以不考虑应力集中的影响，而对于脆性材料制成的零件则必须考虑应力集中的影响。当零件受到交变应力或冲击载荷作用时，无论是塑性材料还是脆性材料，应力集中对零件的强度都有严重影响，这往往是零件破坏的根源。

五、降低应力集中的方法

1.修改应力集中因素的形状

（1）用圆角代替尖角。为尽量避免形状突变，可将尖角改为圆角，这能有效地缓和应力集中程度。一般来讲，圆角的曲率半径在可能的范围内愈大愈好。

（2）采用流线型或抛物线型的表面过渡。有时圆角并不对应于最小的应力集中，如果采用流线型变化的截面，效果会更好。

（3）在构件截面突变的地方，除了用加大圆角来缓和应力集中外，另一种有效的措施是增加卸载槽。如图 2-3-5(a)所示的阶梯轴，A 处的刚度明显低于 B 处，为了缓和刚度的剧变，除了加大圆角半径外，在 B 处开一卸载槽，也有效地降低应力集中，如图 2-3-5(b)所示。

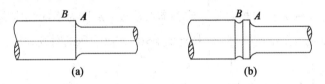

图 2-3-5 阶梯轴降低应力集中的方法

（4）用椭圆孔代替圆孔。在保证构件正常工作的情况下，如果将圆孔改为椭圆孔，往往能提高构件的强度。

2.适当选择应力集中因素的位置

使应力集中因素尽量远离构件的边界，将应力集中因素选在构件中应力低的部位，尽量避开高应力区。如图 2-3-6 所示的纯弯梁，应尽量避免将圆孔设置在弯曲应力较大的截面边缘[如图 2-3-6(a)所示]，而应将其移到中性轴附近[如图 2-3-6(b)所示]。

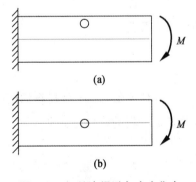

图 2-3-6 纯弯梁避免应力集中

六、杆件拉伸和压缩时的应变

1.轴向和横向线应变

应变是指变形前后物体的形状、大小或物质线方位的改变量。杆件被拉伸时，长度增大，宽度变小，如图 2-3-7 所示；杆件被压缩时，长度减小，宽度增大，如图 2-3-8 所示。

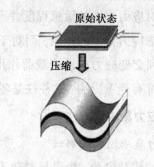

图 2-3-7　杆件被拉伸　　　　　　图 2-3-8　杆件被压缩

杆件的变形程度不仅与绝对变形量有关，还与杆件的原长度有关。原长度不等的杆件，其长度变形量 Δl 或宽度变形量 Δb 相等时，变形程度并不相同。因此，用单位长度的变形量来表示杆件拉伸或压缩时的应变，即

$$\varepsilon = \frac{\Delta l}{l} \tag{2-3-6}$$

$$\varepsilon' = \frac{\Delta b}{b} \tag{2-3-7}$$

上述两式中，ε 称为轴向相对变形或轴向线应变；ε' 称为横向线应变。应变是单位长度的变形量，所以是无量纲的物理量。拉伸时 $\varepsilon>0$，$\varepsilon'<0$；压缩时则相反，$\varepsilon<0$，$\varepsilon'>0$。

2.泊松比

如图 2-3-9 所示，杆件受到拉力 P 作用，长度由 l_0 增大到 l，宽度由 b_0 减小到 b，轴向线应变为

$$\varepsilon = \frac{l-l_0}{l_0} = \frac{\Delta l}{l} \tag{2-3-8}$$

横向线应变为

$$\varepsilon' = \frac{b_0-b}{b_0} = \frac{\Delta b}{b_0} \tag{2-3-9}$$

在弹性变形内，一种材料的横向线应变与纵向线应变之比的绝对值为一常数，该常数就是该材料的泊松比，即

$$\upsilon = \frac{\varepsilon'}{\varepsilon} \tag{2-3-10}$$

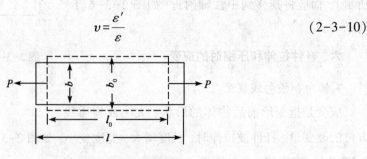

图 2-3-9　杆件的弹性变形

泊松比通常由试验测得,工程上常用材料的泊松比列于表2-3-1。

表 2-3-1 常用材料的泊松比

材料名称	E/GPa	μ
低碳钢	$196\sim216$	$0.25\sim0.33$
合金钢	$186\sim216$	$0.24\sim0.33$
灰铸铁	$115\sim157$	$0.23\sim0.27$
铜合金	$72.6\sim128$	$0.31\sim0.42$
铝合金	70	0.33

七、弹性定律(胡克定律)

弹性定律是材料力学等固体力学中一个非常重要的基础定律。一般认为它是由英国科学家胡克首先提出来的,所以通常也叫作胡克定律。受拉伸或压缩的杆件,当外力不超过某一限度时,其轴向绝对变形量 Δl 与轴力 F_N 及杆长 l 成正比,与杆件的横截面面积 A 成反比,即

$$\Delta l \propto \frac{F_N l}{A}$$

若引入比例常数 E,则可得

$$\Delta l = \frac{F_N l}{EA} \tag{2-3-11}$$

其中,E 称为的材料的弹性模量,表明在拉伸(或压缩)时材料抵抗弹性变形的能力,可以通过查表得到。若其他条件相同时,E 值越大,则杆件的轴向变形量 Δl 就越小,所以 EA 称为杆件的截面抗拉(抗压)刚度。

将上述等式两边同时除以 l,得

$$\frac{\Delta l}{l} = \frac{F_N}{EA}, \ \text{即} \ \sigma = E \cdot \upsilon \tag{2-3-12}$$

该公式说明在弹性范围内,杆件的轴向应力与应变成正比,故弹性定律只适应于应力不超过比例极限的范围时。

例题 已知,材料的弹性模量 $E=200$ GPa,横截面面积 $A_1 = 200$ mm^2,$A_2 = 300$ mm^2,$A_3 = 400$ mm^2。试求阶梯状直杆各横截面上的应力(如图2-3-10所示),并求杆的总伸长。

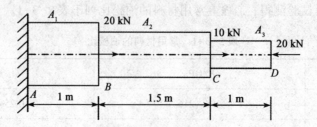

图 2-3-10 阶梯杆的受力

解：CD 段：$F_{N3} = 20$ kN（压）

$$\Delta l_3 = \frac{F_{N3} l_{CD}}{EA_3} = \frac{20 \times 10^3 \times 1}{200 \times 10^9 \times 400 \times 10^{-6}} = 0.00025 \text{ m} = 0.25 \text{ mm}$$

CB 段：$F_{N2} = 10$ kN（压）

$$\Delta l_2 = \frac{F_{N2} l_{CB}}{EA_2} = \frac{10 \times 10^3 \times 1.5}{200 \times 10^9 \times 300 \times 10^{-6}} = 0.00025 \text{ m} = 0.25 \text{ mm}$$

AB 段：$F_{N1} = 10$ kN（压）

$$\Delta l_1 = \frac{F_{N1} l_{AB}}{EA_1} = \frac{10 \times 10^3 \times 1}{200 \times 10^9 \times 200 \times 10^{-6}} = 0.00025 \text{ m} = 0.25 \text{ mm（拉）}$$

$$\Delta l = \Delta l_1 - \Delta l_2 - \Delta l_3 = -0.25 \text{ mm（缩短）}$$

【任务实施】

设 BC 段的直径为 d_2，AB 段的轴力为 $F_{NAB} = F_1 = 200$ kN，应力为

$$\sigma_{AB} = \frac{F_{NAB}}{A_{AB}} = \frac{F_1}{\dfrac{\pi d_1^2}{4}}$$

BC 段的轴力为 $F_{NBC} = F_1 + F_2 = 300$ kN，应力为

$$\sigma_{BC} = \frac{F_{NBC}}{A_{BC}} = \frac{F_1 + F_2}{\dfrac{\pi d_2^2}{4}}$$

令 $\sigma_{AB} = \sigma_{BC}$，则 $\dfrac{F_1}{\dfrac{\pi d_1^2}{4}} = \dfrac{F_1 + F_2}{\dfrac{\pi d_2^2}{4}}$，得 $d_2 = \sqrt{\dfrac{3}{2}} d_1 = 49.0$ mm。

【思考与练习】

（1）有如图 2-3-11 所示的气动夹具，已知其气缸内径 $D = 140$ mm，缸内气压 $p = 0.6$ MPa，活塞杆材料为 45 钢，$[\sigma] = 80$ MPa，活塞杆直径 $d = 14$ mm，试校核活塞杆的强度。

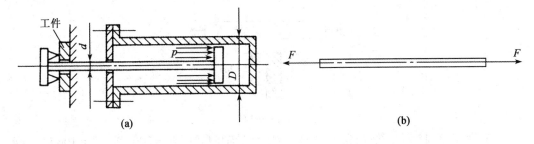

图 2-3-11

（2）图 2-3-12 为某冷锻机的曲柄滑块机构。锻压工作时，当连杆接近水平位置时，锻压力 F 最大，$F = 3780$ kN。连杆的横截面为矩形，高宽之比为 $h/b = 1.4$，材料的许用应力 $[\sigma] = 90$ MPa。试设计连杆的尺寸（即求出 h 和 b）。

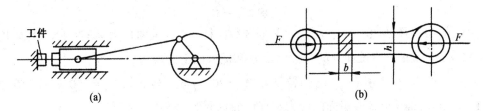

图 2-3-12

（3）有如图 2-3-13 所示的简易旋臂式吊车，已知 $\alpha = 30°$，斜杆 BC 由两根 5 号等边角钢组成，每根角钢的横截面面积 $A_1 = 4.80 \times 10^2$ mm²；水平横杆 AB 由两根 10 号槽钢组成，每根槽钢的横截面面积 $A_2 = 1.274 \times 10^3$ mm²；材料都是 Q235，许用应力为 $[\sigma] = 120$ MPa。电葫芦能沿水平横杆移动，当电葫芦在图示位置时，求此旋臂吊车允许起吊的最大重量（两杆的自重不计）。

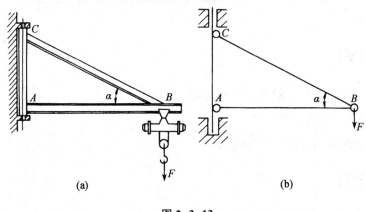

图 2-3-13

（4）如图 2-3-14 所示的钢拉杆，其受轴向力 $F = 40$ kN，若栏杆材料的许用应力 $[\sigma] = 100$ MPa，试确定截面尺寸 a 和 b 的大小。

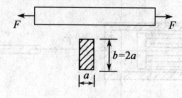

图 2-3-14

（5）图 2-3-15 所示阶梯形圆截面杆 AC，承受轴向载荷 $F_1 = 200$ kN，$F_2 = 100$ kN，AB 段的直径 $d_1 = 40$ mm。如欲使 BC 与 AB 段的正应力相同，求 BC 段的直径。

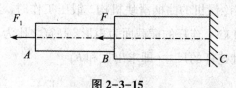

图 2-3-15

（6）一根直径 $d = 16$ mm，长 $l = 3$ m 的圆截面杆，承受轴向拉力 $F = 30$ kN，其伸长为 $\Delta l = 2.2$ mm。试求杆横截面上的弹性模量 E 和横截面上的应力。

（7）如图 2-3-16 所示，已知较细段 $A_1 = 200$ mm^2，较粗段 $A_2 = 300$ mm^2，$E = 200$ GPa，$L = 100$ mm，求各段截面的应力和杆件的总变形。

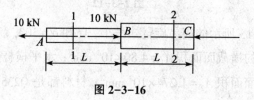

图 2-3-16

任务二　梁弯曲时横截面上的正应力

【学习目标】

（1）能够计算出纯弯曲时梁横截面上的正应力。

（2）熟悉正应力强度条件。

（3）掌握提高梁的弯曲强度的方法。

【能力目标】

利用强度条件进行强度校核并设计构件。

【任务描述】

矩形截面梁的载荷和约束如图 2-3-17 所示，求出 Ⅰ—Ⅰ 截面上 a，b，d 三点的弯曲正应力。材料的许用正应力$[\sigma]=160$ MPa，试校核梁的强度。

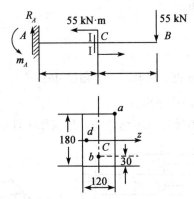

图 2-3-17 矩形截面梁

【任务分析】

根据任务描述，首先确定Ⅰ—Ⅰ截面上的剪力和弯矩，为保证矩形截面梁能正常工作，其强度需满足一定的要求。通过前面的学习知道，梁弯曲变形时截面上的弯矩是随截面的位置而变化的，所以首先要找出压板最大弯矩及危险截面处，求出最大弯曲正应力，然后建立弯曲强度条件，再通过相关的强度计算，来确定压板的厚度。

【相关知识】

一、纯弯曲和横力弯曲的概念

剪力"F_Q"——切应力"τ"；弯矩"M"——正应力"σ"。

1.纯弯曲

梁的横截面上只有弯矩而无剪力的弯曲（即横截面上只有正应力而无剪应力的弯曲）称为纯弯曲。例如，在如图 2-3-18 所示的梁的 CD 段上，只有弯矩，没有剪力，这种变形称为纯弯曲变形。

2.横力弯曲(剪切弯曲)

梁的横截面上既有弯矩又有剪力的弯曲（即横截面上既有正应力又有剪应力的弯曲）称为横力弯曲。

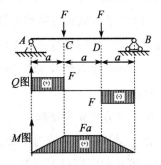

图 2-3-18 梁的剪力图弯矩图

例如，在如图 2-3-18 所示的梁的 AC 段和 BD 段上，既有弯矩，又有剪力，这种变形称为横力弯曲变形。

二、梁纯弯曲时横截面上正应力的分布规律

1.变形特点

图 2-3-18 所示中 CD 段变形前后分别如图 2-3-19(a)和 2-3-19(b)所示。

（1）变形之前。

横向线：Ⅰ—Ⅰ，Ⅱ—Ⅱ；

纵向线：ab，cd。

（2）变形之后。

横向线：直线，与轴线垂直，倾斜了一个角度 $d\theta$；

纵向线：曲线，ab 缩短，cd 伸长。

如图 2-3-20 所示，既不伸长也不缩短的一层叫作中性层。

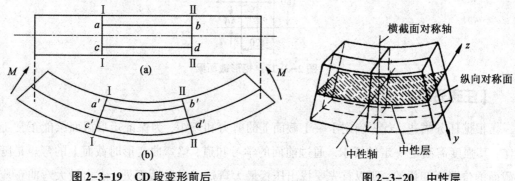

图 2-3-19　CD 段变形前后　　　　　图 2-3-20　中性层

中性层：梁内既不缩短也不伸长（不受压不受拉）的一层。中性层是梁上拉伸区与压缩区的分界面。

中性轴：中性层与横截面的交线。变形时横截面是绕中性轴旋转的。

2. 平面假设

横截面在变形前为平面，变形后仍为平面，且垂直于变形后梁的轴线，只是绕横截面上某个轴旋转了一个角度。由此可得出以下推断：

（1）由于横截面与轴线始终保持垂直，说明横截面间无相对错动，无剪切变形，无切应力；

（2）纵向线有伸长和缩短变形，横截面上有纵向应变，有正应力。

3. 正应力的分布规律

由于梁横截面保持为平面，所以沿横截面高度方向，纵向纤维从缩短到伸长是线性变化的，因此横截面上的正应力沿横截面高度方向也是线性分布的。以中性轴为界，凹边为压应力，使梁缩短；凸边为拉应力，使梁伸长。横截面上同一高度处各点的正应力相等，距中性轴最远点有最大拉应力和最大压应力。

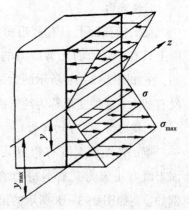

图 2-3-21　正应力分布规律

正应力分布规律为：横截面上各点正应力的大小与该点到中性轴的距离成正比，中性轴处正应力为零（如图 2-3-21 所示）。

三、梁纯弯曲时正应力的计算公式

在弹性范围内，梁纯弯曲时横截面上任意一点的正应力为

$$\sigma = \frac{M \cdot y}{I_z} \qquad (2-3-1)$$

式中，M——作用在该截面上的弯矩，单位为 N·mm；

y——计算点到中性轴的距离，单位为 mm；

I_z——横截面对中性轴 z 的惯性矩，单位为 mm^4。

在中性轴上 $y=0$，所以 $\sigma=0$；当 $y=y_{max}$ 时，$\sigma=\sigma_{max}$。最大正应力产生在离中性轴最远的边缘处。

$$\sigma_{max} = \frac{M}{I_z} y_{max} = \frac{M}{I_z/y_{max}} \qquad (2-3-2)$$

令

$$I_z/y_{max} = W$$

则

$$\sigma = \frac{M}{W} \qquad (2-3-3)$$

其中，W——横截面对中性轴 z 的抗弯截面模量，单位为 mm^3。

计算时，M 和 y 均以绝对值代入，至于弯曲正应力是拉应力还是压应力，则由欲求应力的点处于受拉侧还是受压侧来判断。受拉侧的弯曲正应力为正，受压侧的弯曲正应力为负。

弯曲正应力计算式虽然是在纯弯曲的情况下导出的，但对于剪切变曲的梁，只要其跨度 L 与横截面高度 h 之比 $L/h>5$，就可运用这些公式计算弯曲正应力。

四、常用截面的 I, W 计算公式

工程上常用的梁截面图形的 I 和 W 计算公式列于表 2-3-2 中。其他的可从相关手册中查得。

表 2-3-2　常用截面的几何性质计算公式

截面图形	形心轴惯性矩	抗弯截面模量
	$I_z = \dfrac{bh^3}{12}$ $I_y = \dfrac{hb^3}{12}$	$W_z = \dfrac{bh^2}{6}$ $W_y = \dfrac{hb^2}{6}$

表 2-3-2(续)

截面图形	形心轴惯性矩	抗弯截面模量
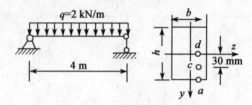	$I_z = \dfrac{bh^3 - b_1h_1^3}{12}$ $I_y = \dfrac{b^3h - b_1^3h_1}{12}$	$W_z = \dfrac{bh^3 - b_1h_1^3}{6h}$ $W_y = \dfrac{b^3h - b_1^3h_1}{6b}$
	$I_z = I_y = \dfrac{\pi D^4}{64} \approx 0.05D^4$	$W_z = W_y = \dfrac{\pi D^3}{32} \approx 0.1D^3$
	$I_z = I_y = \dfrac{\pi}{64}(D^4 - d^4) =$ $\dfrac{\pi}{64}D^4(1-\alpha^4) \approx 0.05D^4(1-\alpha^4)$ 式中,$\alpha = \dfrac{d}{D}$	$W_z = W_y = \dfrac{\pi D^3}{32}(1-\alpha^4)$ $\approx 0.1D^3(1-\alpha^4)$ 式中,$\alpha = \dfrac{d}{D}$

五、梁纯弯曲时的强度条件

对于等截面梁,弯矩最大的截面就是危险截面,其上、下边缘各点的弯曲正应力即为最大工作应力,具有最大工作应力的点一般称为危险点。

梁的弯曲强度条件:梁内危险点的工作应力应不超过材料的许用应力,即

$$\sigma_{max} = \frac{M}{W} \leqslant [\sigma] \qquad (2\text{-}3\text{-}4)$$

运用梁的弯曲强度条件,可对梁进行强度校核、设计截面和确定许可截荷。

例题 矩形截面梁受力如图 2-3-22 所示。其中,$b = 8$ cm,$h = 12$ cm,试求危险截面上 a,c,d 三点的弯曲正应力。

图 2-3-22 矩形截面梁的受力

解：(1)求最大弯矩。

最大弯矩为 $M = 4 \text{ kN} \cdot \text{m}$。

(2)求 a，b，c 三点的弯曲应力。

$$\sigma_a = \frac{M}{W_z} = \frac{4000000 \times 6}{80 \times 120^2} = 20.833 \text{ MPa}$$

$$\sigma_c = \frac{My_c}{I_z} = \frac{4000000 \times 30 \times 12}{80 \times 120^3} = 10.42 \text{ MPa}$$

$$\sigma_d = 0$$

综上所述，梁的正应力强度满足。

六、提高梁弯曲强度的措施

梁的设计既要保证具有足够的强度，使其在荷载作用下能安全的工作，又要节约材料，减轻自重，使其经济合理。

1.采用合理的截面形状

(1)根据 W_z/A 的比值选择截面。

梁能承受的弯矩与抗弯截面系数 W_z 成正比，而用料的多少又与截面面积 A 成正比，所以 W_z/A 的比值越大越合理。

对截面高度相同而形状不同的截面，可用 W_z/A 的比值来比较。

①高为 h，宽为 b 的矩形截面：

$$\frac{W_z}{A} = \frac{\frac{1}{6}bh^2}{bh} = \frac{h}{6} = 0.167h$$

②直径为 h 的圆形截面：

$$\frac{W_z}{A} = \frac{\frac{\pi}{32}h^3}{\frac{\pi}{4}h^2} = \frac{h}{8} = 0.125h$$

③高为 h 的槽形及工字形截面：

$$\frac{W_z}{A} = (0.27 \sim 0.31)h$$

可见，槽形及工字形截面最合理，矩形截面次之，圆形截面最差。

这一结论也可用正应力的分布规律进行解释：当距中性轴最远处应力达到相应许用应力时，中性轴上(或附近)的应力分别为零(或较小)，这部分材料没有充分发挥作用，故应把这部分材料移至远离中性轴的位置。为了充分发挥材料的潜力，应将截面面积布置得离中性轴远些为好，因此工程上常常采用工字形、环形、箱形等截面形式。

（2）根据材料的力学特性选择截面。

对于用抗拉和抗压强度相同的塑性材料制成的梁，宜选用对称于中性轴的截面，如工字形、矩形和圆环形截面，如图 2-3-23 所示。

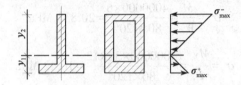

图 2-3-23　对称中性轴的横截面

对于由脆性材料制成的梁，由于抗拉强度小于抗压强度，宜采用中性轴不是对称轴的截面，且应使中性轴靠近强度较低的一侧，如铸铁等脆性材料制成的梁常采用 T 形和箱形截面，并使 y_1 和 y_2 之比满足下式：

$$\frac{\sigma^+_{max}}{\sigma^-_{max}} = \frac{My_1/I_z}{My_2/I_z} = \frac{y_1}{y_2} = \frac{[\sigma^+]}{[\sigma^-]}$$

即截面受拉、受压处到边缘的距离与材料的抗拉、抗压许用应力成正比，这样，截面上的最大拉应力和最大压应力同时达到许用应力。

2.合理调整梁的受力情况

合理调整梁的受力情况，在保证其承载能力的前提下，降低最大弯矩值。

（1）合理布置荷载作用位置及方式。

在结构条件允许的情况下，适当把荷载安排得靠近支座，或把集中荷载分散成多个较小的荷载，均可达到减小截面上最大弯矩值的目的。如图 2-3-24（a）所示，简支梁中 $M=0.25Pl$，改成图 2-3-24（b），2-3-24（c），2-3-24（d）三种布置方式时，最大弯矩分别降低至 $0.109Pl$，$0.125Pl$，$0.125Pl$。

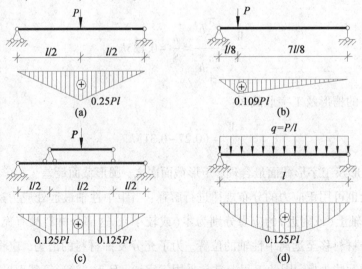

图 2-3-24　合理布置载荷作用位置对减小弯矩的影响

（2）合理安排支座位置或增加支座数目。

为了减小梁的弯矩，还可采用增加支座和减小跨度的办法。如图 2-3-25（a）所示简支梁，若把它变成图 2-3-25（b）和图 2-3-25（c）所示的形式，则最大弯矩分别比原来减小 80% 和 75%。

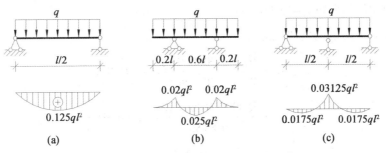

图 2-3-25 增加支座对减小弯矩的影响

3.采用等强度梁

一般情况下，梁的各截面上的弯矩随截面和位置的变化而变化。按正应力强度设计梁的截面时，是以 M_{max} 为依据的。对等截面梁，除 M_{max} 所在截面的危险点的 σ_{max} 达到或接近 $[\sigma]$ 外，其余弯矩小的截面上的材料均未得到充分利用。

为了节约材料，减轻梁的自重，可让弯矩较大的截面用较大的截面尺寸，弯矩较小的截面用较小的截面尺寸，此梁称变截面梁。当梁的各截面上的最大应力 σ_{max} 都等于材料的许用应力时，称为等强度梁，此时

$$\sigma_{max} = \frac{M(x)}{W_z(x)} \leqslant [\sigma]$$

$$W_z(x) = \frac{M(x)}{[\sigma]}$$

在工程中为了施工方便，常将梁做成接近等强度的变截面梁。如阳台或雨蓬的悬臂梁[图 2-3-26（a）所示]、鱼腹式梁[图 2-3-26（b）所示]和盖板钢梁[图 2-3-26（c）所示]。

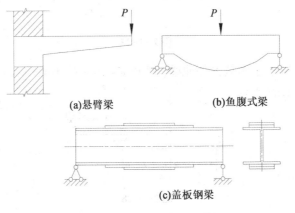

(a)悬臂梁　　　(b)鱼腹式梁

(c)盖板钢梁

图 2-3-26 工程中常见的梁

【任务实施】

(1)求 Ⅰ—Ⅰ 截面弯矩。

$$R_A = 55 \text{ kN}, \quad m_A = 165 \text{ kN} \cdot \text{m}$$

C 截面左侧的弯矩为 $-55 \text{ kN} \cdot \text{m}$

(2)求 a,b 两点的弯曲正应力。

$$\sigma_a = \frac{M_C}{W_z} = \frac{55000000 \times 6}{120 \times 180^2} = 84.9 \text{ MPa}$$

$$\sigma_b = -\frac{55000000 \times 60 \times 12}{120 \times 180^3} = -56.6 \text{ MPa}$$

$$\sigma_d = 0$$

(3)校核梁的正应力强度。

固定端截面上弯矩最大,其值为 $165 \text{ kN} \cdot \text{m}$。

$$\sigma_{\max} = \frac{M_{\max}}{W_z} = \frac{165000000 \times 6}{120 \times 180^2} = 254.6 \text{ MPa} > [\sigma]$$

综上所述,梁的强度不满足。

【思考与练习】

(1)弯曲的强度条件是什么?提高梁的弯曲强度的措施有哪些?

(2)如图 2-3-27 所示的矩形截面简支梁,跨度 $L = 2 \text{ m}$,在梁的中点作用集中力 $P = 80 \text{ kN}$,截面尺寸 $b = 70 \text{ mm}$,$h = 140 \text{ mm}$,许用应力 $[\sigma] = 140 \text{ MPa}$,试校核梁的强度。

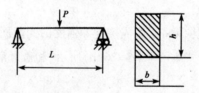

图 2-3-27

(3)如图 2-3-28 所示圆截面外伸梁,已知 $F = 20 \text{ kN}$,$M = 5 \text{ kN} \cdot \text{m}$,$[\sigma] = 16 \text{ MPa}$,$a = 500 \text{ mm}$,试确定梁的直径。

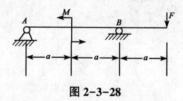

图 2-3-28

(4)求图2-3-29所示C截面上a，b点的正应力。

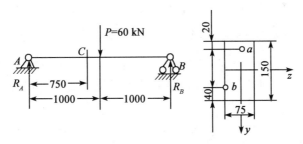

图2-3-29

(5)吊车大梁受力如图2-3-30所示，其横截面为20a号工字钢，$W = 237$ cm^3，$l = 5$ m，$[\sigma] = 160$ MPa，试确定其最大起重量。

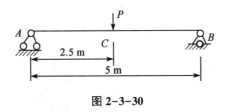

图2-3-30

任务三　圆轴扭转变形的应力和应变

【学习目标】

(1)掌握圆轴扭转时的应力和强度计算。

(2)掌握圆轴扭转时变形与刚度计算。

(3)能够利用扭转的强度条件进行强度校核和构件设计。

【任务描述】

工程实际中的轴类零件在工作时往往发生扭转变形，承受力偶矩的作用，如图2-3-31所示。传动轴的转速 $n = 208$ r/min，主动轮B输入的功率 $P_B = 6$ kW，两个从动轮A，C输出的功率分别为 $P_A = 4$ kW，$P_C = 2$ kW。已知轴的材料 $[\tau] = 30$ MPa，许用扭转角 $[\theta] = 1°/m$，剪切弹性模量 $G = 80$ GPa，若设计成等截面圆轴，则轴的直径应为多大？

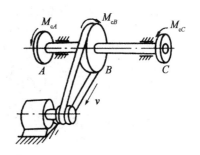

图2-3-31　传动轴

【任务分析】

要解决以上问题，必须研究轴的受力、变形及强度条件和刚度条件，然后在此基础上设计受扭圆轴尺寸。因此，要学习轴扭转的概念、外力偶矩的计算、扭矩和扭矩图与强度和刚度条件。受扭转变形杆件通常为轴类零件，其横截面大多数是圆形的，所以只介绍圆轴扭转。

【相关知识】

一、圆轴扭转时的切应力假设

圆轴扭转时，轴的横截面仍保持平面，其形状和大小不变，半径仍为直线。其各横截面像刚性平面一样，绕轴线发生不同角度的转动，如图 2-3-32 所示。这就是圆轴扭转的平面假设。

圆轴受扭转变形后，其横截面大小和形状不变，由此可推导出横截面上沿半径方向无切应力作用。又由于相邻横截面的间距不变，因此横截面上无正应力作用。但因为相邻横截面发生绕轴线的相对转动，所以横截面上必然有垂直于半径方向的切应力，切应力用符号 τ 表示。

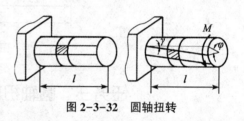

图 2-3-32 圆轴扭转

二、圆轴扭转的切应力

在横截面绕轴线转动的过程中，因为截面边缘上各点位移量最大且相等，越接近圆心位移量越小，而圆心处位移为零，所以横截面上各点的切应力与该点至截面形心的距离成正比。根据剪切胡克定律可知，圆轴扭转时，横截面上各点的扭转切应力的大小与各点到圆心的距离成正比，并且垂直于半径方向呈线性分布。圆心处切应力为零，轴表面处切应力最大，与圆心等距的点切应力相等，扭转切应力在横截面上的分布规律如图 2-3-33(a)所示。空心圆轴横截面上的应力分布规律如图 2-3-33(b)所示。

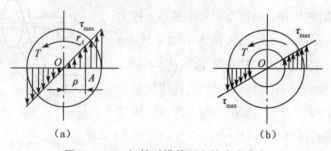

图 2-3-33 扭转时横截面上的应力分布

在距离圆心为 ρ 的圆周上其切应力为：

$$\tau_\rho = \frac{T\rho}{I_p} \qquad\qquad (2-3-5)$$

式中，τ_ρ——横截面上任意一点的切应力；

T——横截面上的扭矩；

ρ——计算切应力的点到圆心的距离；

I_p——横截面对圆心的极惯性矩，它表示截面的几何性质，是一个仅与截面形状和尺寸有关的几何量，反映了截面的抗扭能力；常用单位有 m^4，cm^4，mm^4。

当 $\rho = \rho_{max} = R$ 时，$\tau = \tau_{max}$，故可得圆轴扭转时横截面上最大切应力公式为

$$\tau_{max} = \frac{TR}{I_p}$$

令 $W_p = \dfrac{I_p}{R}$，则有

$$\tau_{max} = \frac{T}{W_p} \qquad\qquad (2-3-6)$$

三、圆轴的极惯性矩和抗扭截面模量

极惯性矩 I_p 也叫截面二次极矩，它表示截面的一种几何性质，与截面的几何形状和尺寸有关，如图 2-3-34 所示。

抗扭截面系数，也叫抗扭截面模量，它被定义为极惯性矩与轴半径之比，反映截面尺寸对扭转强度的影响。

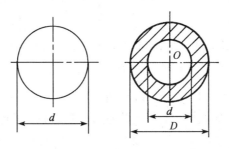

图 2-3-34　圆轴横截面的几何尺寸

实心轴：

$$I_p = \frac{\pi d^4}{32}, \ W_p = \frac{I_p}{d/2} = \frac{\pi d^3}{16}$$

空心轴：

$$I_p = \frac{\pi D^4}{32} - \frac{\pi d^4}{32} = \frac{\pi}{32}(D^4 - d^4) = \frac{\pi D^4}{32}(1 - \alpha^4)$$

$$W_p = \frac{I_p}{D/2} = \frac{\pi D^3}{16}(1-\alpha^4)$$

式中，$\alpha = \dfrac{d}{D}$，即空心圆轴内外径之比。

四、圆轴扭转的强度条件

为了使轴能安全正常的工作，必须要求轴的最大工作切应力 τ_{max} 不超过材料的许用切应力 $[\tau]$，即

$$\tau_{max} = \frac{T_{max}}{W_p} \leqslant [\tau] \qquad (2\text{-}3\text{-}7)$$

式中，T_{max}——危险截面上的扭矩(绝对值)；

$\quad\quad W_p$——危险截面的抗扭截面系数。

式(2-3-7)称为圆轴扭转时的强度条件。许用切应力 $[\tau]$ 值由扭转试验测定，设计计算时可查阅有关手册进行选择。至于阶梯轴，由于 W_p 各段不同，τ_{max} 不一定发生在 T_{max} 所在的截面上，因此需综合考虑 W_p 和 T 两个因素来确定。

五、圆轴扭转的变形和刚度条件

1.圆轴扭转的扭转角

圆轴扭转时，扭转变形是以任意两截面相对转过的角度 φ 来表示的，称为扭转角，单位为弧度(rad)。理论分析证明：扭转角 φ 与扭矩 T 及轴长 L 成正比，而与材料的切变模量 G 及轴的横截面的极惯性矩 I_p 成反比，即

$$\varphi = \frac{TL}{GI_p} \qquad (2\text{-}3\text{-}8)$$

式(2-3-8)中，GI_p 反映了圆轴的材料和横截面的尺寸抵抗圆轴扭转变形的能力，称为圆轴的抗扭刚度。其值越大，圆轴抗扭转变形的能力越强。

当两截面间的扭矩有变化或轴的直径不同时，需分别计算各段的扭转角，然后求代数和，扭转角的正负与扭矩相同。为了消除轴长 L 的影响，工程中常用单位长度扭转角 θ 来度量扭转变形的程度，即

$$\theta = \frac{\varphi}{L} = \frac{T}{GI_p} \qquad (2\text{-}3\text{-}9)$$

式(2-3-9)中，单位长度扭转角 θ 的单位是弧度/米(rad/m)，而工程中常用度/米(°/m)作为 θ 的单位，则

$$\theta = \frac{T}{GI_p} \times \frac{180}{\pi} \qquad (2\text{-}3\text{-}10)$$

2.扭转变形的刚度条件

设计轴类零件时，不仅要满足强度条件，还应有足够的刚度。工程上通常要求轴的

最大单位长度扭转角 θ 不超过许用的单位长度扭转角 $[\theta]$，即

$$\theta_{max} = \frac{T}{GI_p} \times \frac{180}{\pi} \leq [\theta] \qquad (2-3-11)$$

式 $(2-3-11)$ 为圆轴扭转时的刚度条件，T 是危险截面上的扭矩。$[\theta]$ 值根据轴的工作条件和机器的精度要求等因素确定，具体值可查阅有关工程手册，一般规定如下：

（1）精密机器的轴：$[\theta] = 0.25°/\mathrm{m} \sim 0.5°/\mathrm{m}$；

（2）一般传动轴：$[\theta] = 0.5°/\mathrm{m} \sim 1.0°/\mathrm{m}$；

（3）精度要求不高的轴：$[\theta] = 1.0°/\mathrm{m} \sim 2.5°/\mathrm{m}$。

应用圆轴扭转的强度和刚度条件可以解决三类问题，即强度、刚度校核，设计截面尺寸，求许可载荷或许可的传递功率。

【任务实施】

（1）计算轴上的外力偶矩。

$$M_B = 9549 \frac{P_1}{n} = 9549 \times \frac{6}{208} = 275.4 \ \mathrm{N \cdot m}$$

$$M_A = 9549 \frac{P_B}{n} = 9549 \times \frac{4}{208} = 183.6 \ \mathrm{N \cdot m}$$

$$M_C = 9549 \frac{P_C}{n} = 9549 \times \frac{2}{208} = 91.8 \ \mathrm{N \cdot m}$$

（2）计算各段截面扭矩，画扭矩图。

①AB 段各截面扭矩：$T_{AB} = -183.6 \ \mathrm{N \cdot m}$；

②BC 段各截面扭矩：$T_{BC} = 91.8 \ \mathrm{N \cdot m}$。

画扭矩图（如图 2-3-35 所示），危险截面在 AB 段，$|T|_{max} = 183.6 \ \mathrm{N \cdot m}$。

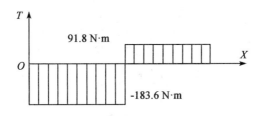

图 2-3-35　扭矩图

（3）根据强度条件设计轴的直径。

$$\tau_{max} = \frac{T_{max}}{W_p} \leq [\tau]$$

式中

$$W_{\mathrm{p}} = \frac{\pi d^3}{16}$$

则

$$d \geqslant \sqrt[3]{\frac{183.6 \times 10^3 \times 16}{\pi \times 30}} = 31.5 \text{ mm}$$

（4）根据刚度条件设计轴的直径。

$$\theta = \frac{T_{\max}}{GI_{\mathrm{p}}} \times \frac{180}{\pi} \leqslant [\theta]$$

式中

$$I_{\mathrm{p}} = \frac{\pi d^4}{32}$$

$$\theta_{\max} = \frac{183.6 \times 10^3 \times 10^3}{80 \times 10^3 \times \dfrac{\pi d^4}{32}} \times \frac{180}{\pi} \leqslant 1$$

则

$$d \geqslant \sqrt[4]{\frac{183.6 \times 10^6 \times 180 \times 32}{80 \times 10^3 \times \pi \times \pi}} = 34 \text{ mm}$$

综上所述，为了使轴同时满足强度和刚度要求，选取轴的直径 $d = 34$ mm。

【思考与练习】

（1）图 2-3-36 所示为一空心圆轴的截面尺寸，判断它的极惯性矩 I_{p} 和抗扭截面系数 W_{p} 按下式计算是否正确（已知 $\alpha = \dfrac{d}{d}$）。

$$I_{\mathrm{P}} = \frac{\pi D^4}{32} - \frac{\pi d^4}{32}$$

$$W_{\mathrm{p}} = \frac{\pi D^3}{16}(1 - \alpha^3)$$

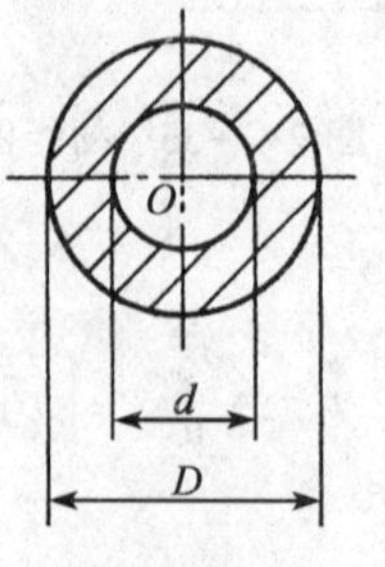

图 2-3-36

（2）受扭圆轴横截面上的切应力分布如图2-3-37所示，其中正确的是（　　）。

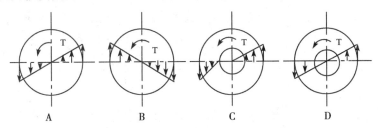

图 2-3-37

（3）直径 $D=20$ cm 的圆轴的抗扭截面模量等于（　　）cm^3。

    A. 7850   B. 15700   C. 785   D. 1570

（4）对于扭转变形的圆形截面轴，其他条件不变，若直径由 d 变为 $2d$，则原截面上各点的应力变为原来的（　　）。

    A. 1/2   B. 1/4   C. 1/16   D. 1/8

（5）桥式单梁起重机如图2-3-38所示。传动轴传递最大扭矩 $M=220$ N·m，材料的许用切应力 $[\tau]=40$ MPa，弹性模量 $G=80$ GPa。为了保证运转稳定，规定传动轴的许用扭转角 $[\theta]=1°/$m。试设计此轴的直径。

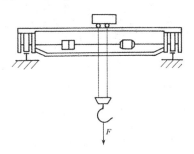

图 2-3-38　起重机

（6）一钢制传动轴如图2-3-39所示，已知轴的直径 $d=50$ mm，做匀速转动，其转速 $n=300$ r/min。轮 A 输入的功率为 $P_A=30$ kW，轮 B 和轮 C 输出的功率分别为 $P_B=13$ kW，$P_C=17$ kW，材料的剪切弹性模量 $G=80$ GPa，单位长度许用扭转角 $[\theta]=1°/$m，许用扭转剪应力 $[\tau]=30$ MPa。求：①作轴的扭矩图；②校核该轴的强度；③校核该轴的刚度。

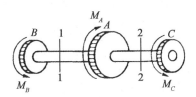

图 2-3-39

（7）如图 2-3-40 所示，传动轴的转速为 $n = 500$ r/min，主动轮 A 输入功率 $P_1 = 400$kW，从动轮 B，C 分别输出功率 $P_2 = 160$ kW，$P_3 = 240$ kW。已知材料的许用切应力 $[\tau] = 70$ MPa，单位长度的许可扭转角 $[\varphi'] = 1°/$m，剪切弹性模量 $G = 80$ GPa。要求：①画出轴的扭矩图；②试确定 AB 段的直径 d_1 和 BC 段的直径 d_2。

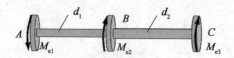

图 2-3-40

（8）如图 2-3-41 所示，在一直径为 75 mm 的等截面轴上，作用着外力偶矩：$M_1 = 1000$ N·m，$M_2 = 600$ N·m，$M_3 = M_4 = 200$ N·m，材料的剪切弹性模量 $G = 80$ GPa。要求：①画出轴的扭矩图；②求出轴的最大切应力；③求出轴的总扭转角。

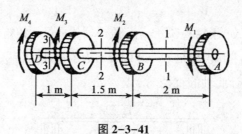

图 2-3-41

项目四 弯扭组合变形

在横截面上既有正应力又有切应力时,不能直接将两个力相叠加,必须根据不同的材料,采用适当的强度理论进行强度分析。分析问题的步骤为:先根据内力图,确定危险截面;再在危险截面上画出应力分布,确定最大(拉、压)应力(即危险点);最后采用强度理论进行强度校核。

【学习目标】

(1)熟悉弯扭组合变形的基本概念。

(2)掌握弯扭组合变形的强度计算方法。

【任务描述】

如图 2-4-1 所示,长 $L = 1.6$ m 的轴 AB 用联轴器和电动机联接。在 AB 轴的中点,装有一重 $G = 5$ kN,直径 $D = 1.2$ m 的带轮,两边的拉力各为 $P = 3$ kN 和 $2P = 6$ kN。若轴材料的许用应力 $[\sigma] = 50$ MPa,试按第三强度理论设计此轴的直径。

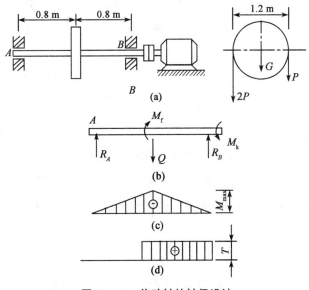

图 2-4-1 传动轴的轴径设计

【任务分析】

在前面的项目中讨论了圆轴的纯扭转问题，而实际工程机械中的轴类构件在承受扭转的同时，大多还承受弯曲作用。如图 2-4-1(a) 所示，在传动轴 AB 中点，装有一重 G = 5 kN 的带轮，两边的拉力 (P+2P) 垂直向下。将带轮两边的拉力 P 和 2P 分别向轴线平移，画出轴的计算简图，即图 2-4-1(b)。作用于轴上的载荷有：轴的中点垂直向下的力 $Q = G+P+2P$ 和作用面垂直于轴线的附加力偶矩 M_f。轴 B 端电动机输入的转矩 M_k 和 M_f 使轴产生扭转，而力 Q 与 A，B 处轴承反力 R_A，R_B 使轴产生弯曲，故 AB 轴的变形为弯扭组合变形。对其进行应力分析，发现在危险截面上既有正应力，又有切应力，这种情况属于二向应力状态，且正应力与切应力已不能简单地进行叠加，需要应用有关强度理论建立强度条件进行计算。

【相关知识】

杆件在基本变形时，横截面上的危险点是在正应力或切应力的单独作用下发生破坏的。而杆件在复杂的组合变形中，横截面上的危险点既有正应力又有切应力，这时材料的破坏是正应力和切应力综合作用的结果。由于此时材料的应力状态较为复杂，在长期的研究过程中，人们找到了一条利用简单应力状态的实验结果来建立复杂应力状态下强度条件的途径，这些推测材料失效因素的假说称为强度理论。通过生产实践和科学实验对大量材料的破坏现象的分析研究表明，材料的破坏形式归结为脆性断裂破坏和屈服流动破坏两大类。因此强度理论也相应地分为以脆断作为破坏标志和以屈服作为破坏标志两大类。其中，最大拉应力理论(第一强度理论)、最大切应力理论(第二强度理论)是以脆断作为标志的强度理论，这些理论适用于脆性材料的组合变形强度计算；最大切应力理论(第三强度理论)、畸变能理论(第四强度理论)是以屈服作为标志的强度理论，该理论适用于塑性材料的组合变形强度计算。

机器中转轴的变形通常是弯曲与扭转的组合变形。现在以截面为圆形的实心轴 AB 为例(如图 2-4-2(a) 所示)，研究其组合变形时的强度计算方法。

一、外力分析

将 AB 轴简化为 B 端固定、A 端自由的悬臂梁，如图 2-4-2(b) 所示。将作用在轮缘 C 处的 P 力向轮心 A 简化，可得一横向力 P 和一个力偶矩 M=PR 的力偶。横向力 P 使杆产生平面弯曲，力偶作用在轮面内(和横截面平行)使杆产生扭转，故轴 AB 的变形为弯曲与扭转的组合变形。

二、内力分析

为了确定危险截面的位置，必须分析圆轴的内力。轴 AB 的内力图(弯矩图和扭矩

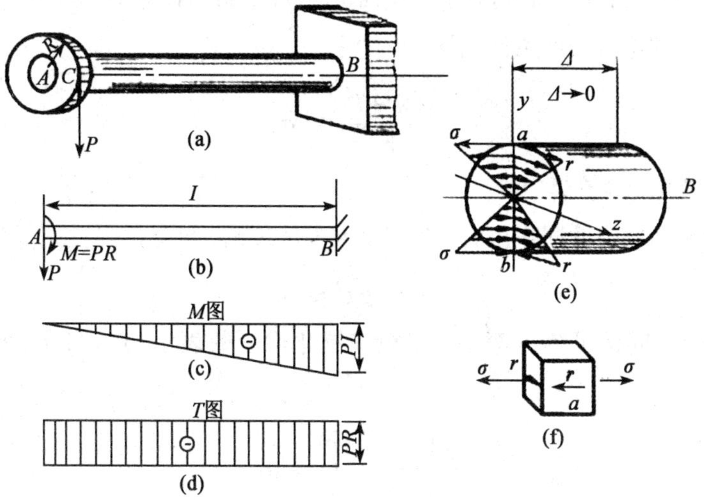

图 2-4-2　弯曲与扭转组合变形

图)如图 2-4-2(c)和(d)所示，弯矩 M 和扭矩 T 的最大值($|M|_{max}=Pl$，$|T|_{max}=PR$)都在固定端 B 稍偏左的截面上，故该截面为危险截面。

三、应力分析

弯矩 M 将引起垂直于横截面的弯曲正应力 σ，扭矩 T 将引起平行于横截面的切应力 τ，固定端 B 稍偏左截面上的应力分布规律如图 2-4-2(e)所示。由图可知，圆轴危险截面上 a，b 两点处的弯曲正应力和扭转切应力的绝对值都最大，故这两点均为危险点。危险点的正应力和切应力的值为

$$\sigma_{max}=\frac{M}{W} \tag{2-3-12}$$

$$\tau_{max}=\frac{T}{W_P} \tag{2-3-13}$$

式中，M 和 T 分别为在危险截面上的弯矩和扭矩，W_z 和 W_p 分别为抗弯和抗扭截面系数。

四、强度计算

选危险点 a，b 中的 a 点来研究，如图 2-4-2(f)所示。在这个单元体的 6 个面中，上、下两个面上没有应力，前、后两个面上作用着切应力 τ，左、右两个面上作用着切应力 τ 和正应力 σ，即公式中的 τ_{max} 和 σ_{max}。该单元体处于二向应力状态，故需用强度理论来进行强度计算。

机械中的转轴多用塑性材料，因此采用第三或第四强度理论进行强度计算。

1.按第三强度理论计算

当正应力和切应力共同作用时，利用第三强度理论，可导出材料的强度条件为

$$\sqrt{\sigma^2+4\tau^2}\leqslant[\sigma] \tag{2-3-14}$$

将公式进行代入，并考虑到对于圆截面 $W_p = 2W$，可得以弯矩、扭矩和抗弯截面系数表示的第三强度理论的强度条件，即

$$\frac{\sqrt{M^2+T^2}}{W} \leqslant [\sigma] \tag{2-3-15}$$

2.按第四强度理论计算

当正应力和切应力共同作用时，利用第四强度理论，可导出强度条件为

$$\sqrt{\sigma^2+3\tau^2} \leqslant [\sigma] \tag{2-3-16}$$

再代入公式，同样可得以弯矩、扭矩和抗弯面系数表示的第四强度理论的强度条件，即

$$\frac{\sqrt{M^2+0.75T^2}}{W} \leqslant [\sigma] \tag{2-3-17}$$

以上公式对空心圆轴仍然适用，此时，式中的 W 应是空心圆截面的抗弯截面系数。

对于拉伸(压缩)与扭转组合变形的圆杆，由于其危险截面上的应力情况及危险点的应力状态都与弯曲和扭转组合变形时相同，所以以上公式都可以使用。

【任务实施】

(1)外力分析。画出轴的计算简图。将带轮两边的拉力 P 和 $2P$ 分别向轴线平移，则轴的中点所受的力为轮重与皮带拉力之和，即

$$Q = G + P + 2P = 14 \text{ kN}$$

皮带拉力向轴平移后产生的附加力偶作用，其力偶矩为

$$M_f = 6 \times 0.6 - 3 \times 0.6 = 1.8 \text{ kN}$$

轴 B 端作用有电动机输入的转矩 M_k，M_k 和 M_f 使轴产生扭转，而力 Q 与 A，B 处轴承反力 R_A，R_B 使轴产生弯曲，故 AB 轴的变形为弯扭组合变形。

(2)内力分析。作出轴 AB 的弯矩图和扭矩图，如图 2-4-1(c)和图 2-4-1(d)所示。由内力图可知 AB 轴中点右侧截面为危险截面，其上的弯矩和扭矩分别为

$$M_{max} = \frac{Ql}{4} = \frac{14 \times 10^3 \times 1.6}{4} = 5.6 \text{ kN} \cdot \text{m}$$

轴右半段各截面上的扭矩均相等，其值为

$$T = M_f = 1.8 \text{ kN} \cdot \text{m}$$

(3)按第三强度理论计算轴的直径。将 $W = \dfrac{\pi d^3}{32}$ 和危险截面上的弯矩与扭矩代入第三强度理论公式计算，由强度条件得

$$d \geqslant \sqrt[3]{\frac{118 \times 10^3}{0.1}} = 106 \text{ mm}$$

综上所述,此轴的直径 $d = 110$ mm。

【思考与练习】

(1)图 2-4-3 所示圆截面杆,直径 $d = \dfrac{20}{\sqrt[3]{\pi}}$ mm,长度 $l = 2$ m,在 B 端受集中力和力偶作用,集中力 $F = 4$ N,外力偶矩 $m_B = 6$ N·m。已知材料的许用应力 $[\sigma] = 80$ MPa,试按第三强度理论校核该杆的强度。

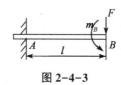

图 2-4-3

【模块小结】

(1)四大变形是材料力学的基础,工程实际中的构件变形往往是四种变形中的一种或几种的组合。

(2)计算内力和应力是进行强度计算的基础。

①求内力的方法是截面法,步骤是切、留、代、平。拉压变形的内力是轴力,剪切变形的内力是剪切力,挤压变形的内力是挤压力,扭转变形的内力是扭矩,弯曲变形的内力是剪力和弯矩。

②应力是杆件单位截面积上的内力。

(3)拉(压)时的强度条件是最大工作应力不超过许用应力,即 $\sigma_{max} = F_N/A \leq [\sigma]$。根据强度条件可解决三类问题:强度校核、设计截面、确定承载能力。

(4)圆轴扭转时,横截面产生绕轴的相对转动,其变形的实质是剪切变形。圆轴扭转的强度条件为 $\tau_{max} = \dfrac{T_{max}}{W_p} \leq [\tau]$。两截面相对转过的角度称为该段轴的扭转角,其计算公式为:$\varphi = \dfrac{TL}{GI_p}$。圆轴扭转的刚度条件为 $\theta_{max} = \dfrac{T}{GI_p} \times \dfrac{180}{\pi} \leq [\theta]$。

(5)梁纯弯曲的强度条件为 $\sigma_{max} = \dfrac{M}{W} \leq [\sigma]$。提高梁的强度的主要措施是降低最大弯矩值和选择合理截面。

(6)W_p 称为抗扭截面系数,常用单位为 mm³;W_z 为横截面对中性轴 z 的抗弯截面模量,单位是 mm³。它们都是截面的几何量,大小与截面形状和尺寸有关。当横截面为圆形时,$W_p = \dfrac{\pi d^3}{16}$,$W_z = \dfrac{\pi d^3}{32}$,故 $W_p = 2W_z$。

【模块综合练习】

（1）某悬臂吊车如图 2-4-4 所示，最大起重载荷 $F = 20$ kN，AB 杆为 Q235A 圆钢，许用应力 $[\sigma] = 120$ MPa。试设计 AB 杆的直径 d。

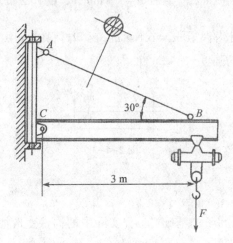

图 2-4-4

（2）铸造车间吊运铁水包的双套吊钩（如图 2-4-5 所示），其杆部为矩形截面，$h/b = 2$，许用应力 $[\sigma] = 50$ MPa。铁水包自重 8 kN，最多能容 30 kN 重的水。试确定矩形截面尺寸 b，h 的大小。

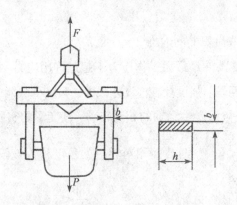

图 2-4-5

（3）一气缸如图 2-4-6 所示，其内径 $D = 560$ mm，气缸内的气体压强 $p = 2.5$ MPa，活塞杆的直径 $d = 100$ mm，所用材料的屈服点 $\sigma_s = 300$ MPa。求：① 活塞杆横截面上的正应力和工作安全系数；② 若联接气缸与气缸盖的螺杆直径 $d_1 = 30$ mm，螺栓所用材料的许用应力 $[\sigma] = 60$ MPa，试求所需的螺栓数。

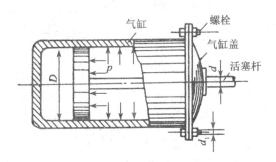

图 2-4-6

（4）压力机为防止过载采用了压环式保险器，如图 2-4-7 所示。当过载时，保险器先被剪断，以保护其他主要零件不被破坏。已知 $D=50$ mm，材料的剪切极限切应力 $\tau_b=200$ MPa，压力机的最大许可压力 $F=620$ kN，试确定保险器的尺寸 δ。

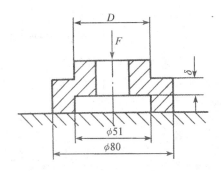

图 2-4-7　环式保险器

（5）图 2-4-8 所示，螺栓受拉力 F 作用。已知材料的许用切应力 $[\tau]$ 和许用拉应力 $[\sigma]$ 之间的关系为 $[\tau]=0.6[\sigma]$，试求螺栓直径 d 与螺栓头高度 h 的合理比值。

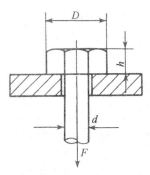

图 2-4-8

（6）如图 2-4-9 所示，传动轴的直径 $d=40$ mm，许用应力 $[\tau]=60$ MPa，许用单位长度扭转角 $[\theta]=0.5°/m$，该轴材料的切变模量 $G=80$ GPa，功率 p 由 B 轮输入，A 轮输出 $\frac{2}{3}p$，C 轮输出 $\frac{1}{3}p$，传动轴转速 $n=500$ r/min。试计算 B 轮输入的许可功率 p。

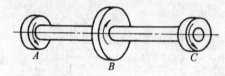

图 2-4-9

（7）支持转筒的托轮结构如图 2-4-10 所示。转筒和滚圈的重量为 P，作用在每个托轮的载荷 $F=60$ kN。支持托轮的轴可以简化为一简支架。已知材料的许用应力 $[\sigma]=100$ MPa，轴 AB 的直径 $d=90$ mm，试校核该轴的强度。

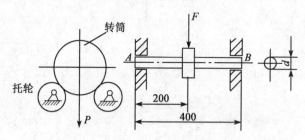

图 2-4-10 托轮结构

（8）圆轴承载情况如图 2-4-11 所示，其许用正应力为 $[\sigma]=120$ MPa，$F_1=5$ kN，$F_2=3$ kN，$F_3=3$ kN，试校核其强度。

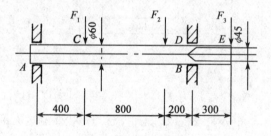

图 2-4-11 受力圆轴

（9）简支梁受均布载荷作用如图 2-4-12 所示，其许用应力为 $[\sigma]=120$ MPa。分别采用截面面积相等（或近似相等）的实心和空心圆截面，且 $D_1=48$ mm，$d_2=36$ mm，$D_2=60$ mm。试求它们能承担的均布载荷 q 的大小，并加以比较。

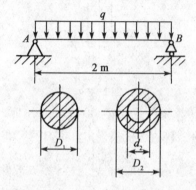

图 2-4-12 空心与实心圆剪支梁

（10）如图 2-4-13 所示传动轴，由齿轮作用于轴上的力 $F_1 = 5$ kN，经带轮作用于轴上的力 $F_2 = 1.5$ kN，轴为阶梯结构，安装齿轮处的直径 $d = 30$ mm，安装轴承处的直径 $d_0 = 25$ mm，轴的许用应力 $[\sigma] = 80$ MPa，试校核该轴的弯曲强度。

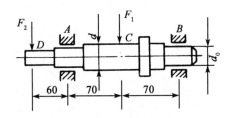

图 2-4-13　阶梯传动轴

（11）图 2-4-14 所示为机车轮轴的简图，已知 $d_1 = 160$ mm，$d_2 = 130$ mm，$a = 267$ mm，$b = 167$ mm，$F = 62.5$ kN，材料的许用应力 $[\sigma] = 60$ MPa。试校核轮轴的强度。

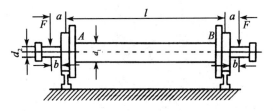

图 2-4-14

（12）长 $L = 1$ m 的轴 AB 用联轴器和电动机联接，如图 2-4-15 所示。在 AB 轴的中点，装有一直径 $D = 1$ m 的带轮，两边的拉力各为 $F_1 = 4$ kN 和 $F_2 = 2$ kN，带轮重量不计。若轴材料的许用应力 $[\sigma] = 140$ MPa，试按第三强度理论设计轴的直径。

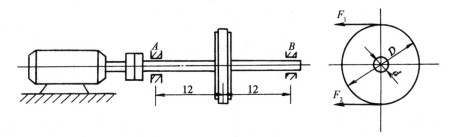

图 2-4-15

机械工程材料和热处理基础

材料是机械的物质基础，它标志着人类文明的进步和社会的发展水平。金属材料是现代工业中应用最广泛的材料。机械工程中合理选用材料，对于保证产品质量、降低生产成本有着极为重要的作用。因此，必须熟悉常用工程材料的力学性能、工艺性能、热处理工艺、特点及其应用，以便合理选择和使用材料。

项目一　金属材料的力学性能及工艺性能

【学习目标】

(1)熟悉金属材料的力学性能指标。

(2)熟悉金属材料的工艺性能。

【能力目标】

(1)根据材料的强度和塑性、硬度、冲击韧性等力学性能指标的数值,分析材料的承载能力。

(2)理解表达金属材料加工工艺性能的名词术语。

【任务描述】

什么是金属材料的性能?它包括几个方面?金属材料的使用性能和工艺性能的各项指标有哪些?

【任务分析】

在进行各种机械工程设计、选材和工艺评定时,其主要判断依据是金属材料的力学性能。掌握工程材料的主要性能,有助于合理选择工程材料。

【相关知识】

一、金属材料的力学性能

金属材料的力学性能,就是材料在受力过程中在强度和变形方面所表现出的性能,如弹性、塑性、强度、韧性、硬度等。为了进行构件的承载能力计算,必须研究材料的力学性能。

1.强度指标

金属材料抵抗塑性变形(永久变形)和断裂的能力称为强度。抵抗能力越大,则强度越高。通常采用试验法测定强度高低，其中拉伸试验应用最为普遍。

拉伸试验一般是在万能试验机上进行的。试验时采用标准试件，如图 3-1-1 所示。其标距有 $l = 5d$ 和 $l = 10d$ 两种规格。试验时，将试件的两端装卡在试验机上，然后在其上施加缓慢增加的拉力，直到把试件拉断为止。

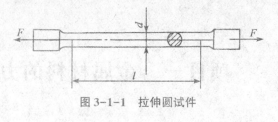

图 3-1-1　拉伸圆试件

在整个试验中，可以通过自动记录装置将拉伸力与试样伸长量之间的关系记录下来，并据此分析金属材料的强度。如果以纵坐标表示拉伸力 F，以横坐标表示试样的伸长量 ΔL，按试验全过程绘制出的曲线称为力—伸长曲线或拉伸曲线。图 3-1-2 所示为某金属材料的力—伸长曲线。

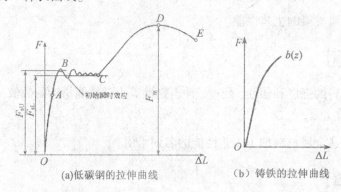

(a)低碳钢的拉伸曲线　　　　(b）铸铁的拉伸曲线

图 3-1-2　金属材料的力—伸长示意曲线

在图 3-1-2(a)所示的曲线上，OA 段表示试样在拉伸力作用下均匀伸长，伸长量与拉伸力的大小成正比。在此阶段的任何时刻，如果撤去外力(拉伸力)，试样仍能完全恢复到原来的形状和尺寸。在这一阶段中，试样的变形为弹性变形。当拉伸力继续增大超过 B 点所对应的值后，试样除了产生弹性变形外，还开始出现微量的塑性变形，此时如果撤去外力(拉伸力)，试样就不能完全复原了，会有一小部分永久变形。当拉伸力达到 F_{sU} 和 F_{sL} 时，图上出现近似水平的直线段或小锯齿形线段，这表明在此阶段当外力(拉伸力)保持不变时，试样的变形(伸长)仍在继续，这种现象称为屈服。过了此阶段后，如果继续增加外力(拉伸力)，则试样的伸长量又会增加，到达 D 点后，试样开始在某处出现颈缩(即直径变小)、抗拉能力下降；到达 E 点时，试样在颈缩处被拉断。

屈服现象在低碳钢、中碳钢、低合金高强度结构钢和一些有色金属材料中可以观察到，但有些金属材料没有明显的屈服现象。如图 3-1-2(b)所示铸铁的拉伸曲线，可以看出这些脆性材料不仅没有明显的屈服现象发生，而且也不产生"缩颈"。

为了便于比较，强度判据(即表征和判定强度所用的指标和依据)采用应力来度量。金属材料受外力作用时，为使其不变形，在材料内部作用着与外力相对抗的力，称为内力。单位面积上的内力叫作应力。金属材料受拉伸或压缩载荷时，其横截面上的应力值为：应力=拉伸力/截面积。

应力常用符号 σ 表示，其单位为 Pa(帕)或 MPa(兆帕)。1 Pa = 1 N/m^2，1 MPa = 10^6 Pa = 1 N/mm^2。

常用的强度指标有两个：抗拉强度 σ_b 和屈服强度 σ_s。材料在断裂前所能承受的最大应力称为抗拉强度，其公式为

$$\sigma_b = \frac{F_m}{S_0}$$

式中，σ_b——抗拉强度，单位为 MPa；

F_m——试样在屈服阶段后所能抵抗的最大拉力(无明显屈服的材料，为实验期间的最大拉力)，单位为 N；

S_0——试样原始横截面面积，单位为 mm^2。

屈服强度是当金属材料呈现屈服现象时，在实验期间发生塑性变形而力不增加的应力点。屈服强度分为上屈服强度 σ_{sH} 和下屈服强度 σ_{sL}。在金属材料中，一般用下屈服强度代表其屈服强度 σ_s，其公式为

$$\sigma_s = \frac{F_{eL}}{S_0}$$

式中，σ_s——试样的屈服强度，单位为 MPa；

F_{eL}——试样屈服时的最小载荷，单位为 N；

S_0——试样原始横截面面积，单位为 mm^2。

除低碳、中碳钢及少数合金钢有屈服现象外，大多数金属材料没有明显的屈服现象。因此，对这些材料，规定产生 0.2% 残余伸长时的应力作为条件屈服强度 $\sigma_{r0.2}$，其可以替代 σ_s，称为(名义)屈服强度，其确定方法如图 3-1-3 所示。

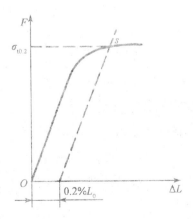

图 3-1-3 没有明显屈服现象的力—伸长曲线

2.塑性指标

塑性是指金属材料受力后在断裂之前产生不可逆永久变形的能力。塑性好的金属材料便于进行压力加工成形。判断金属材料塑性好坏的主要判据有断后伸长率 δ 和断面收缩率 ψ，它们也可以通过前面提到的拉伸试验进行分析。

断后伸长率是指试样拉断后，标距的伸长量与原始标距之比的百分率，即

$$\delta = \frac{L_u - L_0}{L_0} \times 100\%$$

式中，L_0——试样原始标距长度，单位为 mm；

L_u——试样拉断后的标距长度，单位为 mm。

断面收缩率是指试样拉断后，缩颈处面积变化量与原始横截面面积比值的百分率，即

$$\psi = \frac{S_0 - S_u}{S_0} \times 100\%$$

式中，S_0——试样原始截面面积，单位为 mm^2；

S_u——试样拉断后缩颈处的横截面面积，单位为 mm^2。

3.硬度

硬度是指金属材料低抗其他更硬物体压入其表面的能力。硬度是表征金属材料性能的一个综合物理量，是反映金属材料软硬程度的性能指标。常用的硬度指标有布氏硬度和洛氏硬度。

(1)布氏硬度。

布氏硬度的测定是在布氏硬度试验机上进行的，其试验原理是用直径为 D 的淬硬钢球和硬质合金球，在规定压力 F 作用下压入被测金属表面至规定时间后，卸除压力，金属表面留有压痕，压力 F 与压痕表面积 A 的比值称为布氏硬度，用符号 HBW(压头为硬质合金球)表示，即

$$HBW = \frac{F}{S} \times 0.102$$

式中，F——试验压力，单位为 N；

S——压痕表面积，单位为 mm^2。

由此可知，压痕越小，布氏硬度值越高，材料越硬。

布氏硬度所测定的数据准确、稳定、重复性强。但压痕较大时，对金属表面损伤大，不宜测定太薄零件及成品件的硬度，常用于测量退火、正火后的钢制零件及铸铁和有色金属零件等的硬度。

(2)洛氏硬度。

洛氏硬度的测定是在洛氏硬度试验机上进行的。其是用一个顶角为 120° 的金刚石圆

锥或直径为 1.5875 mm 的淬火钢球为压头，在一定载荷下压入被测金属材料表面，根据压痕深度来确定硬度值。压痕深度越小，硬度值越高，材料越硬。实际测定时，可在洛氏硬度试验机的刻度盘上直接读出洛氏硬度值。洛氏硬度可分为 HRA（120°金刚石圆锥压头）、HRB（直径为 1.588 mm 淬火钢球压头）、HRC（120°金刚石圆锥压头）三种，以 HRC 应用最多。

洛氏硬度试验操作简便、迅速、压痕小、不易损伤零件表面，可用来测量薄片件和成品件，常用来测定淬火钢、工具和模具等。

在常用范围内，布氏硬度值近似等于洛氏硬度值的 10 倍。

4.冲击韧性

冲击韧性是指金属材料在断裂前吸收变形能量的能力。韧性主要反映了金属抵抗冲击力而不断裂的能力，韧性好的金属抗冲击能力强。韧性的判据是通过冲击试验确定的。最常用的冲击试验是摆锤式冲击试验，其工作原理如图 3-1-4 所示。

将待测材料制成标准缺口试样，如图 3-1-4(a) 所示。把试样放入试验机支座 c 处，使具有一定重量 G 的摆锤自高度 h_1 处自由落下，冲断试样后摆锤升到高度 h_2。在此，摆锤冲断试样所消耗的能量等于试样在冲击试验力一次作用下折断时所吸收的功，简称为冲击吸收功，用 A_K 来表示，即

$$A_K = G(h_1 - h_2)$$

实际试验时，A_K 数值可由冲击试验机的刻度盘指示出来。

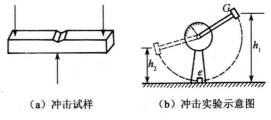

（a）冲击试样　　　　（b）冲击实验示意图

图 3-1-4　冲击实验原理图

一般将冲击吸收功 A_K 作为材料韧性的判据。A_K 值越大，表明材料的韧性越好。

实际工程中，也将试样缺口底部单位面积上的冲击吸收功作为材料韧性的判据，称为冲击韧性。冲击韧性是指金属材料抵抗冲击载荷作用而不破坏的能力，冲击韧性值用 α_k 表示，其公式为

$$\alpha_k = \frac{A_k}{S_0}$$

式中，α_k——冲击韧度，单位为 J/cm^2；

　　　A_k——冲击吸收功，单位为 J；

　　　S_0——试样缺口处的横截面面积，单位为 cm^2。

α_k 值越大，表示材料的抗冲击能力越强、韧性越好，在受到冲击时越不容易断裂。

5. 疲劳强度

(1) 疲劳现象。机器和工程结构中有很多零件，如内燃机的连杆、齿轮的轮齿、车辆的车轴，都受到随时间作用周期性变化的应力作用，这种应力称为交变应力。构件在交变应力作用下的破坏称为疲劳破坏。实验表明，在交变应力作用下，构件的破坏形式与静应力作用下的完全不同，其主要特点为：破坏时构件内的最大应力远低于强度极限，甚至低于屈服极限；破坏前没有明显的塑性变形；破坏断口表面明显分成光滑区及粗糙区，如图 3-1-5 所示。因此，疲劳破坏无明显的预兆，容易造成严重的后果。所以在设计零件选材时，要考虑金属材料对疲劳断裂的抗力。

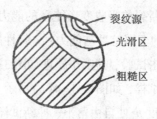

图 3-1-5　疲劳断口

(2) 疲劳强度。金属材料在无数次交变载荷的作用下而不发生断裂的最大应力称为疲劳强度，用 σ_{-1} 表示。

疲劳强度是通过试验得到的，如图 3-1-6 所示。钢铁材料在对称循环应力作用下的疲劳曲线(疲劳曲线是指交变应力与循环次数的关系曲线)如图 3-1-7 所示。曲线表明，金属承受的交变应力越小，则断裂前的应力循环次数 N 越多；反之，则 N 越少。从图 3-1-6 可以看出，当应力达到 σ_5 时，曲线与横坐标趋于平行，表示应力低于此值时，试样可以经受无数周期循环而不被破坏，此应力值即为材料的疲劳强度 σ_{-1}。显然疲劳强度的数值越大，材料抵抗疲劳破坏的能力越强。

实际上，金属材料不可能做无数次交变载荷试验。对于黑色金属，一般规定应力循环 10^7 周次而不断裂的最大应力为疲劳强度，而有色金属、不锈钢等取 10^8 周次。

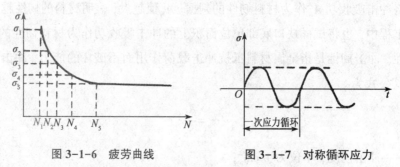

图 3-1-6　疲劳曲线　　　　　图 3-1-7　对称循环应力

(3) 提高疲劳强度的措施。零件的疲劳强度除了与材料的属性有关外，零件表面状态对其影响也很大，如表面擦伤(如刀痕、打记号、磨裂等)、表面粗糙度、加工纹路和腐蚀等。表面很小的伤痕都会造成尖锐的缺口，产生应力集中，使 σ_{-1} 大大下降。通过改善零件的结构形状，避免应力集中，改善表面粗糙度，进行表面热处理和表面强化处理等措施可以提高材料的疲劳强度。

二、金属材料的工艺性能

工艺性能是指金属材料所具有的能够适应各种加工工艺要求的能力，它标志着制成成品的难易程度，包括铸造性、锻造性、焊接性、切削加工性及热处理性能等。

1.铸造性

铸造性是指金属在铸造生产中表现出的工艺性能，包括液态流动性、吸气性，冷却时的收缩性和偏析性等。如果金属材料在液态时的流动能力大，不易吸收气体，冷凝过程中收缩小，凝固后化学成分均匀，则这种金属材料的铸造性良好。灰铸铁与青铜具有良好的铸造性。

2.锻造性

锻造性是指金属材料锻造时的难易程度。锻造性好，表明该金属易锻造成形。金属材料的塑性越好，变形抗力越小，则锻造性越好；反之，锻造性越差。低碳钢的锻造性比中碳钢、高碳钢好；普通质量非合金钢的锻造性比相同碳的质量分数的合金钢好；铸铁则没有锻造性。

3.焊接性

焊接性是指在一定的焊接工艺条件下金属材料获得优良焊接接头的难易程度。焊接性好的材料，可用一般的焊接方式和工艺获得没有气孔、裂纹等缺陷的焊缝，其强度与母材相近。低碳钢具有良好的焊接性，而高碳钢与铸铁的焊接性则较差。

4.切削加工性及热处理性能

切削加工性是指金属材料被切削加工的难易程度。切削加工性好的金属材料，其加工时刀具不易磨损，加工表面的粗糙度较小。非合金钢(碳钢)硬度为 150~250HBS 时，具有较好的切削加工性；灰铸铁具有良好的切削加工性。

热处理性能包括淬透性、淬硬性、过热敏感性、变形开裂倾向、回火脆性倾向和氧化脱碳倾向等(此部分内容将在钢的热处理中详细论述)。一般情况下，碳的质量分数越高，变形与开裂倾向越大，而碳钢又比合金钢的变形开裂倾向严重。钢的淬硬性主要取决于碳的质量分数，碳的质量分数越高，材料的淬硬性越好。

【任务实施】

金属材料的性能包括使用性能和工艺性能。使用性能是指金属材料在使用过程中具备的性能，包括物理性能、化学性能、力学性能等方面。工艺性能是指金属材料对某种加工工艺的适应性能，包括铸造性能、锻造性能、焊接性能、热处理工艺和切削加工性能等。

金属材料的力学性能包括强度、塑性、冲击韧性、硬度、疲劳强度等指标。

【思考与练习】

（1）试解释强度、硬度、塑性、冲击韧性和疲劳强度。

（2）什么是应力、屈服强度、抗拉强度？衡量材料强度的重要指标有哪些？

（3）试描述布氏硬度和洛氏硬度在测试方法及应用上的区别。

（4）试描述材料的铸造性、锻造性、焊接性和切削加工性。

项目二 热处理基本知识

【学习目标】

(1)熟悉钢在加热时和冷却时的组织转变。

(2)掌握钢的热处理工艺过程。

【能力目标】

(1)懂得金属材料热处理的含义。

(2)掌握主要热处理方法的工艺过程及在生产中的应用。

【任务描述】

什么是钢的热处理?工程上常用的热处理工艺有哪些?其目的是什么?

【任务分析】

金属材料的性能不仅取决于它们的化学成分,而且还取决于它们的内部组织结构。例如,碳的质量分数不同的钢,强度、硬度、塑性各不相同。即使化学成分相同,当组织结构不同时,其性能也会有很大的差别。例如,碳的质量分数为0.8%的高碳钢加热到一定温度后,在炉中缓慢冷却,硬度很低,约为150HBS;在水中冷却,硬度则高达HRC 60~62。这种性能的差别是由于两种冷却方法(即不同的热处理过程)所获得的组织不同而造成的。可见,要正确选择和使用材料,必须了解金属材料的组织结构及其热处理方式对性能的影响。

【相关知识】

一、金属材料的晶体结构

固体物质中原子排列有两种情况:一种是原子呈周期性有规则的排列,这种物质称为晶体;另一种是原子呈不规则的排列,这种物质称为非晶体。固态金属及合金一般都是晶体,不同晶体的原子排列规律不同。

在已知的金属中,除少数金属具有复杂的晶体结构外,大多数金属(约占85%)具有比较简单的晶体结构。常见的金属晶格类型有体心立方晶格、面心立方晶格和密排六方晶格3种,如图3-2-1所示。

多数金属结晶后的晶格类型都保持不变,但有些金属(如铁、锰等)在固态下晶格结构会随温度的变化而发生改变。金属在固态下发生晶格变化的过程,称为金属的同素异构转变。

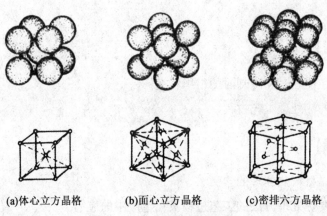

(a)体心立方晶格   (b)面心立方晶格   (c)密排六方晶格

图 3-2-1   常见的金属晶格

铁是具有同素异构转变的金属。固态的铁有两种晶格,出现在不同的温度范围内。由图3-2-2所示铁的冷却曲线可知,在1394~1538 ℃之间,铁具有体心立方晶格,称为 δ-Fe;在912~1394℃之间,铁具有面心立方晶格,称为 γ-Fe;912 ℃以下,铁为体心立方晶格,称为 α-Fe。

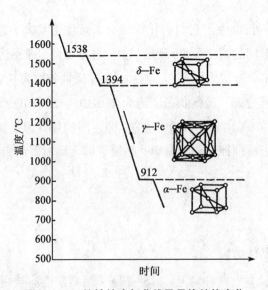

图 3-2-2   纯铁的冷却曲线及晶格结构变化

同素异构转变过程是可逆的，故可将纯铁的同素异构转变概括如下：

$$\delta\text{-Fe} \xrightleftharpoons{1394℃} \gamma\text{-Fe} \xrightleftharpoons{912℃} \alpha\text{-Fe}$$

正是由于纯铁能够发生同素异构转变，生产中才有可能用热处理的方法来改变钢和铸铁的组织和性能。

二、铁碳合金的基本组织

铁碳合金是以铁和碳为基本组元组成的合金，是钢和铸铁的统称。钢铁是工程中应用最广泛的金属材料。铁碳合金中碳的最高质量分数可达6.69%，其中碳的质量分数小于2.11%的称为钢，碳的质量分数大于2.11%的称为铸铁。碳的质量分数的差异造成它们内部组织结构有所不同，使得钢与铸铁的性能有显著的差异。

铁与碳元素可发生相互作用，碳可以溶解在铁中形成一种固溶体的组织，也可以与铁发生化学反应形成铁碳化合物。碳有以下几种存在形式。

1. 铁素体（F）

碳溶解在α-Fe中形成的固溶体称为铁素体，用F表示。铁素体溶碳能力极弱，最大溶碳量约为0.02%。故其性能趋于纯铁，强度、硬度低，塑性、韧性很好。

2. 奥氏体（A）

碳溶解在γ-Fe中形成的固溶体称为奥氏体，用A表示。奥氏体溶碳能力较大，其最大溶碳量为2.11%。其强度、硬度不高，塑性、韧性较好，无磁性。

3. 渗碳体（Fe_3C）

碳和铁形成的化合物Fe_3C称为渗碳体。渗碳体中碳的质量分数为6.69%，并且不随温度变化而变化。其硬度高，强度极低，塑性、韧性极差，非常脆。

4. 珠光体（P）

铁素体与渗碳体形成的机械混合物称为珠光体，用P表示。珠光体的碳的质量分数为0.77%，其性能介于铁素体与渗碳体之间，强度、硬度、塑性、韧性适中。

5. 莱氏体（L_d）

莱氏体是奥氏体和渗碳体的混合物，用符号L_d表示。它是碳的质量分数为4.3%的液态铁碳合金在1148℃时的共晶产物。当温度降到727℃时，由于莱氏体中的奥氏体将转变为珠光体，所以室温下的莱氏体由珠光体和渗碳体组成，这种混合物称为低温莱氏体，用符号L'_d表示。由于性能接近于渗碳体，其硬度很高，塑性很差。

综上所述，铁碳合金钢的室温基本组织为铁素体、渗碳体和珠光体，铁素体的塑性最好，硬度最低；珠光体的强度最高，塑性、韧性和硬度介于渗碳体和铁素之间。

以上五种形式中，铁素体、奥氏体和渗碳体都是单相组织，称为铁碳合金的基本相；珠光体和莱氏体则是由基本相组成的多相组织。表3-2-1所列为铁碳合金基本组织的性能及特点。

表 3-2-1 铁碳合金基本组织的性能及特点

组织名称	符号	碳的质量分数/%	存在温度区间/℃	力学性能			特点
				σ_b/MP$_a$	δ/%	HBW	
铁素体	F	≈0.0218	室温~912	180~280	30~50	50~80	具有良好的塑性、韧性，较低的强度、硬度
奥氏体	A	≈2.11	727 以上	—	40~60	120~220	强度、硬度虽不高，却具有良好的塑性，尤其是具有良好的锻压性能
渗碳体	Fe$_3$C	6.69	室温~1148	30	0	~800	高熔点，高硬度，塑性和韧性几乎为零，脆性极大
珠光体	P	0.77	室温~727	800	20~35	180	强度较高，硬度适中，有一定的塑性，具有较好的综合力学性能
莱氏体	L$_d$′	4.30	室温~727	—	0	>700	性能接近于渗碳体，硬度很高，塑性、韧性极差
	L$_d$		727~1148	—	—	—	

三、铁碳合金状态图

铁碳合金状态图是表示在缓慢加热或冷却条件下，不同成分的铁碳合金在不同温度下所具有的状态或组织的图形。它对了解铁碳合金的内部组织随碳的质量分数与温度变化的规律及钢的热处理有重要的指导意义。

1.铁碳合金状态图简介

图 3-2-3 为铁碳合金状态图，其纵坐标表示温度，横坐标表示合金中碳的质量分数。状态图被一些特征性线划分为五个区域，分别标明了不同成分的非合金钢在不同温度时的组织。Fe-Fe$_3$C 相图中各特性点的温度、碳的质量分数及其含义见表 3-2-2。

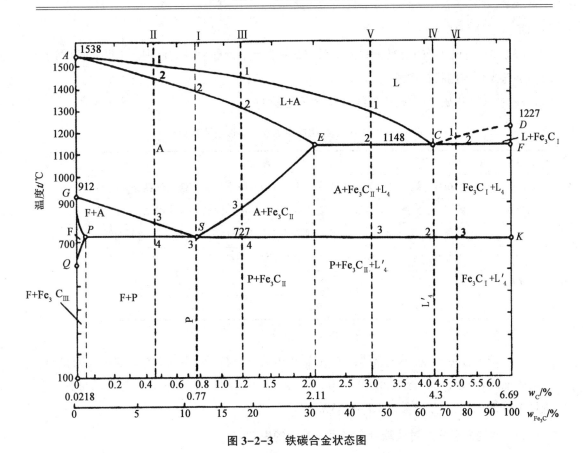

图 3-2-3　铁碳合金状态图

表 3-2-2　Fe-Fe₃C 相图中各特性点的温度、碳的质量分数及其含义

符号	温度/℃	碳的质量分数/%	含义
A	1538	0	纯铁的熔点或结晶温度
C	1148	1.3	共晶点，Lc→A+Fe₃C
D	1227	6.69	渗碳体的熔点
E	1148	2.11	碳在 γ-Fe 中的最大溶解度
G	912	0	纯铁的同素异构转变点，α-Fe→γ-Fe
P	727	0.0218	碳在 α-Fe 中的最大溶解度
S	727	0.77	共析点，As→Fe+Fe₃C

2.非合金钢的冷却过程及室温组织

非合金钢冷却时首先由液态冷却为单一的奥氏体组织，然后随碳的质量分数不同，其组织转变情况也不同。

(1)共析钢。碳的质量分数等于0.77%的非合金钢称为共析钢，共析钢的室温组织是珠光体。

(2)亚共析钢。碳的质量分数小于0.77%的非合金钢称为亚共析钢，亚共析钢的室温组织是铁素体与珠光体。

（3）过共析钢。碳的质量分数大于0.77%的非合金钢称为过共析钢，过共析钢的室温组织是珠光体与网状二次渗碳体。

Fe-Fe₃C相图中的六条特性线及其含义见表3-2-3。

表3-2-3　Fe-Fe₃C相图中的六条特性线及其含义

特性线	含义
ACD	液相线，此线之上为液相区域，线上点为对应不同成分合金的结晶开始温度
AECF	固相线，此线之下为固相区域，线上点为对应不同成分合金的结晶终了温度
GS	也称 A₃ 线，冷却时从不同碳的质量分数的奥氏体中析出铁素体的开始线
ES	也称 A_cm 线，碳在奥氏体(γ-Fe)中的溶解度曲线
ECF	共晶线，Lc→A+Fe₃C
PSK	共析线，也称 A₁ 线，A_s→F+Fe₃C

3.合金相图在选择材料方面的应用

通过铁碳合金相图，可以根据零件的要求来选择材料。若需要塑性、韧性高的材料，应选择低碳钢(碳的质量分数0.10%~0.25%)；若需要塑性、韧性和强度都高的材料，应选择中碳钢(碳的质量分数0.3%~0.55%)。

四、碳的质量分数对铁碳合金钢力学性能的影响

铁碳合金钢的室温基本组织为铁素体、珠光体和渗碳体。随着碳的质量分数的增加，铁碳合金钢的室温组织将按如下顺序变化：F+P→P→P+Fe₃C_Ⅱ，并且随着碳的质量分数的增加，铁素体组织逐渐减少，渗碳体组织逐渐增多，从而造成铁碳合金钢的力学性能随碳的质量分数的变化而变化，如图 3-2-4 所示。

由图3-2-4可见，随着碳的质量分数的增加，钢的强度和硬度增加，而塑性和韧性降低。这是由于碳的质量分数越高，钢中硬而脆的渗碳体就越多。但当碳的质量分数超过0.9%时，由于冷却析出的二次渗碳体形成网状包围珠光体组织，从而削弱了珠

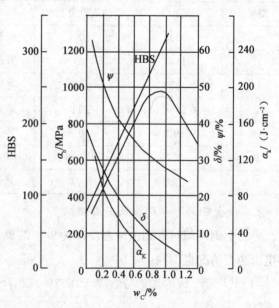

图 3-2-4　碳的质量分数对非合金钢力学性能的影响

光体组织之间的联系，使钢的强度反而降低。

五、钢的普通热处理工艺

钢的热处理就是将在固态下的钢通过加热、保温和不同的冷却方法，从而改变其组织结构，满足性能要求的一种加工工艺。

钢的热处理是以钢的铁碳合金状态图为基础的。在实际生产中，无论是加热还是冷却，钢的组织转变总有滞后现象，即在加热时高于(冷却时低于)状态图上的临界点。为了便于区别，通常把加热时的特性线分别用 A_{t1}，A_{t3}，A_{ccm} 表示，冷却时的特性线分别用 A_{t1}，A_{t3}，A_{rcm} 表示，如图 3-2-5 所示。

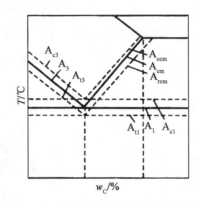

图 3-2-5　钢在加热和冷却时的特性曲线

钢的热处理可分为普通热处理和表面热处理两大类。普通热处理包括退火、正火、淬火和回火。表面热处理包括表面淬火(火焰加热、感应加热)和化学热处理(渗碳、渗氮、碳氮共渗、渗金属等)。

根据零件在加工过程中工序位置的不同，热处理又可分为预备热处理(如退火、正火)和最终热处理(淬火、回火)。

1.退火

退火是把钢加热到工艺预定的某一温度，保温一段时间，随后在炉中或导热性较差的介质中缓慢冷却的热处理方法。

退火的目的是降低钢的硬度，均匀成分，消除内应力，细化组织，从而改善钢的力学性能和加工性能，为后续的机械加工和淬火做好准备。对一般铸件、焊件及性能要求不高的工件，可作为最终热处理。

常用的退火方法有完全退火、球化退化和去应力退火等。

(1)完全退火。完全退火简称退火，是将亚共析钢加热到 A_{c3} 以上(30～50 ℃)保温一段时间，随后缓慢冷却以获得接近平衡状态组织的退火方法。完全退化主要用于亚共析钢的铸件、锻件，热轧型材及焊接结构，作为一些不重要工件的最终热处理，或作为某些重要件的预先热处理。其目的是细化晶粒、改善组织和提高力学性能。

（2）球化退火。球化退火是将过共析钢加热到 A_{c1} 以上（20~30 ℃），保温一段时间，随后缓慢冷却的退火方法。其目的在于降低钢硬度，改善切削加工性，并为以后淬火处理做好组织准备。

（3）去应力退火。去应力退火又称低温回火，是将钢件加热至 500~650 ℃左右，保温一段时间后，缓慢冷却的退火方法。其目的是消除由于塑性变形、焊接、切削加工、铸造等形成的残余应力，以稳定尺寸，减少变形。

2.正火

正火是将钢加热到 A_{c3} 或 A_{ccm} 以上（30~50 ℃），使钢的组织完全转变为奥氏体后，适当保温，从炉中取出，在静止的空气中冷却至室温的热处理方法。

正火与退火目的相似，明显不同的是正火冷却速度稍快，所得到的组织比退火细，强度、硬度有所提高，这种差别随钢的碳的质量分数和合金元素的增多而增多。此外，正火操作简便，生产周期短，能量耗费少。

低碳钢钢件正火可适当提高其硬度，改善其切削加工性能。对于力学性能要求不高的工件，正火可作为最终热处理。一些高碳钢件需经正火来消除网状渗碳体后才能进行球化退火。

上述三种退火和正火的加热温度如图 3-2-6 所示。

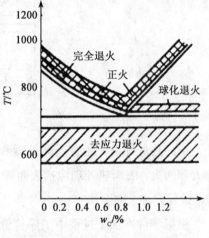

图 3-2-6　退火和正火的加热温度

3.淬火

淬火是将钢加热到 A_{c3} 或 A_{c1} 线以上（30~50 ℃），保温一段时间后，在水、盐水或油中急剧冷却，以获得马氏体组织的一种热处理方法。

淬火目的在于得到马氏体或下贝氏体组织，然后配以适当的回火温度，以获得多样的使用性能，通常作为最终热处理。

4.回火

回火是把淬火后的钢加热到 A_{c1} 线以下的某一温度，保温一段时间后，冷却到室温的热处理方法。淬火后提高了工件的强度和硬度，但塑性和韧性却显著降低，且存在较大内应力，进一步变形至开裂。因此，淬火后要及时回火。回火的主要目的在于降低脆性，减少内应力，防止变形开裂，获得工件所需求的机械性能，稳定钢件的组织，保证工件的尺寸、形状稳定。

回火通常作为钢件热处理的最后一道工序。随着回火温度的升高，其强度和硬度降低，塑性、韧性升高。根据回火的温度不同，回火可分为低温回火、中温回火、高温回火。

（1）低温回火。加热到150~250℃，保温后空冷，得到的组织为回火马氏体。其目的在于降低淬火内应力的脆性，保证高硬度和耐磨性。低温回火主要用于刀具、量具、冲压模、滚动轴承等的处理。

（2）中温回火。加热到350~450℃，保温后空冷，得到的组织为回火屈氏体。这种组织具有高的弹性和屈服极限，并有一定韧性和硬度，主要用于各种弹簧、发条和锻模等的处理。

（3）高温回火。加热到500~650℃，保温后空冷，得到的组织为回火索氏体。这种组织具有一定强度和硬度，又有良好的塑性和韧性，主要用于处理各种重要的、受力复杂的中碳钢零件，如曲轴、连杆、齿轮、螺栓等。通常把淬火再进行高温回火的热处理方法称为调质处理。

上述各种普通热处理的示意图如图3-2-7所示。

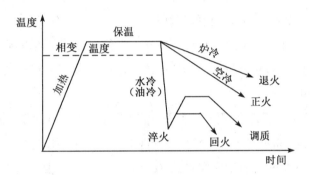

图3-2-7　各种普通热处理示意图

六、钢的表面热处理

在机械设备中（如齿轮、曲轴等），不仅要求表面具有高的硬度和耐磨性，而且要求心部具有足够塑性和韧性。要满足这些要求，仅仅采用普通热处理方法是难以达到的，而采用表面热处理则能满足上述要求。

钢常用的表面热处理包括表面淬火和化学热处理两种。

1.表面淬火

利用快速加热的方法，使工件表面迅速加热至淬火温度，不等热量传到心部就立即冷却的热处理方法称为表面淬火。表面淬火后，工件表层获得硬而耐磨的马氏体组织，而心部仍保留原来的韧性和塑性较好的组织。表面淬火用钢一般为中碳钢或中碳合金钢。在表面淬火处理前，需进行正火处理或调质处理；在表面淬火处理后，需进行低温回火处理。

根据加热方法的不同，表面淬火可分为火焰加热表面淬火、感应加热（高频、中频、工频）表面淬火和电接触加热表面淬火等。工业中应用最多的为火焰加热表面淬火和感应加热表面淬火。火焰加热表面淬火是利用氧—乙炔焰直接加热工件表面，当表面达到淬火温度后，立即喷水或用其他淬火介质进行冷却的淬火方法，一般适用于单件或小批量生产。感应加热表面淬火是将工件放在感应器中，利用感应电流通过工件产生的热效应，使工件表面局部加热，然后快速冷却的淬火方法。感应加热表面淬火易于控制，生产效率高，产品质量好，便于实现机械化、自动化，所以广泛应用于生产中。

2.化学热处理

化学热处理是将工件置于一定介质中加热和保温，使介质中的活性原子渗入工件表层，以改变表层的化学成分和组织，从而使工件表面具有某些力学或物理、化学性能的一种热处理工艺。经过化学热处理后的工件，其表层不仅有组织的变化，而且有成分的变化。常见的化学热处理有渗碳、渗氮、碳氮共渗等。

（1）渗碳。渗碳是向钢的表层渗入碳原子，以提高钢表层碳的质量分数的过程。渗碳主要用于低碳钢和低碳合金钢。渗碳后经过淬火、低温回火，材料表层具有较高的硬度、抗疲劳性和耐磨性，而心部仍保持良好的塑性和韧性。

按照采用的渗碳剂的不同，渗碳方法可分为气体渗碳、固体渗碳和液体渗碳三种。气体渗碳法生产率高，劳动条件好，渗碳质量容易控制，易于实现机械化、自动化，故在生产中得到广泛应用。

（2）渗氮。渗氮是在工件表层渗入氮原子，以形成一个富氮硬化层的过程。其目的在于提高材料表面硬度、抗疲劳性、耐磨性和耐蚀能力，并且渗氮性能优于渗碳。渗氮主要用于耐磨性和精度要求很高的精密零件或承受交变载荷的重要零件，以及耐热、耐蚀、耐磨的零件。如各种高速传动精密齿轮、高精度机床主轴、高速柴油机曲轴、发动机的汽缸、阀门等。

渗氮分为气体渗氮和液体渗氮，目前工业中广泛应用气体渗氮。气体渗氮用钢以中碳合金钢为主，使用最广泛的钢为 38CrMoAlA。

（3）碳氮共渗。碳氮共渗是指碳、氮同时渗入工件表层的过程。其目的在于提高表面硬度、抗疲劳性、耐磨性和耐蚀能力，并兼具渗碳和渗氮的优点。碳氮共渗广泛应用于汽车、拖拉机变速箱齿轮。

【任务实施】

金属材料的热处理就是将金属材料在固态下通过加热、保温和不同的冷却方法，从而改变其组织结构，满足性能要求的一种加工工艺。

热处理的目的在于改善工件的加工工艺性，为后续的工序做组织准备，提高劳动生产率；显著提高钢的力学性能，充分发挥钢的使用性能，延长使用寿命。

工程上常用的热处理工艺有退火、正火、淬火、回火、调质、表面淬火、渗碳、渗氮、碳氮共渗等。

【思考与练习】

(1)非合金钢的室温基本组织有哪些？其性能如何？

(2)试述非合金钢铁碳合金状态图中特性线的含义。

(3)试述碳的质量分数对非合金组织和力学性能的影响。

(4)什么是热处理？为什么要对钢材进行热处理？

(5)常用的淬火方法有哪几种？

项目三　常用机械工程材料

常用的机械工程材料可以分为两大类：金属材料和非金属材料。通常把以铁、铬、锰及它们的合金(主要指合金钢及钢铁)称为黑色金属，而把其他金属及其合金称为有色金属。常用金属材料间的关系如下所示。

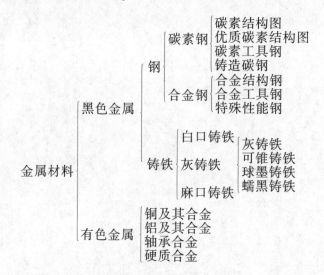

任务一　识别碳素钢的种类、牌号

【学习目标】

(1)熟悉碳素钢的分类及牌号表示方法。

(2)掌握常存元素对碳素钢性能的影响。

【能力目标】

(1)熟悉碳素钢的分类、牌号，能正确解释碳素钢牌号中数字和符号的含义。

(2)掌握碳素结构钢、优质碳素结构钢、碳素工具钢、铸造碳钢的牌号、性能和应用。

【任务描述】

图 3-3-1 所示的 3 种冷冲模具标准件简图，其中压入式模柄选用的钢材是Q235-F，固定挡料销选用的钢材是 45 钢，直导套选用的钢材是 T8A 钢。请解释图中所示钢材牌号的含义。通过学习，掌握金属材料的分类和编号规则。

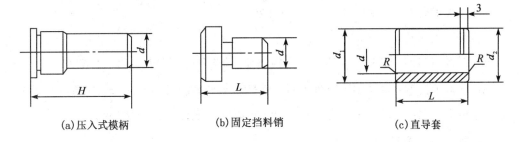

(a)压入式模柄 (b)固定挡料销 (c)直导套

图 3-3-1 冷冲模具标准件简图

【任务分析】

图中零件所用的金属材料分别为 Q235-F、45 钢和 T8A 钢，这 3 种牌号的金属材料都属于碳素钢。碳素钢(简称碳钢)是指碳质量分数小于 2.11% 的铁碳合金。为正确识别这些钢材的牌号，能够根据零件的性能要求合理选用各种碳素钢，必须掌握碳素钢的分类及编号规则。

【相关知识】

碳素钢具有良好的力学性能和工艺性能，其冶炼方便、价格低廉，在许多工业部门中得到广泛的应用。

碳素钢中除铁和碳两种基本元素之外，常常还存在少量的其他元素，如锰、硅、硫、磷、氧和氢等。它们是冶炼过程中不可避免的杂质元素。其中锰、硅是在炼钢后期为了防止氧化铁的危害，进行脱氧处理而有意识加入的，它能提高钢的强度和硬度，属有益元素。硫、磷属有害元素，是从原材料和燃料中带入的。硫具有热脆性，使钢在高温时易脆裂。磷具有冷脆性，使钢在低温时易脆裂。

钢按化学成分可分为碳素钢和合金钢。就钢的生产来讲，世界各国生产碳素钢约占 80%，合金钢约占 20%。

一、碳素钢的分类

1.根据碳的质量分数分类

(1)低碳钢：$w_C \leqslant 0.25\%$；

(2)中碳钢：$0.25\% < w_C < 0.60\%$；

(3)高碳钢：$w_C \geq 0.60\%$。

2.按品质分类

主要是根据钢中有害元素(硫、磷)的质量分数分类。

(1)普通钢：$w_S \leq 0.050\%$，$w_P \leq 0.045\%$；

(2)优质钢：$w_S \leq 0.035\%$，$w_P \leq 0.035\%$；

(3)高级优质钢：$w_S \leq 0.025\%$，$w_P \leq 0.025\%$。

3.根据钢的用途分类

(1)碳素结构钢：主要用于各种工程构件和机械零件的制造，其 $w_C < 0.70\%$；

(2)碳素工具钢：主要用于各种刃具、模具和量具的制造，其 $w_C \geq 0.70\%$；

(3)碳素铸钢：主要用于制作形状复杂、难以锻造成形的铸钢件。

二、钢的编号及种类

1.碳素结构钢

(1)普通碳素结构钢。如 Q235-A.F，表示 $\sigma_s \geq 235$ MPa 的 A 级碳素结构钢，其脱氧不完全，属沸腾钢。

常用碳素结构钢牌号、化学成分和力学性能见表 3-3-1。

表 3-3-1　碳素结构钢的牌号、化学成分及力学性能

牌号	等级	化学成分/%					脱氧方法	力学性能		
		C	Mn	Si	S	P		σ_s /MPa	σ_b /MPa	δ /%
					不大于					
Q195	—	0.06~0.012	0.25~0.50	0.30	0.050	0.045	F, b, Z	195	315~390	33
Q215	A	0.09~0.15	0.25~0.55	0.30	0.050	0.045	F, b, Z	215	335~450	31
	B				0.045					
Q235	A	0.14~0.22	0.30~0.65	0.30	0.050	0.045	F, b, Z	235	375~460	26
	B	0.12~0.20	0.30~0.70		0.045					
	C	≤0.18	0.35~0.80	0.30	0.040	0.040	Z, TZ			
	D	≤0.17			0.035	0.035				
Q255	A	0.18~0.28	0.40~0.70	0.30	0.050	0.045	Z	255	410~550	24
	B				0.045					
Q275	—	0.28~0.38	0.50~0.80	0.35	0.050	0.045	Z	275	490~630	20

注：表中所列力学性能指标为热轧状态试样测得。

(2)优质碳素结构钢。如牌号 45 钢，表示碳的平均质量分数为 0.45% 的优质碳素钢，08 钢表示碳的平均质量分数为 0.08% 的优质碳素钢。

优质碳素结构钢根据钢中含锰量的不同，分为普通含锰量钢（w_{Mn} 为 $0.35\% \sim 0.80\%$）和较高含锰量钢（w_{Mn} 为 $0.7\% \sim 1.2\%$）两种。较高含锰量钢在牌号后面标出元素符号"Mn"，例如 50Mn。若为沸腾钢或为了适应各种专门用途的某些专用钢，则在牌号后面标出规定的符号。例如，10F 表示平均碳的质量分数为 0.10% 的优质碳素结构钢中的沸腾钢；20g 表示平均碳的质量分数为 0.20% 优质碳素结构钢中的锅炉用钢。

优质碳素结构钢的牌号、化学成分及力学性能见表 3-3-2。

表 3-3-2　优质碳素结构钢的牌号、化学成分及力学性能

牌号	化学成分/%			力学性能						
	C	Si	Mn	σ_s /MPa	σ_b /MPa	δ /%	ψ /%	A_k /(J·cm^{-2})	HBW	
									热轧钢	退火钢
08F	0.05~0.11	≤0.03	0.25~0.50	175	295	35	60	—	130	—
08	0.05~0.12	0.17~0.37	0.35~0.65	195	325	33	60	—	131	—
10F	0.07~0.14	≤0.07	0.25~0.50	185	315	33	55	—	137	—
10	0.07~0.14	0.17~0.37	0.35~0.65	205	335	31	55	—	137	—
15F	0.12~0.19	~0.07	0.25~0.50	205	355	29	55	—	143	—
15	0.12~0.19	0.17~0.37	0.35~0.65	225	375	27	55	—	143	—
20	0.17~0.24	0.17~0.37	0.35~0.65	245	410	25	55	—	156	—
25	0.22~0.30	0.17~0.37	0.50~0.80	275	450	23	50	88.3	170	—
30	0.27~0.35	0.17~0.37	0.50~0.80	295	490	21	50	78.5	179	—
35	0.32~0.40	0.17~0.37	0.50~0.80	315	530	20	45	68.7	187	—
40	0.37~0.45	0.17~0.37	0.50~0.80	335	570	19	45	58.8	217	187
45	0.42~0.50	0.17~0.37	0.50~0.80	355	600	16	40	49	241	197
50	0.47~0.55	0.17~0.37	0.50~0.85	375	630	14	40	39.2	241	207
55	0.52~0.60	0.17~0.37	0.50~0.80	380	645	13	35	—	255	217
60	0.57~0.65	0.17~0.37	0.50~0.80	400	675	12	35	—	255	229
65	0.62~0.70	0.17~0.37	0.50~0.80	410	695	10	30	—	255	229
70	0.67~0.75	0.17~0.37	0.50~0.80	420	715	9	30	—	269	229
75	0.72~0.80	0.17~0.37	0.50~0.80	880	1080	7	30	—	285	241
80	0.77~0.85	0.17~0.37	0.50~0.80	930	1080	6	30	—	285	241
85	0.82~0.90	0.17~0.37	0.50~0.80	980	1130	6	30	—	302	255
15Mn	0.12~0.19	0.17~0.37	0.50~0.80	245	410	26	55	—	163	—
20Mn	0.17~0.24	0.17~0.37	0.70~1.00	275	450	24	50	—	197	—
25Mn	0.22~0.30	0.17~0.37	0.70~1.00	295	490	22	50	88.3	207	—

表 3-3-2(续)

牌号	化学成分/%			力学性能						
	C	Si	Mn	σ_s /MPa	σ_b /MPa	δ /%	ψ /%	A_k /(J·cm^{-2})	HBW	
									热轧钢	退火钢
30Mn	0.27~0.35	0.17~0.37	0.70~1.00	315	540	20	45	78.5	217	187
35Mn	0.32~0.40	0.17~0.37	0.70~1.00	335	560	19	45	68.7	229	195
40Mn	0.37~0.45	0.17~0.37	0.70~1.00	355	590	17	45	58.8	229	207
45Mn	0.42~0.50	0.17~0.37	0.70~1.00	375	620	15	40	49	241	217
50Mn	0.48~0.56	0.17~0.37	0.70~1.00	390	645	13	40	39.2	255	217
60Mn	0.57~0.65	0.17~0.37	0.70~1.00	410	695	11	35	—	269	229
65Mn	0.62~0.70	0.17~0.37	0.90~1.20	430	735	9	30	—	285	229
70Mn	0.67~0.75	0.17~0.37	0.90~1.20	450	785	8	30	—	285	229

2.碳素工具钢

碳素工具钢分优质碳素工具钢和高级优质碳素工具钢，如 T9 表示碳的平均质量分数为 0.09% 的碳素工具钢。若为高级优质碳素工具钢则在数字后加"A"。如 T10A 表示碳的平均质量分数为 1.0% 的高级优质碳素工具钢。

另外，对于含锰量较高(w_{Mn} 约为 0.4%~0.6%)的碳素工具钢，则在数字后面加"Mn"，例如 T8Mn，T8MnA。碳素工具钢的牌号、化学成分及力学性能见表 3-3-3。

表 3-3-3　碳素工具钢的牌号、化学成分及力学性能

牌号	化学成分/%					热处理		应用举例
	C	Mn	Si	S	P	淬火温度/℃	HRC(不小于)	
T7	0.65~0.75	≤0.40	≤0.35	≤0.35	≤0.35	800~820 水淬	62	受冲击且有较高硬度和耐磨性要求的工具，如木工用的錾子、锤子、钻头模具等
T8	0.75~0.84					780~800 水淬		
T8Mn	0.80~0.90	0.40~0.60						
T9	0.85~0.94	≤0.40				760~780 水淬		受中等冲击载荷的工具和耐磨机件，如刨刀、冲模、丝锥、板牙、锯条、卡尺等
T10	0.95~1.04							
T11	1.05~1.14							

表 3-3-3(续)

牌号	化学成分/%					热处理		应用举例
	C	Mn	Si	S	P	淬火温度/℃	HRC(不小于)	
T12	1.15~1.24						62	不受冲击且要求有较高硬度的工具和耐磨机件,如钻头、锉刀、刮刀、量具等
T13	1.25~1.35							

3.铸造碳钢

铸造碳钢的碳的质量分数一般在 0.20%~0.60%,如果碳的质量分数过高,则塑性变差,而且铸造时易产生裂纹。

如 ZG230-450 表示屈服点大于 230 MPa,抗拉强度大于 450 MPa 的碳素铸钢。铸造碳钢的牌号、化学成分及力学性能见表 3-3-4。

表 3-3-4　铸造碳钢的牌号、化学成分及力学性能

牌号	化学成分%					室温下的力学性能				
	C	Si	Mn	P	S	σ_s/MPa	σ_b/MPa	δ/%	ψ/%	α_k/(J·cm^{-2})
	不大于					不小于				
ZG200-400	0.20	0.50	0.80	0.04		200	400	25	40	60
ZG230-450	0.30	0.50	0.90	0.04		230	450	22	32	45
ZG270-500	0.40	0.50	0.90	0.04		270	500	18	25	35
ZG370-570	0.50	0.60	0.90	0.04		370	570	15	21	30
ZG340-640	0.60	0.60	0.90	0.04		340	640	12	18	20

注:适用于壁厚 10 mm 以下的铸件。

【任务实施】

根据钢的编号原则可知:

Q235-A-F 表示屈服强度为 235MPa,A 级质量的碳素结构沸腾钢;45 号钢表示平均质量分数为 0.45% 的优质碳素结构钢;T8A 表示平均质量分数为 0.8% 的高级优质碳素工具钢。

任务二　识别合金钢的种类、牌号及应用

【学习目标】

(1)掌握合金钢的分类和编号规则。

(2)了解合金元素的作用。

【能力目标】

(1)掌握合金钢的分类和编号规则，了解合金元素在钢中的作用。

(2)正确解释合金钢牌号中数字和字母的含义。

【任务描述】

如图 3-3-2 所示为冷冲模和模具弹簧，其中冷冲模选用的钢材是 Cr12 钢，模具弹簧选用的是 60Si2MnA 钢。请解释这两种合金钢牌号的含义。通过学习，掌握合金钢的分类和编号规则，了解合金元素在钢中的作用等知识。

(a)冷冲模　　　　　　　(b)模具弹簧

图 3-3-2　冷冲模具标准件

【任务分析】

合金钢的种类很多，其类别不同，牌号表示方法也不同。要识别上述两种合金钢牌号中数字和符号的含义，必须掌握合金钢的分类及编号规则。

【相关知识】

所谓合金钢就是在碳素钢的基础上，在冶炼时有目的地加入一种或数种合金元素的钢。由于合金元素的加入，使得合金钢具有特殊的化学和物理性能，它比碳钢具有较高的强度、韧性。如在钢中加入少量的铜，可以提高钢的抗大气腐蚀能力；加入铬，可以提高钢在氧化介质中的耐腐蚀性；加入硅、铬、铝等元素，可以提高钢的抗高温氧化性和高温强度；加入大量的镍、猛能使钢在室温下保持奥氏体组织，消去磁性成为无磁钢。

一、合金钢的分类

1.根据合金元素总质量分数分类

(1)低合金钢:合金元素的总质量分数小于5%;

(2)中合金钢:合金元素的总质量分数为5%~10%;

(3)高合金钢:合金元素的总质量分数大于10%。

2.根据用途分类

(1)合金结构钢:用于制造机械零件和工程结构的钢;

(2)合金工具钢:用于制造各种工具的钢;

(3)特殊性能钢:主要指具有某种特殊的物理和化学性能的钢种。

二、常用合金钢的牌号、性能及用途

1.合金结构钢

合金结构钢的编号由"两位数字(碳质量分数)+元素符号(或汉字)+数字"三部分组成。前面两位数字代表钢平均碳的质量分数的万分数。元素符号代表钢中所含的合金元素,元素后面的数字则代表该元素的质量分数。当合金元素的碳质量分数小于1.5%时,一般只标明元素而不标明数值;当质量分数为1.5%~2.5%,2.5%~3.5%……时,则相应以2,3……表示。如60Si2Mn钢,表示碳的质量分数为0.6%,硅的质量分数为2%,锰的质量分数小于1.5%的合金结构钢。

合金结构钢按用途可分为普通低合金结构钢和机械制造用钢两类。普通低合金结构钢主要用于制造各种工程结构,如桥梁、建筑、船舶、车辆、锅炉、化工容器等,机械制造用钢主要用于制造各种机械零件。

合金结构钢按用途和热处理特点又可分为渗碳钢、调质钢、弹簧钢、滚动轴承钢和超高强度钢。

(1)普通低合金结构钢。其编号与碳素结构钢的编号方法基本相同,其牌号由代表屈服点的字母、屈服点数值、质量等级符号等三部分按顺序组成。屈服点的字母用符号Q表示;屈服点的数值用三位阿拉伯数字表示;质量等级用符号A,B,C,D,E表示,共五个级别。例如,Q345A表示屈服极限为345MPa,质量等级为A级的低合金结构钢。

普通低合金结构钢是在碳钢的基础上加入少量合金元素的工程结构用钢。为保证较好的韧性、塑性和焊接性能,其碳的质量分数一般为0.10%~0.25%。合金元素的总质量分数一般小于3%,常加入的合金元素有Mn,Si,Nb,Mo,Ti,Cu等。这类钢中加入Mn,Si元素,用以提高钢的强度;加入钛、钒等元素,用以细化晶粒,提高钢的强度和塑性;加入适量的铜元素,用以提高耐蚀性。在强度级别较高的低合金结构钢中,也加入铬、钼、硼等元素,主要是为了提高钢的淬透性,以便在空冷条件下得到比碳素钢更高的力学性能。

常用低合金高强度结构钢的牌号、力学性能及应用见表 3-3-5。

表 3-3-5　常用低合金高强度结构钢的牌号、力学性能及应用

牌号	σ_s/MPa	σ_b/MPa	δ/%	特性及应用举例
Q295	235~295	390~570	23	具有优良的韧性、塑性，冷弯性和焊接性均良好，冲压成形性能良好，一般在热轧或正火状态下使用；适用于制造各种容器、螺旋焊管、车辆用冲压件、建筑用结构件、农机结构件、储油罐、低压锅炉汽包、输油管道、造船及金属结构件等
Q345	275~345	470~630	21	具有良好的综合力学性能，塑性和焊接性良好，冲击韧性较好，一般在热轧或正火状态下使用；适用于制造桥梁、船舶、车辆、管道、锅炉、各种容器、油罐、电站、厂房、低温压力容器等结构件
Q390	330~390	490~650	19	具有良好的综合力学性能，塑性和冲击韧性良好，一般在热轧状态下使用；适用于制造锅炉汽包、中高压石油化工容器、桥梁、船舶、起重机及较高负荷的焊接件、联接构件等
Q420	360~420	520~680	18	具有良好的综合力学性能，优良的低温韧性，焊接性好，冷热加工性良好，一般在热轧或正火状态下使用；适用于制造高压容器、重型机械、桥梁、船舶、机车车辆、锅炉及其他大型焊接结构件
Q460	400~460	550~720	17	淬火、回火后用于大型挖掘机、起重运输机械、钻井平台等

（2）合金渗碳钢。渗碳钢具有优良的耐磨性、耐疲劳性，又具有足够的韧性和强度。通常用来制造各种机械零件，如汽车、拖拉机中的变速齿轮、内燃机上凸轮轴和活塞销等。

渗碳钢碳的质量分数一般控制在 0.10%~0.25%，目的是保证零件的心部具有足够的塑性和韧性。渗碳钢中加入镍、锰、硅、硼等合金元素，以提高钢的淬透性，使零件在热处理后，表面和心部得到强化。另外，为了降低钢的过热敏感性和细化晶粒，常常加入少量钒、钛等合金元素。

常用合金渗碳钢的牌号、热处理、力学性能和用途见表 3-3-6。

表 3-3-6 常用合金渗碳钢的牌号、热处理、力学性能及用途

类别	牌号	热处理/℃			力学性能(不小于)			用途
		渗碳	第一次淬火	回火	σ_b /MPa	σ_s /MPa	δ /%	
低淬透性	20Cr	930	880 水油	200 水空	835	540	10	截面不大的机床变速箱齿轮、凸轮、滑阀、活塞、活塞环、联轴器等
	20Mn2	930	850 水油	200 水空	785	590	10	代替20Cr钢制造小齿轮、小轴、汽车变速箱操纵杆等
	20MnV	930	880 水油	200 水空	785	590	10	活塞销、齿轮、锅炉、高压容器等焊接结构件
中淬透性	20CrMn	930	850 油	200 水空	930	735	10	截面不大、中高负荷的齿轮、轴、蜗杆、调速器的套筒等
	20CrMnTi	930	880 油	200 水空	1080	835	10	截面直径在30 mm以下、承受调速、中或重负荷及冲击、摩擦的渗碳零件,如齿轮轴、爬行离合器等
	20MnTiB	930	860 油	200 水油	1100	930	10	代替20CrMnTi钢制造汽车、拖拉机上的小截面、中等载荷的齿轮
	20SiMnVB	930	900 油	200 水油	1175	980	10	可代替20CrMnTi
高淬透性	12Cr2Ni4A	930	880 油	200 水油	1175	1080	10	在高负荷下的工作的齿轮、蜗轮、蜗杆、转向轴等
	18Cr2Ni4WA	930	950 空	200 水油	1175	835	10	大齿轮、曲轴、花键轴、蜗轮等

其典型热处理工艺为"渗碳+淬火+低温回火"。

(3)合金调质钢。调质钢具有良好的综合力学性能,既具有很高的强度又具有良好的塑性和韧性。常用于制造一些受力比较复杂的重要零件,如机床的主轴、电动机轴、汽车齿轮轴等各种轴类零件。

调质钢的碳质量分数一般在0.25%~0.50%之间,以确保调质钢有一定的强度、硬度和良好的塑性、韧性。另外,调质钢中常常加入少量的铬、锰、硅、镍、硼等合金元素以增加钢的淬透性,且使铁素体得到强化并提高韧性。加入少量的钼、钒、钨、钛等合金元

素，可起到细化晶粒、提高钢的回火稳定性、进一步改善钢的性能的作用。

调质钢的预备热处理通常是正火或退火。最终热处理是调质处理，即淬火加高温回火，获得回火索氏体组织。若要求零件表面有很高的硬度及良好的耐磨性，可在调质处理后进行表面淬火及低温回火处理。

常用合金调质钢的牌号、热处理、力学性能和用途见表 3-3-7。

表 3-3-7　常用合金调质钢的牌号、热处理、力学性能及用途

类别	牌号	热处理/℃		力学性能(不小于)			用途
		渗碳	回火	σ_b /MPa	σ_s /MPa	δ /%	
低淬透性	40Cr	850 油	520 水油	980	785	9	中等载荷、中等转速机械零件，如汽车的转向节、后半轴、机床上的齿轮、轴、蜗杆等。表面淬火后制造耐磨零件，如套筒、芯轴、销子、连杆螺钉、进气阀等
	40CrB	850 油	500 水油	980	785	10	主要代替 40Cr，如汽车的车轴、转向轴、花键轴及机床的主轴、齿轮等
	35SiMn	900 油	500 水油	885	735	15	中等负荷、中等转速零件，如传动齿轮、主轴、转轴、飞轮等，可代替 40Cr
中淬透性	40CrNi	820 油	550 水油	980	785	10	截面尺寸较大的轴、齿轮、连杆、曲轴、圆盘等
	42CrMn	840 油	550 水油	980	835	9	在高速及弯曲负荷下工作的轴、连杆等，在高速、高负荷且无强冲击负荷下工作的齿轮轴、离合器等
	42CrMo	850 油	560 水油	1080	930	12	机车牵引用的大齿轮、增压器传动齿轮、发动机气缸、负荷极大的连杆及弹簧类等
	38CrMoAlA	940 油	740 水油	980	835	14	镗杆、磨床主轴、自动车床主轴、精密丝杠、精密齿轮、高压阀杆、气缸套等
高淬透性	40CrNiMo	850 油	600 水油	980	835	12	重型机械中高负荷的轴类、大直径的汽轮机轴、直升机的旋翼轴、齿轮喷气发动机的蜗轮轴等
	40CrMnMo	850 油	600 水油	980	785	10	40CrNiMo 的代用钢

2.合金工具钢

合金工具钢的编号由"一位数(或不标数字)+元素符号+数字"三部分组成。前面一位数字代表平均含碳的千分数。当碳的平均质量分数大于或等于1.0%,则不予标出。合金元素及质量分数的表示与合金结构钢相同。如9SiCr钢,表示碳的质量分数为0.90%、硅的质量分数和铬的质量分数均小于1.5%的合金工具钢。高速钢平均碳的质量分数小于1.0%时,其碳的质量分数也不予标出。

与碳素工具钢相比,合金工具钢具有较好的淬透性与回火稳定性,耐磨性与热硬性较高,热处理变形和开裂趋向小,广泛用于合金工具钢不能满足性能要求的各种工具。合金工具钢按用途可以分为合金量具钢、合金刃具钢和合金模具钢。

(1)合金量具钢。合金量具钢是指用于制造测量工具(即量具)的合金钢。这类钢具有高硬度、高耐磨性、高尺寸稳定性,用于制造高精度的量规和量块。常用的合金量具钢有Cr12,9Mn2V,CrWMn等。其最终热处理为淬火后低温回火。

(2)合金刃具钢。合金刃具钢指主要用于制造金属切削刀具的合金钢,其碳的质量分数一般在0.8%～1.4%。常用的合金刃具钢有9SiCr,9Mn2V,Cr2,CrMn,CrWMn和CrW5等。这类钢的预备热处理是球化退火,最终热处理为淬火后低温回火。其主要用于制造铰刀、丝锥、板牙等。

(3)合金模具钢。合金模具钢是指用于制造冲压、热锻、压铸等成形模具的合金钢。根据工作条件不同,分为冷作模具钢和热作模具钢。

冷作模具钢用于制造使金属在冷态下变形的模具,如冷冲模、冷挤压模等。这类钢应具有高的硬度、耐磨性和一定的韧性及热处理变形小等特点。其常用的牌号有Cr12,Cr12W,Cr12MoV,9SiCr,9Mn2V,CrWMn等。

热作模具钢用于制造使金属在高温下成形的模具,如热锻模、压铸模等,其碳的质量分数在0.3%～0.6%。这类钢应在高温下能保持足够的强度、韧性和耐磨性,以及较高的抗热疲劳性和导热性。常用的热作模具钢有5CrMnMo,5CrNiMo,3Cr2W8等。其最终热处理为淬火后中温或高温回火。

(4)高速钢。高速钢是一种含钨、钼、钒等多种元素的高合金刃具钢,加入的主要合金元素为钨、钼、钒等,其合金总质量分数达10%～15%。用高速钢制成的刀具,在切削时比一般低合金刃具钢更加锋利,因此俗称为"锋钢"。高速钢具有较高的淬透性,经适当热处理后具有高的硬度、强度、耐磨性和热硬性。当切削刃的温度达600℃时,高硬度和耐磨性仍无明显下降,能以比低合金刃具钢更高的切削速度进行切削,故称为高速钢。

高速钢的品种很多,主要有W18Cr4V和W6Mo5Cr4V2。前者应用广泛,适于制造一般切削用车刀、刨刀、铣刀、钻头;后者的热塑性、使用状态的韧性、耐磨性等优于W18Cr4V钢。面热硬性不相上下,并且其碳化物细小、分布均匀、价格低,应用广泛,可用于制造要求耐磨性和韧性配合很好的高速切削刀具,如丝锥、钻头等,特别适宜于采用轧制、扭制热变形加工成型工艺制造的钻头等。

3. 滚动轴承钢

在牌号前面加"滚"字汉语拼音的首位字母"G"，后面数字表示表面铬元素的质量千分数，其碳的质量分数不标出。如 GCr15 钢，表示表面平均铬的质量分数为1.5%的滚动轴承钢。铬轴承钢中若含有除铬之外的其他元素，则这些元素的表示方法同一般合金结构钢。滚动轴承钢都是高级优质钢，但牌号后不加"A"。

常用滚动轴承钢的牌号、热处理及应用范围见表 3-3-8。

表 3-3-8　常用滚动轴承钢的牌号、热处理及应用范围

牌号	热处理/℃		回火后的硬度 HRC	用途
	淬火	回火		
GCr9	810~830	150~170	62~66	10~20 mm 的滚动体
GCr15	825~845	150~170	62~66	壁厚小于 20 mm 的中小型套圈，直径小于 50 mm 的钢球
GCr15SiMn	820~840	150~170	≥62	壁厚小于 30 mm 的中大型套圈，直径为 50~100 mm 的钢球
GSiMnVRe	780~810	150~170	≥62	可代替 GCr15SiMn
GSiMnMoV	770~810	150~175	≥62	可代替 GCr15SiMn

4. 特殊性能钢

不锈钢与耐热钢均属于特殊性能钢，这些钢牌号前面的数字表示碳的质量千分数。如 3Cr13 钢，表示平均碳质量分数为 0.3%、平均铬的质量分数为 13%的钢。当碳的质量分数小于等于 0.03%或小于等于 0.08%时，则在牌号前面分别冠以"00"或"0"表示，如 00Cr17Ni14Mo2，0Cr19Ni9 钢等。

不锈钢属于具有特殊物理、化学性能的特殊性能钢，它是指在空气、水、弱酸、碱和盐溶液，或者其他腐蚀介质中具有高度化学稳定性的合金钢的总称。在酸、碱、盐溶液等强腐蚀性介质中能抵抗腐蚀的钢称为耐蚀钢(或耐酸钢)。大多数不锈钢的碳的质量分数为0.1%~0.2%，耐蚀性越高，碳的质量分数应越低。为了提高金属的耐蚀性，在不锈钢中常常加入 Cr，Ti，Mo，Nb，Ni，Mn，N 等合金元素。加入 Cr 的主要作用是形成致密的氧化铬保护膜，同时提高铁素体的电极电位；另外，Cr 还能使钢呈单一的铁素体组织。所以 Cr 是不锈钢中的主要元素，应适当提高 Cr 的质量分数。加入 Ti 元素能优先同碳形成碳化物，使 Cr 保留在基体中，从而减轻钢的晶间腐蚀倾向。加入 Ni，Mn，N 可获得奥氏体组织，并能提高铬不锈钢在有机酸中的耐蚀性能。

【任务实施】

根据钢的编号原则可知：

（1）制造冷冲模的 Cr12 钢牌号的含义是：平均碳质量分数大于等于 1%、主要合金元素 Cr 的质量分数为 12% 的合金工具钢。

（2）制造冷模具弹簧的 60Si2MnA 钢牌号的含义是：平均碳质量分数为 0.60%、主要合金元素 Si 的平均质量分数为 2%、Mn 的质量分数小于 1.5% 的高级优质合金结构钢。

任务三　识别铸铁的种类、牌号及应用

【学习目标】

（1）掌握铸铁的分类及牌号表示方法。

（2）熟悉铸铁的性能和应用。

【能力目标】

（1）掌握铸铁的分类和牌号表示方法。

（2）根据零件形状和性能要求合理选用铸铁材料。

【任务描述】

铸铁是一种被广泛使用的金属材料。它是如何分类的？它有哪些性能？这些性能都应用在哪些场合？

【任务分析】

铸铁是人类最早使用的金属材料之一。到目前为止，铸铁在机床、汽车、拖拉机等行业得到广泛的应用，主要是由于它的生产工艺简单、成本低廉并具有优良的铸造性能、可切削加工性能、耐磨性能及吸震性等。

要掌握铸铁的应用，就要了解它的性能，以及正确识别铸铁的牌号，掌握铸铁的分类及编号规则。

【相关知识】

铸铁通常是指碳的质量分数大于 2.11% 的铁碳合金，并且含有较多的硅、猛、磷等元素。铸铁具有良好的减振、减摩作用，良好的铸造性能及切削加工性能，且价格低，因而其广泛应用于各种机械。

在铸铁中，碳可以以游离态的石墨（C）形式存在，也可以以化合态的渗碳体形式存在。根据碳在铸铁中存在的形式不同，铸铁可分为以下几类。

一、灰铸铁

在灰铸铁中碳主要以石墨形式存在，其断口呈暗灰色，故称为灰铸铁。

灰铸铁中碳以片状石墨分布在基体组织上。因石墨的强度、硬度很低，塑性、韧性几乎为零，所以灰铸铁的抗拉强度、塑性和韧性都较差。但石墨对灰铸铁的抗压强度影响不大，所以灰铸铁的抗压强度与相同基体的钢差不多。由于石墨的存在，也使灰铸铁获得了良好的耐磨性、抗震性、切削加工性和铸造性能。

由于以上优良性能和低廉的价格，灰铸铁在生产上得到了广泛的应用。常用于制造形状复杂而力学性能要求不高的工件，承受压力、要求消震的工件，以及一些耐磨工件。

生产中，灰铸铁常用的热处理工艺有去应力退火、消除白口组织的退火和表面淬火。

灰铸铁的牌号、力学性能及主要用途见表 3-3-9。牌号中"HT"是"灰铁"两字汉语拼音的首字母，其后数字表示其最低抗拉强度。

表 3-3-9　灰铸铁的牌号、力学性能及主要用途

灰铸铁牌号	抗拉强度 σ_b/MPa($\geqslant$)	相当于旧牌号（GB 976—67）	硬度 HBS	主要用途
HT100	100	HT10-26	143~229	受低载荷的不重要的零件，如盖、手轮、支架等
HT150	150	HT15-33	163~229	受一般载荷的铸件，如底座、机箱、刀架座等
HT200	200	HT20-40	170~240	承受中等载荷的重要零件，如气缸、齿轮、齿条、一般机床床身等
HT250	250	HT25-47	170~241	承受较大载荷的重要零件，如气缸、齿轮凸轮、油缸、轴承座、联轴器等
HT300	300	HT30-54	187~255	承受高强度、高耐磨性、高度气密性要求的重要零件，如重型机床床身、机架、高压液压筒、车床卡盘、高压油泵、泵体等
HT350	350	HT35-41	197~269	

注：1. 本表灰铸铁牌号和抗拉强度值摘自《灰铸铁件》(GB 9439—88)。

　　2. 抗拉强度用 $\phi30$ 的单铸试棒加工成试样进行测定。

二、可锻铸铁

可锻铸铁是将一定成分的白口铸铁经长时间退火处理，使渗碳体分解，形成团絮状石墨的铸铁。因此，与灰铸铁相比，可锻铸铁具有较高的强度和较好的塑性、韧性，并由此得名"可锻"，但实际上并不可锻。可锻铸铁可分为铁素体可锻铸铁(用"KTH"来表示)和珠光体可锻铸铁(用"KTZ"来表示)两种。

铁素体可锻铸铁的断口呈黑灰色，故又称黑心可锻铸铁，其基体组织为铁素体，具有良好的塑性和韧性。如 KTH330-08 表示 $\sigma_b \geqslant 330$ MPa，$\delta \geqslant 8\%$ 的铁素体可锻铸铁。

珠光体可锻铸铁的断口呈黑灰色，基体组织为珠光体，具有一定的塑性和较高的强度。如 KTZ650-02 表示 $\sigma_b \geqslant 650$ MPa，$\delta \geqslant 2\%$ 的珠光体可锻铸铁。

可锻铸铁可用来制造承受冲击较大、强度或耐磨性要求较高的薄壁小型铸件，如汽车和拖拉机的后桥外壳、曲轴、连杆、齿轮、凸轮等。由于可锻铸铁的铸造性较灰铸铁差，生产效率低，工艺复杂并且成本高，故已逐渐被球墨铸铁取代。

三、球墨铸铁

铁液经球化处理和孕育处理，使石墨全部或大部分呈球状的铸铁称为球墨铸铁。

球状石墨对铸铁基体的割裂作用及应力集中很小，让球墨铸铁的基本性能可得到改善，使得球墨铸铁有较高的抗拉强度和抗疲功强度，塑性、韧性也比灰铸铁好得多，可与铸钢媲美。此外，球墨铸铁的铸造性能、耐磨性、切削加工性都比钢好。因此球墨铸铁常用于制造载荷较大且受磨损和冲击作用的重要零件，如汽车、拖拉机的曲轴、连杆和机床的蜗杆、蜗轮等。

生产中，球墨铸铁常用的热处理方式有退火、正火、调质及等温淬火。

如 QT400-15 表示球墨铸铁，其最低抗拉强度为 400 MPa，最低伸长率为 15%。

球墨铸铁的牌号、力学性能和用途见表 3-3-10。

表 3-3-10　球墨铸铁的牌号、力学性能和用途

牌号	σ_b /MPa	σ_s /MPa	δ /%	HBW	用途
	不小于				
QT400-18	400	250	18	130~180	汽车轮毂、驱动桥壳体、差速器壳体、离合器壳体、拨叉、阀体、阀盖
QT400-15	400	250	15	130~180	
QT450-10	450	310	10	160~210	
QT500-7	500	320	7	170~230	内燃机的油泵齿轮、铁路车辆轴瓦、飞轮
QT600-3	600	370	3	190~270	柴油机曲轴，轻型柴油机凸轮轴，连杆，气缸盖，进排气门座，磨床、铣床、车床的主轴，矿车车轮
QT700-2	700	420	2	225~305	
QT800-2	800	480	2	245~335	
QT900-2	900	600	2	280~360	汽车锥齿轮、转向节、传动轴、内燃机曲轴、凸轮轴

四、蠕墨铸铁

蠕墨铸铁是近代发展起来的一种新型结构材料，它的力学性能介于灰铸铁与球墨铸铁之间，铸造性、切削加工性、吸振性、导热性和耐磨性接近于灰铸铁，抗拉强度和疲劳强度相当于铁素体球墨铸铁，常用于制造复杂的大型铸件、高强度耐压件和冲击件，如立柱、泵体、机床床身、阀体、汽缸盖等。

蠕墨铸铁的牌号是用"蠕铁"两字中"蠕"的汉语拼音和"铁"的汉语拼音首字母组成的"RuT"加一组数字表示。其中，数字表示最低抗拉强度极限 σ_b 的兆帕值。例如，RuT420 表示最低抗拉强度极限为 420 MPa 的蠕墨铸铁。

【任务实施】

铸铁是指碳质量分数大于 2.11% 的铁碳合金。根据石墨的存在形态不同，常用的灰口铸铁分为灰铸铁、可锻铸铁、球墨铸铁和蠕墨铸铁。

灰铸铁的牌号用"HT+最低抗拉强度数值"表示。其主要应用于结构复杂、能承受压力和要求耐磨性、减震性好的零件。

灰铸铁的强度低，塑性和韧性差。但它具有良好的切削加工性、耐磨性、减振性、较低的缺口敏感性和良好的铸造性。

球墨铸铁的综合力学性能较高，接近于钢，同时还保留了灰铸铁的减摩性、减振性、切削加工性好、铸造性能好和缺口不敏感等一系列优点。其常用来制造形状复杂且受力较大，又要求综合力学性能高的零件。

球墨铸铁可以通过热处理改变其基本组织，从而提高其力学性能。它的热处理与钢相似。

可锻铸铁常用来制造形状复杂、承受冲击的薄壁及中、小型零件。

蠕墨铸铁主要用于制造受循环载荷、要求组织致密、强度要求较高、形状复杂的零件。

【相天知识】

在工业生产中，通常把钢铁以外的金属及其合金称为有色金属。有色金属具有许多钢铁材料所不具备的优良的特殊性能，是现代工业中不可缺少的材料，在国民经济中占有十分重要的地位。

一、有色金属

有色金属通常指除钢铁之外的其他金属（又称非铁金属），常用的有色金属种类有纯铜及其合金、铝及其合金、钛及其合金等。

（一）纯铜及其合金

1.纯铜

纯铜又称紫铜，通常呈紫红色，无同素异构转变，密度为 8.96 g/cm³，熔点为 1083℃。纯铜具有良好的导电性、导热性及抗大气腐蚀性能，其导电性和导热性仅次于金和银，是常用的导电、导热材料。纯铜还具有强度低、塑性好、便于冷热压力加工的优点，常用于制造导线、散热器、铜管、防磁器材及配制合金等。

工业纯铜的牌号有 T1，T2，T3 和无氧铜四种。其序号越大，纯度越低。

2.铜合金

因纯铜的强度较低，不适于制作结构件，所以常加入适量的合金元素制成铜合金。

根据加入合金元素的不同，铜合金可分为黄铜、青铜和白铜。其中，黄铜和青铜在生产中应用普遍。

（1）黄铜。黄铜是以锌为主要合金元素的铜合金，因其颜色呈黄色，故称黄铜。依据化学成分的不同，黄铜可分为普通黄铜和特殊黄铜两类。

①普通黄铜：当铜中加入锌时所组成的合金称为普通黄铜。其不但有较高的力学性能，而且有良好的导电、导热性能，以及良好的耐腐蚀性能。但当黄铜产品中有残余应力时，黄铜的耐蚀性能将下降，如果处在腐蚀介质中时，则会开裂。因此，冷加工后的黄铜产品要进行去应力退火。

②特殊黄铜：在普通黄铜中加入铅、铝、硅、锡等元素所组成的黄铜合金称为特殊黄铜。加入铅、铝等元素的目的是改善黄铜的某些性能。如加入铅，能改善切削加工性和耐磨性；加入硅，可提高强度和硬度；加入锡，可提高强度和在海水中的抗蚀性。

（2）青铜。青铜是指黄铜和白铜以外的所有铜合金。按成分不同，青铜又分为锡青铜和特殊青铜等；按加工方式不同，青铜可分为压力加工青铜和铸造青铜两大类。

①锡青铜：以锡为主加元素的铜合金。锡青铜分为压力加工锡青铜和铸造青铜。

压力加工锡青铜的锡质量分数一般小于10%，塑性较差，流动性小，易形成疏松，铸件致密性差。所以铸造锡青铜只适合用来制造强度和密封性要求不高，但形状较复杂的铸件，如制造阀、泵壳、齿轮、蜗轮等零件。

锡青铜在淡水、海水中的耐蚀性高于纯铜和黄铜，但在氨水和酸中的耐蚀性较差，锡青铜还有良好的耐磨性。因此，锡青铜常用于制造耐磨、耐蚀工件。

②特殊青铜：特殊青铜有铍青铜、铝青铜等。

铍青铜是以铍为主加元素的铜合金，铍质量分数一般为 1.6%～2.5%，常用代号为QBe2。因铍在铜中的溶解度变化较大，所以淬火后进行人工时效，可获得较高的强度、硬度、抗蚀性和抗疲劳性。另外，其导电、导热性也特别好。铍青铜主要用于制造仪器仪表中重要的导电弹簧、精密弹性元件、耐磨工件和防爆工具。

铝青铜是以铝为主加元素的铜合金，铝的质量分数一般为 5%～11%，常用代号有QAL 19-4，ZCuAl10Fe3 等。铝青铜比黄铜和锡青铜具有更好的耐磨性、耐蚀性和耐热性，且具有更好的力学性能，常用来制造承受重载荷、耐蚀和耐磨零件，如齿轮、轴套、蜗轮等。

（二）铝及其合金

1.纯铝

纯铝呈银白色，是一种密度仅为 2.7 g/cm^3 的轻金属，是自然界中储量最为丰富的金属元素,产量仅次于钢铁。

铝具有面心立方晶格,无同素异构转变,熔点为660.4 ℃。其特点是导电性和导热性好、抗蚀性好。纯铝还具有塑性好、强度低的特性,所以能通过各种压力加工制成板材、箔材、线材、带材及型材。纯铝的主要用途是制作导线、配制铝合金及制作一些器皿垫片等。

根据《变形铝及铝合金化学成分》(GB/T 3190—2008)标准,工业纯铝的牌号有1070A,1060A,1050A 等。

2.铝合金

纯铝的强度较低,不宜制作承受重载荷的结构件,当纯铝中加入适量的硅、铜、锰、镁、锌等合金元素时,可形成强度较高的铝合金。铝合金密度小、导热性好、强度高、经过进一步冷变形和热处理,其强度还可进一步提高,故其应用较为广泛。

根据成分和生产工艺特点的不同,铝合金可分为变形铝合金和铸造铝合金两大类。

(1)变形铝合金。常用变形铝合金的类型有防锈铝合金、硬铝合金、超硬铝合金、锻铝合金等。

防锈铝合金的主加元素是锰和镁,典型牌号有5A05,3A21。硬铝合金的主加元素为铜和镁,典型牌号有2A01,2A11。超硬铝合金主加元素为铜、镁、锌等,是目前强度最高的铝合金,典型牌号有7A04。锻铝合金的主加元素为铜、镁、硅等,典型牌号有2A50,2A70。

(2)铸造铝合金。按加入主元素的不同,铸造铝合金主要有铝硅系、铝铜系、铝镁系及铝锌系四类,其中铝硅系应用最为广泛。

铸造铝合金的代号用"ZL"及后面三位数字表示。第一位数字表示合金类别(1 为铝硅合金,2 为铝铜合金,3 为铝镁合金,4 为铝锌合金),后两位数表示合金顺序号。

①铝硅铸造铝合金(俗称硅铝明):铸造性能较好,但铸造组织粗大,在浇注时应进行变质处理细化晶粒,以提高其力学性能。

②铝铜铸造铝合金:具有较好的高温性能,但铸造性和抗蚀性较差,而且密度大。其主要用于制造要求高强度或在高温条件下工作的零件。

③铝镁铸造铝合金:具有较高的强度和良好的耐腐蚀性能,密度小,铸造性能差。其主要用于制造在腐蚀性介质中工作的零件。

④铝锌铸造铝合金:具有较高的强度,热稳定性和铸造性能也较好,但密度大,耐蚀性差。其主要用于制造结构和形状复杂的汽车、飞机零件等。

二、非金属材料

工程材料分为金属材料和非金属材料两大类。由于金属材料具有良好的力学性能和工艺性能,所以工程材料一直以金属材料为主。近年来,随着科学技术的发展,许多非金属材料得到了迅速的发展,越来越多的非金属材料被应用在各个领域,取代部分金属材料并获得了巨大的经济效益,已成为科学技术革命的重要标志之一。

常用的非金属材料可分为三大类型:高分子材料(如塑料、胶黏剂、合成橡胶、合成纤维等)、陶瓷(如日用陶瓷、金属陶瓷)、复合材料(如钢筋混凝土、轮胎、玻璃钢)。

高分子材料是以高分子化合物为主要成分组成的材料。高分子化合物是指相对分子质量大于 5000 的化合物,它由一种或几种简单的低分子化合物重复连接而成。高分子化合物按其来源不同可分为天然高分子化合物(如蚕丝、天然橡胶等)和合成高分子化合物(如塑料、合成橡胶和合成纤维等)两大类。其中塑料是应用最广的有机高分子材料,也是最主要的工程结构材料之一。所以,这里仅介绍机械中常用的塑料。

1.塑料的组成

塑料是以有机合成树脂为主要成分,并加入多种添加剂的高分子材料。添加剂的种类有填料、增强材料、增塑剂、润滑剂、稳定剂、着色剂、阻燃剂等。

在塑料中加入填料是为了改善塑料的性能,并扩大它的使用范围。加入增塑剂是为了提高树脂的可塑性和柔软性;加入稳定剂是为了防止某些塑料在光、热或其他因素作用下过早老化,以延长制品的使用寿命;加入润滑剂是为了防止塑料在成形过程中产生粘膜,便于脱模,并使制品表面光洁美观;着色剂常加入装饰用的塑料制品中。

2.塑料的性能

(1)物理性能。塑料密度较小,仅为钢铁的 1/8 ~ 1/4。泡沫塑料更轻,密度为 0.02 ~ 0.20 g/cm^3。其绝缘性能较好,是理想的电绝缘材料,常用于要求减轻重量的车辆、飞机、船舶、电器、电机、无线电等方面。

(2)化学性能。塑料一般具有良好的耐酸、碱、油、水及大气等的腐蚀性能。如聚四氟乙烯能承受王水的浸蚀。

(3)力学性能。塑料具有良好的耐磨和减磨性能,大部分塑料摩擦系数较低。另外,塑料还具有自润滑性能,所以特别适合制造在干摩擦条件下工作的工件。

塑料的缺点:强度和刚度低;耐热性差,大多数塑料只能在 100 ℃ 以下使用;易老化;等等。

3.常用的工程塑料

根据树脂的热性能,塑料可分为热塑性塑料和热固性塑料两大类。

(1)热塑性塑料。热塑性塑料受热时软化而冷却后固化,再受热时又软化,具有可塑性和重复性。常用的热塑性塑料有聚烯烃、聚氯乙烯、聚苯乙烯、ABS、聚酰胺、聚甲醛、聚碳酸酯、聚四氟乙烯和聚甲基丙烯酸甲酯等。

(2)热固性塑料。热固性塑料大多数是以缩聚树脂为基础,加入多种添加剂而成的。其特点为:初加热时软化,可注塑成形,但冷却固化后再加热时不再软化,不溶于溶液,也不能再熔融或再成型。常用的热固性塑料有环氧塑料和酚醛塑料等。

环氧塑料(EP)是由环氧树脂加入固化剂后形成的热固性塑料。它强度较高,韧性较好，并具有良好的化学稳定性、绝缘性及耐热、耐寒性，形成工艺性好，可制作塑料模具、船体、电子工业零件。

酚醛塑料(PF)是由酚类和醛类经缩聚反应而制成的树脂。根据不同性能要求加入各种填料便制成各种酚醛塑料。常用的酚醛树脂是由苯酚和甲醛为原料制成的，简称PF。

【思考与习题】

(1)试述非合金钢中锰、硅、硫、磷杂质对钢性能的影响。

(2)试述非合金钢的分类。说明下列钢号的含义及钢材的主要用途：45，60Mn，T12A，ZG200-400。

(3)试比较低碳钢、中碳钢及高碳钢的力学性能。

(4)说明碳在白口铸铁、灰铸铁、可锻铸铁、球墨铸铁中的存在形态，并说明它们的特点和用途。

(5)什么是合金钢？与非合金钢相比，合金钢具有哪些特点？

(6)什么是合金渗碳钢、合金调质钢？试说明它们的热处理、性能和用途。

(7)试说明轴承钢、高速钢的特点。

(8)说明下列牌号所表示的钢材及其主要用途：Q390，09Mn2，20Mn2B，40Cr，60Si2Mn，GCr15SiMn，9SiCr，W18Cr4V，W6Mo5Cr4V2，Cr12MoV。

(9)什么是不锈钢、耐热钢？并简述其用途。

(10)什么是铸铁？它分为哪几类？

(11)说明下列牌号的含义：HT250，KTH330-08，KTZ650-02，QT450-10，RuT420。

【模块小结】

(1)金属材料的力学性能包括强度、塑性、硬度、韧性和疲劳强度等五项。

①强度是指材料抵抗塑性变形和断裂的能力，用应力来表示。应力符号是σ，其单位为Pa，其最常用判据有抗拉强度σ_b和屈服点σ_s。一般情况下，材料的应力值越大越不容易使其发生永久变形或断裂。

②塑性是指材料断裂前发生不可逆永久变形的能力，用断后伸长率δ或断面收缩率ψ来表示。一般情况下，材料的δ或ψ值越大越便于压力加工。

③硬度是指材料抵抗局部变形，特别是局部塑性变形、压痕或划痕的能力，常用布氏硬度或洛氏硬度来表示，其值越大材料越"硬"。

④韧性是指金属材料在断裂前吸收变形能量的能力，主要反映了金属抵抗冲击力而不断裂的能力，用冲击吸收功或冲击韧度来表示，其值越大表示抗冲击的能力越强。

⑤疲劳强度可以理解为材料在交变应力作用下抵抗塑性变形和断裂的能力，用疲劳

极限 σ_r 来表示(在脉动循环交变应力情况下，σ_r 写成 σ_0；在对称循环交变应力情况下，σ_r 写成 $\sigma-1$)。

(2)应用较多的金属材料的加工工艺性能包括焊接性能、切削性能、压力加工性能、铸造性能、热处理性能等五项。

(3)热处理对钢的性能影响非常大。钢的常用热处理方法有退火、正火、淬火、回火、调质、表面淬火、渗碳、渗氮、时效等。

(4)金属材料在机械工程中应用最多。其中的钢铁材料由于力学性能较高、价格低廉，应用较多。非铁金属材料因有各自的特性，也广泛应用于适宜的场合。金属材料的性能主要取决于其内部的成分和热处理方式。

(5)非金属材料由于性能的不断改进，在机械工程和日常生活中的应用越来越多。

【模块综合练习】

(1)测定某钢的力学性能时，已知试棒的直径是 10 mm，其标距长度是直径的 5 倍，F_{eL} =38 kN，F_m=77 kN，拉断后的标距长度是 65 mm。试求此钢的 σ_s，σ_b 及 δ 值各是多少？

(2)测量金属材料的韧性时，先将冲击试验机的质量为 50 kg 的摆锤抬至 35 cm 的高度，当摆锤下落时，把试样冲断后又升至 12 cm 的高度。若方形截面的断口处长为 8 m，试求被测材料的 α_k 值。

(3)常用的热处理的方法有哪些？试说明其各自的作用。

(4)什么是淬透性？为什么低碳钢一般不直接淬火？

(5)试述化学热处理的基本过程。

(6)简述纯铜的特性和用途。

(7)什么是黄铜、青铜和白铜？说明下列牌号的含义及材料的用途：H96，HSn62-1，QSn4-3，ZCuZu33Pb2。

(8)简述纯铝的特性和用途。

(9)说明下列牌号的铝合金的用途，并判别属于哪一类铝合金：3A21，2A12，7A04，2A70，ZL109。

常用机构

机构是指由若干个构件组合而成并且构件与构件之间具有确定的相对运动的系统。常见的机构模块有平面连杆机构、凸轮机构、齿轮机构。

项目一 平面机构运动简图与自由度计算分析

机器由一种或几种机构组成。机构是具有相对运动构件的组合,它是用来传递运动和力的构件系统。机构中各构件之间的可动联接称为运动副。用简单线条和符号表示机构的组成和各构件之间相对运动关系的简图,称为机构运动简图。构件具有独立运动的数目称为自由度。其中,机构运动简图是一种工程语言,它可以直观地反映出各构件之间的相对运动关系,表达机构的运动特性,是对机器或机构进行分析和设计的基础。本模块主要介绍如何绘制机构运动简图和如何计算机构自由度,以此判断机构是否具有确定的相对运动。

任务一 平面机构运动简图的绘制

【学习目标】

(1)熟悉运动副的类型及表示方法。
(2)掌握绘制平面机构运动简图的方法。

【任务描述】

绘制图 4-1-1 所示手动唧筒的机构运动简图。

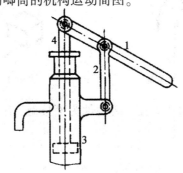

图 4-1-1 手动唧筒

1—压抬手柄;2—杆;3—唧筒;4—柱塞

【任务分析】

根据观察和生活经验可知：通过压抬手柄1，在杆2的支撑作用下，杆1带动杆4头部的柱塞，在唧筒3里上下往复运动，实现水在唧筒里的汲取和排放。

唧筒由几个构件组成？各构件间有怎样的相对运动？它如何将手柄的运动传递给柱塞运动，以达到汲水的目的？各构件的名称是什么？谁是运动输入构件？谁是运动输出构件？各构件用什么方式联接？用一种什么样的语言可以简单明确地表达出各构件之间的运动和动力的传递过程？

【相关知识】

一、运动副及其分类

机构是由许多构件组成的，构件与构件之间的直接接触所形成的可动联接称为运动副。机构中各构件之间的运动和动力的传递都是通过运动副来实现的。

两个构件组成的运动副主要是通过点、线、面接触来实现的。根据组成运动副两构件之间的接触特性，运动副分为低副和高副。

1.低副

在平面机构中，两构件通过面接触组成的运动副称为低副。根据两个构件的相对运动形式，低副又可分为转动副和移动副。

（1）转动副。如果组成运动副的两构件只能绕某一轴线做相对转动，这种运动副称为转动副，也称为铰链（如图4-1-2所示）。

（2）移动副。如果组成运动副的两构件只能沿某一轴线做相对移动，这种运动副称为移动副（如图4-1-3所示）。

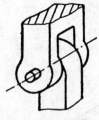

图4-1-2 转动副

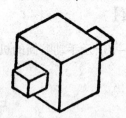

图4-1-3 移动副

低副的结构形状简单，制造方便，两构件为面接触，压强低，承载能力强，便于润滑，不易磨损。

2.高副

在平面机构中，两构件之间通过点或线接触组成的运动副称为高副。图4-1-4和图4-1-5所示分别为齿轮副和凸轮副。两者既可以沿接触点切线方向相互移动，又可以绕通过接触点垂直运动平面的轴线转动。

高副结构复杂，压强高，易磨损。

图 4-1-4 齿轮副

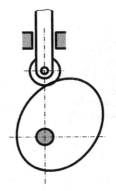

图 4-1-5 凸轮副

二、运动副的表示方法

1.转动副

两构件组成转动副的表示方法如图 4-1-6 所示。小圆圈表示转动副，圆心代表轴线。

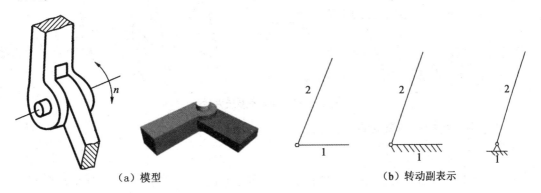

（a）模型　　　　　　　　（b）转动副表示

图 4-1-6 转动副表示方法

2.移动副

两构件组成移动副的表示方法如图 4-1-7 所示。移动副的导路必须与相对移动方向一致。长度较短的块状构件称为滑块，长度较长的杆状或槽状构件称为导杆或导槽。

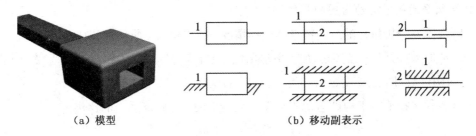

（a）模型　　　　　　　　（b）移动副表示

图 4-1-7 移动副表示方法

3.高副

高副的表示方法如图4-1-8所示。直接画出两构件在接触处的曲线轮廓。

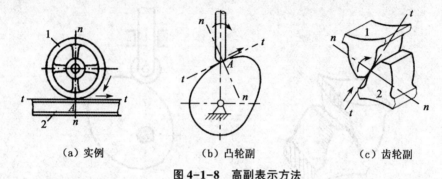

（a）实例　　　　　　（b）凸轮副　　　　　　（c）齿轮副

图4-1-8　高副表示方法

三、构件的表示方法

不论构件形状多么复杂，在机构运动简图中，只需将构件上的所有运动副元素按照它们在构件上的位置用规定的符号表示出来，再用直线连接即可。通常，构件用直线、三角形或方块等图形表示，如图4-1-9所示。

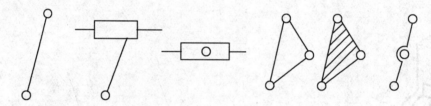

图4-1-9　构件的表示方法

四、平面机构运动简图的绘制方法

1.平面机构运动简图

实际的机器或机构比较复杂，构件的外形和结构也各不相同。但有些外形结构和尺寸等因素与机构的运动无关。在研究机器或机构的运动时，为使问题简化，不考虑这些与运动无关的因素，而用线条表示构件，用简单符号表示运动副的类型，按一定比例确定各运动副之间的相对位置。这种表示机构的组成和各构件之间相对运动关系的简图称为机构运动简图。

2.绘制平面机构运动简图的步骤

（1）观察并分析机构的结构特点和运动情况，找出机架、原动件和从动件。

（2）从原动件开始，按照运动传递的顺序，分析各构件之间的相对运动特性，确定组成机构的构件数目、运动副数目和类型，测出各运动副相对位置的尺寸。

（3）通常选择平行于构件运动的平面为视图平面，并确定适当的比例尺。

$$\mu_1 = \frac{实际尺寸（m）}{图上尺寸（mm）}$$

（4）用简单的线条和规定的运动副符号绘制机构运动简图。绘制时应避开与运动无关的构件复杂外形和运动副的具体构造。同时应注意，要选择恰当的原动件位置进行绘制，避免构件相互重叠或交叉，并用箭头标明机构的原动件。

【任务实施】

（1）分析唧筒的组成和运动情况。

该机构中构件 1 是主动件；3 是机架；2，4 是从动件。所以，该机构中共有 3 个活动构件，1 个机架。其中，构件 1 做摇动，带动构件 4 做上下往复移动，构件 3 围绕机架摆动。

（2）确定运动副的类型和数量。

构件 1 与构件 4、构件 1 与构件 2 分别组成转动副，构件 4 与构件 3（机架）组成移动副。

（3）恰当选择投影面和适当比例尺。

选择机构中各构件的运动平面为投影面。按照构件实际尺寸和图纸幅面，按下式确定比例尺，即

$$\mu_1 = \frac{实际尺寸(m)}{图上尺寸(mm)}$$

（4）测量各个运动副的相对位置尺寸。

（5）按比例尺用规定的符号和线条绘制成机构运动简图，如图 4-1-10 所示。

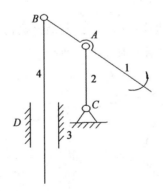

图 4-1-10　手动唧筒机构运动简图

【思考与练习】

（1）如何绘制机构运动简图？

（2）绘制图 4-1-11 所示的机构运动简图，并计算机构的自由度，判断机构是否具有确定的运动。

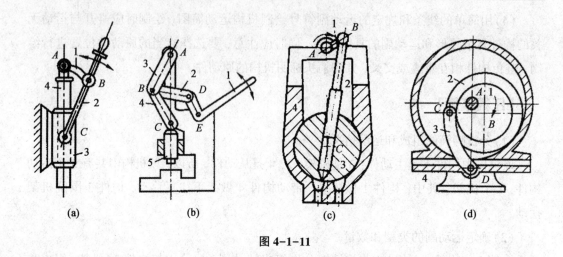

(a)　　　　　(b)　　　　　(c)　　　　　(d)

图 4-1-11

任务二　平面机构自由度的计算

【学习目标】

(1)掌握平面机构自由度的计算方法。

(2)明确平面机构具有确定运动的条件。

【任务描述】

计算如图 4-1-12 所示的机构自由度,并判断该机构能不能运动。如果机构不能运动,如何增加一个构件,使机构具有确定的运动?

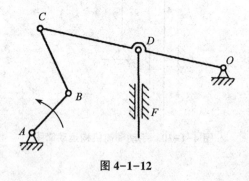

图 4-1-12

【任务分析】

该机构是由若干个杆件组成的平面连杆机构,杆件之间的联接是低副中的转动副,还有一个杆和机架构成低副中的移动副。正是因为有运动副的存在,使机构的运动受到了限制。低副限制了几个自由度?高副还能保留几个自由度?整个机构的自由度应该如何来计算？如何来断定机构是否有确定的运动？

【相关知识】

一、自由构件的自由度

一个自由运动的构件可以产生 3 个自由度，即构件随任意点 A 沿 x 轴方向和 y 轴方向的移动及绕过 A 点并垂直于 Oxy 坐标平面的轴的转动，如图 4-1-13 所示。构件的这种独立运动称为构件的自由度。所以，做平面运动的自由构件具有 3 个自由度。

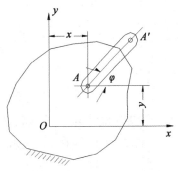

图 4-1-13　自由度

二、平面机构运动副的自由度与约束

不同类型的运动副引入的约束不同，保留的自由度也不同。在平面机构中，每个低副引入 2 个约束，构件就失去 2 个自由度，保留 1 个自由度。如图 4-1-14 所示的转动副，引入了 2 个限制移动的约束，保留了 1 个转动自由度。如图 4-1-15 所示的移动副，引入了 1 个移动的和 1 个转动的约束，保留了 1 个移动的自由度；而每个高副引入 1 个约束，保留了 2 个自由度。如图 4-1-16 所示的凸轮副，引入了 1 个约束，即限制（约束）了构件沿公法线 $n—n$ 方向移动的自由度，保留了沿公切线 $t—t$ 方向移动的自由度和绕旋转中心转动的自由度。

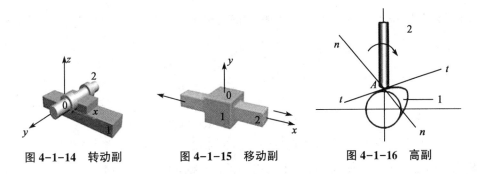

图 4-1-14　转动副　　　　图 4-1-15　移动副　　　　图 4-1-16　高副

三、平面机构的自由度

综上所述，平面机构的自由度应为全部活动构件在自由状态时的自由度总数与全部运动副引入的约束总数之差。若 F 表示平面机构的自由度，n 表示机构的活动构件数目，机构中共有低副 P_L 个，高副的个数为 P_H，则平面机构自由度的计算公式为

$$F=3n-2P_L-P_H \tag{4-1-1}$$

其中，$n=N-1$，即活动构件数为总构件数 N 减去一个机架。

机构自由度 F 取决于活动构件的数目及运动副的性质和数目。

四、机构具有确定运动的条件

（1）计算如图 4-1-17 所示的三角固定架的自由度。

图 4-1-17　三角固定架

$$F=3n-2P_{\text{L}}-P_{\text{H}}=3\times2-2\times3=0$$

即构件间没有相对运动，所以三角形是具有稳定性的。

（2）计算图 4-1-18 所示铰链四杆机构（2 个原动件）的自由度。

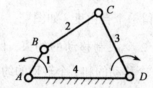

图 4-1-18　铰链四杆机构

$$F=3n-2P_{\text{L}}-P_{\text{H}}=3\times3-2\times4=1<2$$

即机构自由度小于原动件数，机构中最薄弱的构件会破坏。

（3）计算图 4-1-19 所示铰链五杆机构的自由度。

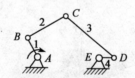

图 4-1-19　铰链五杆机构

$$F=3n-2P_{\text{L}}-P_{\text{H}}=3\times4-2\times5=2>1$$

即机构自由度大于原动件数，机构中的构件运动不确定。

（4）计算图 4-1-20 所示铰链四杆机构（1 个原动件）的自由度。

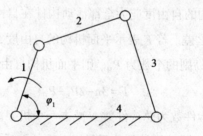

图 4-1-20　铰链四杆机构

$$F = 3n - 2P_L - P_H = 3 \times 3 - 2 \times 4 = 1$$

即机构自由度等于原动件数，机构具有确定的运动。

综上所述，只有原动件才能独立运动，通常每个原动件只有一个独立运动。因此，要使各构件之间具有确定的相对运动，必须使原动件数等于构件系统的自由度数。当原动件数少于自由度数，机构就会出现运动不确定现象；当原动件数大于自由度数，则机构中最薄弱的构件或运动副可能被破坏。

所以，机构具有确定运动的条件是原动件数目 W 应等于机构的自由度数目 F，即 $W = F$，且 $F > 0$。

【任务实施】

计算自由度：$n = 4$，$P_L = 6$，$P_H = 0$，$F = 3n - 2P_L - P_H = 3 \times 4 - 2 \times 6 - 1 \times 0 = 0$，运动链不能动。修改参考方案如图 4-1-21 所示。

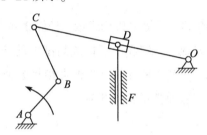

图 4-1-21　修改方案图

$$F = 3n - 2P_L - P_H = 3 \times 5 - 2 \times 7 = 1$$

故机构自由度数和原动件数相等，机构有确定的运动。

【思考训练】

(1)什么是自由度？什么是约束？

(2)怎样计算平面机构的自由度？

(3)机构具有确定的运动的条件是什么？

任务三　计算平面机构自由度应注意的问题

【学习目标】

(1)掌握计算平面机构自由度应注意的三个问题。

(2)会计算较复杂平面机构的自由度。

【任务描述】

试计算图 4-1-22 所示的大筛机构的自由度，并指出机构是否具有确定的相对运动。

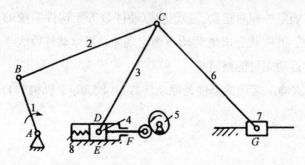

图 4-1-22　大筛机构

【任务分析】

该机构由连杆机构、凸轮机构、滑块机构组成。杆件之间通过低副中的转动副相连，机架和滑块构成低副中的移动副，凸轮和滚子构成高副中的凸轮副。需要根据平面机构自由度的计算公式（$F=3n-2P_L-P_H$）来计算。能否直接将数值代入公式进行计算呢？计算平面机构自由度时有没有一些重要的注意事项？

【相关知识】

一、复合铰链

两个以上的构件在同一处以转动副联接，则构成复合铰链。若 m 个构件在同一处构成复合铰链，则该处的实际转动副数目为 $m-1$ 个，如图 4-1-23 所示。

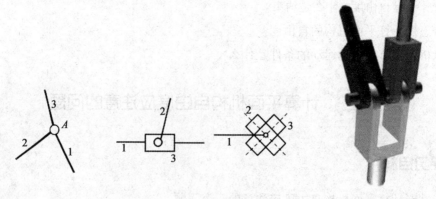

图 4-1-23　复合铰链

例题 计算图 4-1-24 所示直线机构的自由度,并说明该机构是否有确定的运动。

解: 该机构在 B, C, D, E 四处各为由 3 个构件组成的
复合铰链,每一个复合铰链所含的运动副数为 2。该机构一
共拥有 7 个活动构件和 10 个低副,代入公式可得

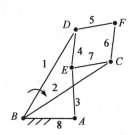

图 4-1-24 直线机构

$$F = 3n - 2P_{\mathrm{L}} - P_{\mathrm{H}} = 3 \times 7 - 2 \times 10 = 1$$

因为自由度数与原动件数相等,所以机构有确定的运动。

二、局部自由度

在某些机构中,不影响其他构件运动的自由度称为局
部自由度,在计算机构自由度时应除去不计。如图 4-1-25(a)所示的滚子从动件凸轮机
构,为了减少高副元素的磨损,在从动杆 3 和凸轮 1 之间装了一个滚子 2。但是滚子 2 绕
其自身轴线的转动并不影响 1 和 3 的运动,因而它只是一个局部自由度。因此,在计算
机构自由度时,应将机构中带来局部自由度的"多余构件"(滚子)除去不计。可以假想,
将滚子 2 和从动件 3 焊接在一起,变成一个构件,这样滚子 2 与从动件 3 之间的转动副
也没有了。

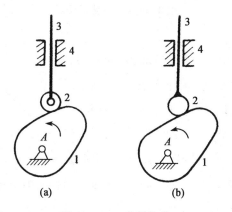

图 4-1-25 凸轮机构

例题 计算如图 4-1-25(b)所示的凸轮机构的自由度,并说明该机构是否有确定的
运动。

解: 该机构是滚子从动件凸轮机构,具有局部自由度,计算自由度时应除去不计。假
想将滚子 2 与从动件 3 焊接在一起,该机构便有 2 个活动构件、1 个转动副、1 个低副、1
个高副。代入公式,得

$$F = 3n - 2P_{\mathrm{L}} - P_{\mathrm{H}} = 3 \times 2 - 2 \times 2 - 1 = 1$$

由于机构的自由度数和原动件数相等,故该滚子凸轮机构具有确定的运动。

注意: 实际结构上为减小摩擦而采用局部自由度,题中所说的"除去"指在计算中不
计入,并非实际拆除。

三、虚约束

在机构中，经常遇到有些运动副所带来的约束对机构的运动实际上起不到约束作用，而是为了某种需要引入的。由于这些约束的"约束作用"与另外某些约束的"约束作用"是重复的，所以它们对机构的运动实际上起不到约束作用。这些实际上不起约束作用的约束称为虚约束。下面介绍常见的出现虚约束的几种情况。

（1）重复运动副。

如图 4-1-26 所示，其中一个运动副的约束为虚约束，计算自由度时应将"多余的运动副"除去不计。

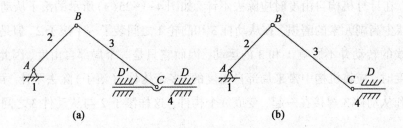

图 4-1-26　重复运动副

（2）重复轨迹。

如图 4-1-27 所示为两组对边长度相等的平行四边形机构，构件 2 因做平动，其上各点的轨迹都是以 AB 为半径的圆弧。如果在上述平行四边形机构中加入构件 5 及转动副 E 和 F，并使 EF 平行且等于 AB，则构件 2 上 B 点的轨迹和构件 5 上 E 点的轨迹

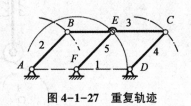

图 4-1-27　重复轨迹

重合，故并不影响机构的运动。因此转动副 E 和 F 对机构的约束属于轨迹重合的虚约束，在计算机构自由度时应将"多余的构件"及其所带入的运动副除去不计。此时该机构的自由度计算为

$$n=3, \quad P_{\mathrm{L}}=4, \quad P_{\mathrm{H}}=0;$$
$$F=3n-2P_{\mathrm{L}}-P_{\mathrm{H}}=3\times3-2\times4-0=1$$

（3）重复结构。

在如图 4-1-28 所示的差动齿轮系中，主动轴通过齿轮 1（与主动轴固接）和 2（小齿轮）便可将运动传递给传动轴 B（即只需要 2 就可以传递运动）。但是为了提高机构的承载能力，并使机构受力均匀以提高工作质量，又增加了 2 个尺寸与齿轮 2 完全相同的齿轮 2′ 和 2″。这里每增加一个齿轮（包括 2 个高副和 1 个低副）便引进了 1 个虚约束，在计算机构自由度时应将"多余的构件"（2 个齿轮）及其带入的虚约束除去不计。此时该机构的自由度计算为

$$n=3,\ P_{\mathrm{L}}=3,\ P_{\mathrm{H}}=2;$$

$$F=3n-2P_{\mathrm{L}}-P_{\mathrm{H}}=3\times3-2\times3-2=1$$

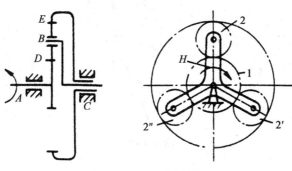

图 4-1-28　对称结构

虚约束的作用是：①改善构件的受力情况；②增加机构的刚度；③使机构运动顺利，避免运动不确定性。

需要说明的是，如果几何条件不满足，虚约束将变为实际约束，从而对机构运动起到限制作用，使机构失去运动的可能性。所以，含有虚约束的机构对机构的加工工艺精度要求较高。

【任务实施】

通过分析，该机构中 C 处是复合铰链，含有 2 个运动副；F 处是滚子凸轮机构，存在局部自由度，计算自由度时应将滚子和从动件焊接在一起。所以，计算公式为

$$F=3n-2P_{\mathrm{L}}-P_{\mathrm{H}}=3\times7-2\times9-1=2$$

该机构有 2 个原动件。因为自由度数和原动件数相等，所以机构有确定的运动。

【思考与练习】

(1)如何识别和处理复合铰链、局部自由度、虚约束？

(2)计算机构自由度时应注意什么问题？

(3)计算图 4-1-29 所示的机构自由度，并标出复合铰链、局部自由度、虚约束。

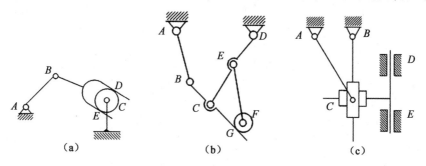

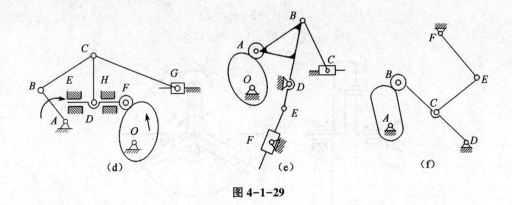

图 4-1-29

【项目小结】

（1）机构由原动件、从动件和机架组成，各构件具有确定的运动。

（2）两构件直接接触所形成的可动联接称为运动副，分为低副和高副。低副包括转动副和移动副，高副包括齿轮副和凸轮副等。

（3）机构运动简图是一种工程语言，它可以简单明确地表示机构的组成和各构件之间的相对运动关系。

（4）做平面运动的独立构件具有 3 个自由度。当与其他构件组成运动副后，其自由度的数目相应减少。这种运动副对两个构件间相对运动所加的限制称为约束。不同类型运动副引入的约束不同，保留的自由度也不同。

（5）平面机构自由度的计算公式：$F=3n-2P_L-P_H$。

（6）机构具有确定运动的条件：原动件数目 W 应等于机构的自由度数目 F，即 $W=F$ 且 $F>0$。

（7）在计算平面机构自由度时，应正确识别和处理复合铰链、局部自由度、虚约束。

项目二　平面连杆机构

平面连杆机构是由若干个构件用低副联接组成的平面机构，也称平面低副机构。由于低副联接压强低、磨损小，而接触表面是圆柱面或平面，制造简便，容易获得较高的制造精度，而且这类机构容易实现转动、摆动、移动等基本运动形式及其转换，因此在一般机械和仪表中获得广泛应用。

任务一　认识铰链四杆机构

【学习目标】

(1)熟悉铰链四杆机构的基本类型及应用。

(2)了解铰链四杆机构的演化形式及应用。

【任务描述】

通过观察以下机构的运动，画出机构运动简图，并分析其运动特性。

(1)观察内燃机的工作情况(如图4-2-1所示)。

①动力源：燃油推动活塞。

②从动件：连杆、曲轴。

(2)观察牛头刨床的主运动(如图4-2-2所示)。

①动力源：电动机。

②从动件：齿轮、曲柄、导杆、滑枕。

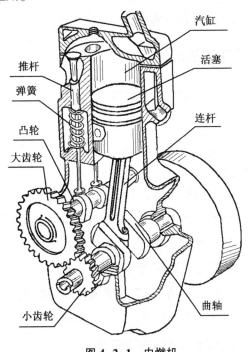

图 4-2-1　内燃机

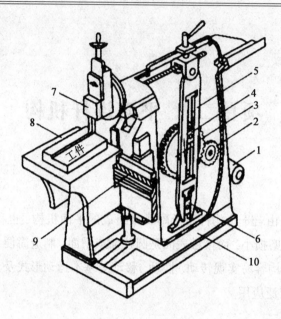

图 4-2-2　牛头刨床

1—电动机；2—小齿轮；3—曲柄；4,6—滑块；5—导杆；7—刨头；8—工作台；9—丝杠；10—床身

【任务分析】

上述两种机构有不同的组成、结构及运动形式。它们分别是什么类型的机构？有什么运动特性？还有哪些其他运动形式的机构？

【相关知识】

一、平面连杆机构的特点

构件间用低副联接而成的平面机构，称为平面连杆机构。

（1）采用低副，面接触，承载大，便于润滑，不易磨损，形状简单，易加工，容易获得较高的制造精度。

（2）改变杆的相对长度，从动件运动规律就不同。

（3）连杆曲线丰富，可满足不同要求。

（4）构件和运动副多，累积误差大，运动精度和效率较低。

（5）产生动载荷（惯性力），不适合高速运转。

（6）设计较复杂，难以实现精确的轨迹。

（7）运动副有间隙，磨损后间隙难以补偿，会引起运动误差。

二、铰链四杆机构的组成

如图 4-2-3 所示，由四个构件用转动副联接构成的机构，称为铰链四杆机构。在铰链四杆机构中，固定不动的杆 4 称为机架，与机架相连的杆 1 和杆 3 称为连架杆，联接两连架杆的杆 2 称为连杆。连架杆 1 与 3 通常绕自身的回转中心 A 和 D 回转，杆 2 做平面运动。能做整周回转的连架杆称为曲柄，不能做整周回转的连架杆称为摇杆。

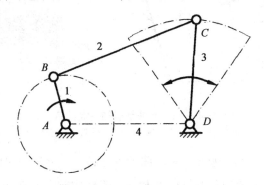

图 4-2-3　铰链四杆机构的组成

1—曲柄；2—连杆；3—摇杆；4—机架

三、铰链四杆机构的基本类型及应用

1.曲柄摇杆机构

两个连架杆分别为曲柄和摇杆的铰链四杆机构，称为曲柄摇杆机构，如图 4-2-4 所示。它可将主动曲柄的连续转动，转换为从动摇杆的往复摆动；也可以将摇杆的往复摆动，转变为曲柄的连续转动。图 4-2-4(a)是雷达遥感器的曲柄摇杆机构，图 4-2-4(b)是缝纫机用曲柄摇杆机构；图 4-2-4(c)是要求实现一定轨迹的搅拌器用曲柄摇杆机构。

（a）雷达　　　　　　（b）缝纫机　　　　　　（c）搅拌器

图 4-2-4　曲柄摇杆机构

曲柄摇杆机构的运动特点：曲柄等速转动⇌摇杆往复摆动。

2.双曲柄机构

如图 4-2-5 所示为惯性筛的工作机构原理，是双曲柄机构的应用实例。由于从动曲柄 3 与主动曲柄 1 的长度不同，故当主动曲柄 1 匀速回转一周时，从动曲柄 3 做变速回转一周。机构利用这一特点使筛子 6 做加速往复运动，从而提高了工作性能。

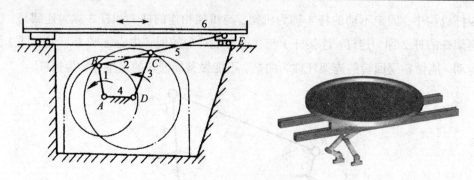

图 4-2-5 双曲柄机构—惯性筛

1—主动曲柄；2—连杆；3—从动柄；4—机架；5—连杆；6—筛子

普通双曲柄机构的运动特点是：主动曲柄等速转动⇌从动曲柄变速转动。

在双曲柄机构中，若两相对的杆长度相等，四杆构成平行四边形，则称为平行四边形机构，如图 4-2-6 所示。当两曲柄同向转动时，则称为正向平行四边形机构，如图 4-2-6(a) 所示。若两曲柄转向相反时，称为反向平行四边形机构，如图 4-2-6(b) 所示。图4-2-7所示的火车轮联动机构是平行四边形机构的应用实例。

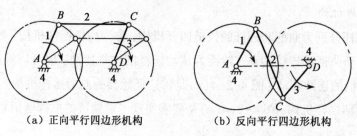

（a）正向平行四边形机构　　　（b）反向平行四边形机构

图 4-2-6 平行四边形机构

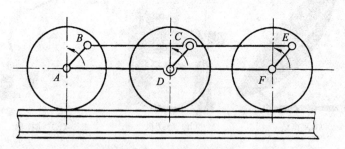

图 4-2-7 火车轮联动机构

3.双摇杆机构

两连架杆都为摇杆的铰链四杆机构称为双摇杆机构。双摇杆机构可将主动摇杆的往复摆动转变为从动杆的往复摆动。

如图 4-2-8 所示为港口用起重机吊臂结构原理图。其中，ABCD 构成双摇杆机构。AD 为机架，在主动摇杆 AB 的驱动下，随着机构的运动连杆 BC 的外伸端点 M 获得近似直线的水平运动，使吊重 Q 能做水平移动，从而大大节省了移动吊重所需要的功率。

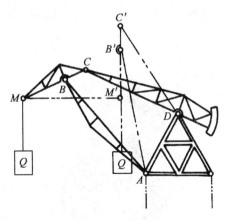

图 4-2-8 起重机

双摇杆机构的运动特点：主动摇杆往复摆动⟷从动摇杆往复摆动。

三、铰链四杆机构的演化——曲柄滑块机构

曲柄滑块机构即采用移动副取代曲柄摇杆机构中的转动副演化得到的。如图4-2-9所示为单滑块机构。曲柄滑块机构的运动特点为：可以将曲柄的连续转动转变为滑块的往复移动，或由往复运动转化为连续转动。

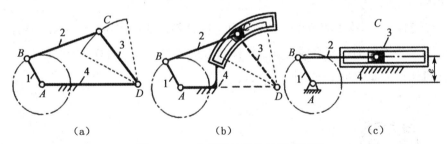

| (a) | (b) | (c) |

图 4-2-9 曲柄滑块机构的形成过程

根据曲柄转动中心和滑块轨道的相对位置，曲柄滑块机构分为对心曲柄滑块机构[如图 4-2-10(a)所示]和不对心(偏置)曲柄滑块机构[如图 4-2-10(b)所示]。在偏置曲柄滑块机构中，曲柄转动中心到滑块移动中心线之间的距离称为偏心距，滑块在两个极限位置间的距离称为机构的行程或冲程，曲柄滑块机构在内燃机、冲床、剪床、空气压

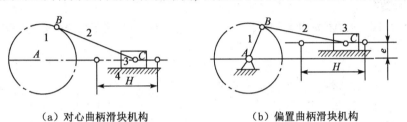

（a）对心曲柄滑块机构　　　　　（b）偏置曲柄滑块机构

图 4-2-10 曲柄滑块机构

1—曲柄；2—连杆；3—滑块；H—行程

缩机、往复真空泵等机械中都得到了广泛的应用,图4-2-11所示为曲柄滑块机构在内燃机中的应用。

图4-2-11　内燃机

【任务实施】

（1）缓慢转动内燃机模型,其运动如下:通过燃油气体推动活塞,带动连杆,使曲轴转动;机构将活塞的往复运动转化为曲轴的连续转动。它属于对心曲柄滑块机构。其机构运动如图4-2-12所示。

（2）缓慢转动牛头刨床模型,其运动如下:曲柄带动滑块在导杆内移动,同时导杆往复摆动;为实现滑枕的往复直线运动,导杆和滑枕之间又有一连杆,因此该机构为五杆机构。其机构运动如图4-2-13所示。

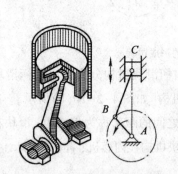

图4-2-12　内燃机机构运动简图

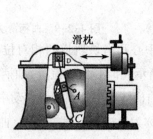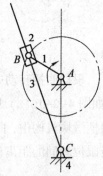

图4-2-13　牛头刨床机构运动简图

任务二　　铰链四杆机构的判别方法及其演化形式

【学习目标】

(1)掌握铰链四杆机构的判别方法，会根据四杆的杆长条件判别铰链四杆机构的类型。

(2)了解曲柄滑块机构的演化形式。

【任务描述】

铰链四杆机构 $ABCD$ 的各杆长度如图 4-2-14 所示。请根据基本类型判别准则，说明机构分别以 AB，BC，CD，AD 各杆为机架时属于何种机构。

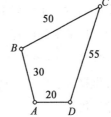

图 4-2-14　铰链四杆机构

【任务分析】

铰链四杆机构的种类和四杆的杆长有哪些关系？如何根据四杆的杆长来判断四杆机构属于哪种类型？

【相关知识】

一、曲柄存在的条件

铰链四杆机构有三种基本形式，它们的根本区别在于有无曲柄和有几个曲柄。曲柄在机构中占有重要地位，因为只有这种构件才能用电机等连续转动装置来带动。而四个杆件的相对长度对机构有无曲柄起着决定作用。

铰链四杆机构类型的判制条件：

(1)如果最短杆长与最长杆长之和不大于其余两杆杆长之和：

①以最短杆为连架杆，为曲柄摇杆机构；

②以最短杆为机架，为双曲柄机构；

③以最短杆为连杆，为双摇杆机构。

(2)如果最短杆长与最长杆长之和大于其余两杆杆长之和：无论以哪个杆为机架，都为双摇杆机构。

上述关系说明曲柄存在的条件是：①最短杆与最长杆长度之和小于或等于其余两杆长度之和；②最短杆为机架或连架杆。

二、曲柄滑块机构的演化形式

在曲柄滑块机构中，若以不同构件为机架，可得到如下几种常见的机构。

1.定块机构

在曲柄滑块机构中，若以滑块为机架，则演化成固定滑块机构，简称定块机构。如图4-2-15所示的手动泵就是定块机构。扳动手柄1，使导杆4连同活塞上下移动，可抽水或抽油。

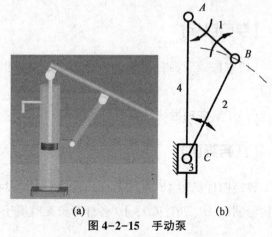

(a)　　　　　　　(b)

图 4-2-15　手动泵

1—手柄；2—连杆；3—滑块；4—导杆

2.导杆机构

导杆是机构中与另一运动构件组成移动副的构件。连架杆中至少有一个构件为导杆的平面四杆机构称为导杆机构，如图4-2-16所示。与滑块构成移动副的杆称为导杆，有的导杆只能绕着固定的旋转中心做摆动，称为摆动导杆机构；有的导杆能绕着固定的旋转中心做整周运动，称为转动导杆机构。

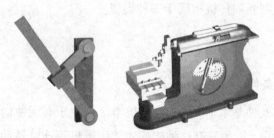

图 4-2-16　导杆机构的应用

3.摇块机构

摇块机构在液压与气压传动系统中得到广泛应用，如图4-2-17所示为摇块机构在自卸货车上的应用。以车架为机架 AC，液压缸筒3与车架铰接于 C 点组成摇块，主动件活塞及活塞杆2可沿缸筒中心线往复移动组成导路，并带动车厢1绕 A 点摆动实现卸料或复位。

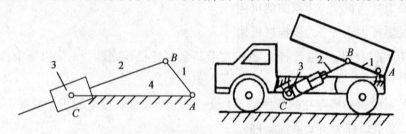

图 4-2-17　摇块机构——自动卸货翻斗车

1—车箱；2—活塞杆；3—液压缸筒；4—机架

4.偏心轮机构

在曲柄滑块机构中,当曲柄的尺寸较小时,考虑结构、强度的需要,常将曲柄制成几何中心与回转中心不重合的圆盘,该圆盘称为偏心轮;偏心轮的回转中心与几何中心的距离称为偏心距;这种机构称为偏心轮机构,如图4-2-18所示。显然,偏心轮机构与曲柄滑块机构的运动特性完全相同。

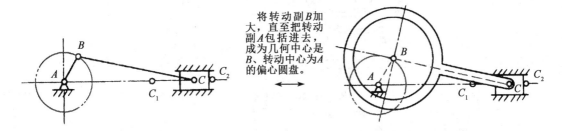

将转动副B加大,直至把转动副A包括进去,成为几何中心是B、转动中心为A的偏心圆盘。

图4-2-18 曲柄滑块机构演化为偏心轮机构

偏心轮机构在工程中得到广泛应用。图4-2-19所示为颚式破碎机机构。由于破碎矿石时构件受力很大,若用杆状曲柄,两转动副间距太小,强度不能满足。于是需要采用偏心轮机构。偏心轮1为主动件,当它绕轴心转动时,颚板5绕固定轴心G往复摆动,将矿石轧碎。

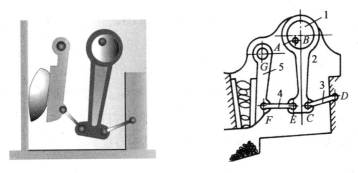

图4-2-19 颚式破碎机

1—偏心轮;2—连杆;3,4—胁板;5—颚板;

图4-2-20为偏心油泵,由偏心轮取代曲柄以获得较紧凑的结构。偏心轮1为主动件,它绕固定轴心A转动,圆柱3绕轴心C转动,外环2上的叶片a可在圆柱3中移动。当偏心轮1按图示方向连续转动时,偏心油泵可将右侧进油口输入的油从其左侧出油口输出,从而起到泵油的作用。

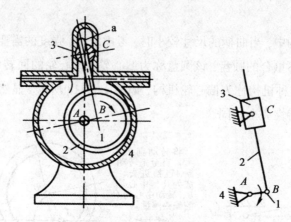

图 4-2-20　偏心油泵
1—偏心轮；2—外环；3—圆柱；4—机架

当曲柄长度很小或传递很大的动力时，通常都把曲柄做成偏心轮。这样，一方面提高了偏心轴的强度和刚度(因轴颈的直径增大了)；另一方面当轴颈位于中部时也便于安装整体式连杆，使结构简化。因此，偏心轮机构广泛应用于传力较大的剪床、冲床、颚式破碎机、内燃机等机械中。

【任务实施】

分析题目给出的铰链四杆机构可知，最短杆为 $AD=20$，最长杆为 $CD=55$，其余两杆为 $AB=30$ 和 $BC=50$。

因为，$AD+CD=20+55=75<AB+BC=30+50=80$，所以得出以下结论：

(1)以 AB 或 CD 为机架时，即最短杆 AD 成连架杆，机构为曲柄摇杆机构；

(2)以 BC 为机架时，即最短杆成连杆，机构为双摇杆机构；

(3)以 AD 为机架时，即以最短杆为机架，机构为双曲柄机构。

【知识拓展】

四杆机构是最基本的连杆机构，它的运动形式和动力特性都比较单一，不能实现较复杂的运动形式和综合性的动力性能。为此，常以某个四杆机构为基础添加一些构件或机构，组成多杆机构。简易刨床机构就是多杆机构，它是在转动导杆机构的基础上又增加了一个曲柄滑块机构，通过这种机构组合，实现了连续转动转变为往复移动。

图 4-2-21 为热轧钢料利用运输过程进行冷却的运输机。如果采用曲柄摇杆机构(曲柄采用偏心轮)，行程是曲柄半径的两倍，行程短，不能保证所需的冷却时间。而采用图示的曲柄摇杆 $ABCD$ 和滑块机构 DEF 串联，就增大了行程，满足了工作需要。

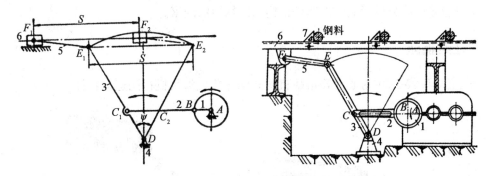

图4-2-21 热轧钢料输送机

图4-2-22为手动冲床。由于手动力量小，必须采用增力机构。图示采用双摇杆机构 *ABCD* 和定块机构 *DEFG* 串联组成手动冲床机构。由杠杆定理可知，作用在手柄上的力通过构件1和3两次放大，从而使冲头6获得较大的冲击力。

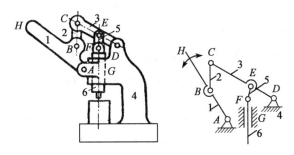

图4-2-22 手动冲床
1,3—连架杆；2,5,6—连杆；4—机架

【思考与练习】

(1)什么是平面连杆机构？它有哪些优缺点？

(2)铰链四杆机构有几种类型？各有什么运动特点？用连杆模板插件插接各种平面连杆机构，观察分析各种机构的运动特性。

(3)单滑块四杆机构有几种类型？

(4)自定尺寸，绘制一个四杆机构简图，并画出两个极限位置，说明获得了什么机构。(提示：取合适的两点 *A*，*D* 为两连架杆的转动中心；分别以 *A*，*D* 为圆心画圆或弧；在圆或弧上取连杆的位置 *B*，*C*；连接 *ABCD* 即为四杆机构。)

任务三 平面连杆机构的运动特性

【学习目标】

(1)掌握平面连杆机构急回特性的定义。

（2）能够正确分析影响铰链四杆机构急回特性的因素。

【任务描述】

分析图 4-2-23 中对心曲柄滑块机构和偏置曲柄滑块机构的运动特性。

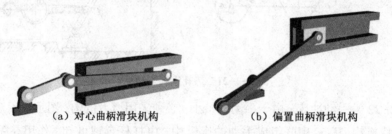

（a）对心曲柄滑块机构　　　　　（b）偏置曲柄滑块机构

图 4-2-23　曲柄滑块机构

【任务分析】

曲柄是主动件，做匀速圆周运动，那么从动件滑块的运动规律和特点是什么样的？其有无急回特性与哪些参数有关？机构存在急回特性的条件是什么？

【相关知识】

一、极位夹角

如图 4-2-24 所示的曲柄摇杆机构中，曲柄 AB 为主动件，做匀速转动；摇杆 CD 为从动件，做往复摆动。摇杆 CD 摆动过程中会出现 C_1D 左极限位置和 C_2D 右极限位置，当摇杆位于左、右两个极限位置时，曲柄与连杆重叠共线和拉直共线。曲柄与连杆两次共线位置之间所夹的锐角称为极位夹角，用 θ 表示。

有时也这样来定义极位夹角：从动件处于两极限位置时，曲柄两位置 AB_1 和 AB_2 所夹的锐角为极位夹角。

二、急回特性

如图 4-2-24 所示的曲柄摇杆机构中，当曲柄 AB 以等角速度顺时针从 AB_1 转到 AB_2 时，转过的角度为：$\varphi_1 = 180° + \theta$。摇杆由 C_1D 摆动到 C_2D 位置，所用时间为 t_1，摇杆上铰链 C 的平均速度 $v_1 = \dfrac{C_1C_2}{t_1}$。当曲柄 AB 以等角速度顺时针从 AB_2 转到 AB_1 时，转过的角度为：$\varphi_2 = 180° - \theta$。摇杆由 C_2D 摆回到 C_1D 位置，所用时间为 t_2，其平均速度 $v_2 = \dfrac{C_1C_2}{t_2}$。由于曲柄 AB 以等角速度转动，有 $\varphi_1 > \varphi_2$，$t_1 > t_2$，所以得出 $v_2 > v_1$。这种主动件做匀速圆周运动，从动件返程速度比进程速度快的特性，称为从动件的急回特性。两个行程对比情况如表4-2-1所列。

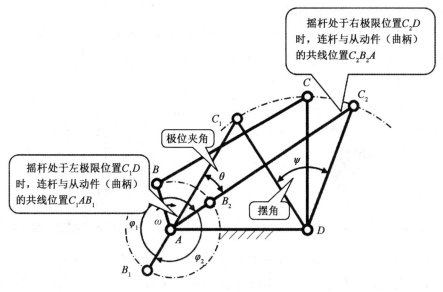

图 4-2-24　曲柄摇杆机构

表 4-2-1　行程对比情况

	曲柄转速	曲柄转角	时间	C 点的平均速度
工作行程 $C_1 \sim C_2$	ω	$\varphi_1 = 180° + \theta$	$t_1 = \varphi_1 / \omega$	$v_1 = C_1 C_2 / t_1$
空回行程 $C_2 \sim C_1$	ω	$\varphi_1 = 180° - \theta$	$t_2 = \varphi_2 / \omega$	$v_2 = C_1 C_2 / t_2$
结果比较	相等	$\varphi_1 > \varphi_2$	$t_1 > t_2$	$v_1 < v_2$

二、行程速比系数

主动件曲柄 AB 以等角速度转动时，从动件摇杆 CD 往复摆动的平均速度不等。工程中把进程平均速度设定为 v_1，返程平均速度设为 v_2，显而易见，从动件返程速度比进程速度快，这个性质称为机构的急回特性。返程平均速度与进程平均速度之比称为行程速比系数，也称急回特性系数，用 K 表示。K 表示机构急回特性的程度，有

$$K = \frac{\text{从动件回程平均速度}}{\text{从动件工作行程平均速度}} = \frac{v_2}{v_1} = \frac{C_1 C_2 / t_2}{C_1 C_2 / t_1} = \frac{t_1}{t_2} = \frac{\varphi_1}{\varphi_2} = \frac{180° + \theta}{180° - \theta}$$

由上式得出极位夹角的计算公式为

$$\theta = 180° \frac{K-1}{K+1}$$

上面两个公式说明：①机构有极位夹角，就有急回特性；②θ 越大，K 值越大，急回特性就越显著；③$\theta = 0$，$K = 1$ 时，机构无急回特性。

三、平面连杆机构具有急回特性的条件

平面连杆机构具有急回特性的条件有以下三点：

（1）主动件做整周回转运动；

（2）从动件往复运动且有极限位置；

（3）从动件处于两个极限位置时，主动件有相应的极位夹角。

例题 画图分析如图4-2-25所示的导杆机构是否存在急回特性。

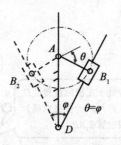

图4-2-25 导杆机构　　　　　**图4-2-26 导杆机构运动的两个极限位置**

　　解：分析该导杆机构的运动规律：曲柄是主动件，将运动传递给滑块，最终带动导杆做往复摆动；从动件导杆运动到如图4-2-26所示的极限位置时，对应曲柄的两个位置分别是AB_1和AB_2。根据极位夹角的定义，从动件位于两个极限位置时，对应两个曲柄位置之间所夹的角度一定不为0，所以该导杆机构具有急回特性。

【任务实施】

　　（1）如图4-2-27所示，滑块位于两个极限位置C_1和C_2时，是曲柄与连杆两次共线的位置。根据极位夹角的定义，曲柄与连杆两次共线位置之间所夹的锐角为直线B_1C_1与直线B_2C_2是重合时所夹锐角，故夹角$\theta=0°$，所以该对心曲柄滑块机构没有急回特性。

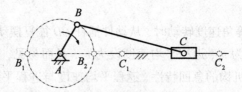

图4-2-27 滑块运动的两个极限位置

　　（2）如图4-2-28所示，滑块位于两个极限位置C_1和C_2时，是曲柄与连杆两次共线的位置。根据极位夹角的定义，曲柄与连杆两次共线位置之间所夹的锐角，即直线B_1C_1与直线B_2C_2所夹的锐角不为0，所以该偏置曲柄滑块机构具有急回特性。

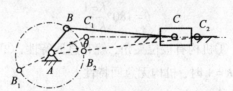

图4-2-28 滑块运动的两个极限位置

任务四 平面连杆机构的传力特性

【学习目标】

(1)了解压力角和传动角的概念。

(2)能够正确分析机构是否具有死点位置。

(3)熟悉机构避免死点位置的方法和机构应用死点位置的实例。

【任务描述】

图4-2-29所示导杆机构分别以不同的构件做主动件,试画图说明下列导杆机构的压力角。

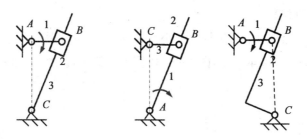

图4-2-29 导杆机构不同的主动件

【任务分析】

分析机构的运动形式和规律,明确:压力角的概念是什么;如何通过绘图来找出不同机构的压力角;压力角大小不同能够说明什么问题;如何正确、合理、有效地利用压力角。

【相关知识】

一、压力角和传动角

在生产中,不仅要求连杆机构能实现预定的运动规律,而希望其运转轻便效率高。机构中,常用压力角或传动角的大小来表示机构传力性能的好坏和机械效率的高低。

1.概念

在图4-2-30所示的曲柄摇杆机构中,曲柄为主动件,如果不计各杆质量和运动副中的摩擦,则连杆 BC

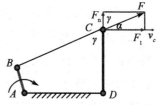

图4-2-30 压力角与传动角

为二力杆。它作用于从动摇杆 CD 上的力 P 沿 BC 方向，C 点的速度方向是与回转半径 CD 杆垂直的。

作用在从动件上的驱动力 P 与该力作用点 C 的绝对速度 v_c 之间所夹的锐角 α 称为压力角。力 P 在 v_c 方向的切向有效分力为 $F_t = F\cos\alpha$，随压力角增大而减小。而另一法向分力为 $F_n = F\sin\alpha$，指向轴心，在运动副（轴承）中增加了摩擦，它是有害分力。

2.最大压力角（或最小传动角）的位置

由此可见，压力角越小，有用分力越大，传力性能越好。所以压力角是判断机构传力性能的指标。生产实际中，为了测量方便，用压力角 α 的余角 γ（即连杆与从动摇杆之间所夹的锐角）来判断传力性能，γ 称为传动角。因为 $\gamma = 90° - \alpha$，所以 α 越小，γ 越大，机构传力性能越好；反之，α 越大，γ 越小，机构传动效率越低。

传动角愈大，机构的传力性能愈好，反之则不利于机构中力的传递。机构运转过程中，传动角是变化的，机构出现最小传动角的位置正好是传力效果最差的位置，也是检验其传力性能的关键位置。

为了保证机构正常工作，必须规定最小传动角 γ_{min}。设计要求：$\gamma_{min} \geq [\gamma]$。对于一般功率的机械，通常取 $\gamma_{min} \geq 40°$。由图 4-2-31 可知，最小传动角出现在曲柄与机架的共线位置之一。

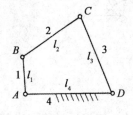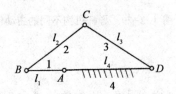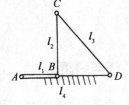

图 4-2-31　最小传动角的位置

二、死点位置

1.概念

在曲柄摇杆机构中，当摇杆 CD 为主动件、曲柄 AB 为从动件，连杆 BC 与曲柄 AB 处于共线位置时，连杆 BC 与曲柄 AB 之间的传动角 $\gamma = 0°$，压力角 $\alpha = 90°$。这时无论连杆 BC 给从动件曲柄 AB 的力有多大，曲柄 AB 都不转动。机构所处的这种位置称为死点位置，如图 4-2-32 所示。机构处于死点位置，从动件会出现卡死（机构自锁）或运动方向不确定的现象。

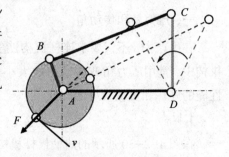

图 4-2-32　死点位置

2.克服死点位置

对于传动机构，必须设法通过死点位置，通常采取以下措施使机构顺利地渡过死点位置。

（1）利用从动件的惯性通过死点位置。例如图4-2-33所示的家用缝纫机的踏板机构中，利用大带轮的惯性通过死点位置。当运转速度很慢时，惯性变小，机构就会在死点位置停下来，这时要靠转动手轮启动旋转。

（2）采用机构错位排列方式通过死点位置，如图4-2-34。

（b）缝纫机

图4-2-33 缝纫机

图4-2-34 火车车轮错列布置

3.利用死点位置

有的机构在工作时需要利用死点位置，比如图4-2-35所示的飞机起落架机构。在机轮放下时，杆 BC 与杆 CD 成一直线，由于机构处于死点，所以起落架不会反转使降落更安全。

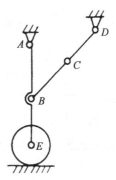

图4-2-35 飞机起落架

图4-2-36所示的钻床夹具，在工件夹紧后，BCD 成一直线，撤去外力 F 之后，机构在工件反弹力 T 的作用下，处于死点位置。即使反弹力很大，工件也不会松脱，使得夹紧牢固可靠。

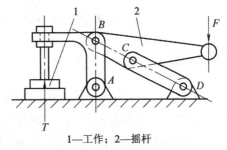

1—工作；2—摇杆

图4-2-36 夹紧装置

三、机构的使用与维护

虽然四杆机构的运动副是面接触，单位面积所受的压力较小，但在载荷的作用下，不可避免地会发生磨损，所以要定期地检查运动副的润滑和磨损情况，以免运动副严重磨损后产生间隙过大、运动不平稳、丧失精度、承载能力下降等问题，导致机构过早失效。因此使用中要随时观察机构的运转状况，定期进行维护。

维护机构的主要工作有清洁运动副中的油泥污物、检查磨损间隙、测试调整修复磨损间隙、紧固紧固件、更换易损件、添加润滑剂等。在对运动副进行润滑时，润滑剂的种类、牌号、用量多少都要根据具体情况来定，这样才能达到最好的使用效果。

例题　试分析如图 4-2-37 所示的偏置曲柄滑块机构的传力性能，画出最大压力角（或最小传动角）出现的位置。

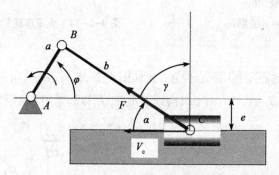

图 4-2-37　偏置曲柄滑块机构

解：曲柄滑块机构中，曲柄是主动件，滑块是从动件，经分析滑块的受力方向与速度方向所夹的锐角为压力角，压力角的余角为传动角。经过作图分析，得到该偏置曲柄滑块机构的最小传动角发生在曲柄垂直于导路且远离偏心一边的位置，如图 4-2-38 所示。

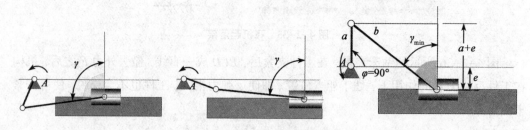

图 4-2-38　最小传动角的出现位置

【任务实施】

根据压力角的定义，从动件受力方向与从动件运动方向所夹的角为锐角。图中从动件是 BC 杆，BC 杆所受到滑块给它的力的方向是垂直于滑块的，由于 BC 杆绕 C 点做圆周运动，故 B 点的速度方向是与回转半径 BC 垂直的。画出从动件受力方向和速度方向即可看出压力角的大小。

如图 4-2-39(a)所示，力的方向作用线与速度方向作用线重合，所夹的锐角为 0°，即该机构的压力角为 0°，传动角为 90°。这种导杆机构传力效果非常好。

如图 4-2-39(b)所示，力的方向作用线与速度方向作用线所夹的锐角为该机构的压力角 α。

如图 4-2-39(c)所示，力的方向作用线与速度方向作用线所夹的锐角为该机构的压力角 α。

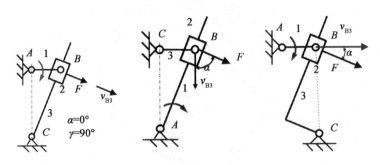

图 4-2-39　导杆机构的压力角

【知识拓展】

平面四杆机构的设计与选型

一、平面四杆机构的设计

平面四杆机构的设计，主要任务是根据给定的条件，确定机构运动简图的尺寸参数。设计方法有图解法、实验法和解析法。实验法常用于实现复杂运动轨迹的设计；解析法主要用于要求机构运动精度较高的场合；而图解法简单易行，是一般设计常用的方法。下面详细介绍图解法如何设计四杆机构。

1.按给定连杆位置设计四杆机构

如图 4-2-40 所示，已知连杆的三个位置 B_1C_1，B_2C_2，B_3C_3，设计四杆机构图解过程如下。

（1）选定长度比例尺 μ_1，画出连杆的三个位置 B_1C_1，B_2C_2，B_3C_3。

（2）分别连接 B_1B_2，B_2B_3 和 C_1C_2，C_2C_3；作各连线的垂直平分线得 b_{12}，b_{23}

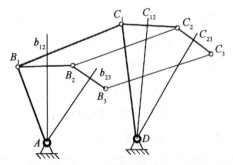

图 4-2-40　按给定连杆位置设计四杆机构

交于 A 点，C_{12}，C_{23} 交于 D 点。A，D 两点即是两个连架杆的固定铰链中心。连接 AB_1C_1D 即为所求的四杆机构。

（3）测量 AB_1，C_1D，AD，计算各杆的长度 l_{AB}，l_{BC}，l_{CD}，l_{AD}。

由 $l_{AB}=\mu_1 AB_1$，$l_{BC}=\mu_1 B_1C_1$，$l_{CD}=\mu_1 C_1D$，$l_{AD}=\mu_1 AD$，得各杆的尺寸。

2.按给定的行程速比系数设计曲柄摇杆机构

已知曲柄摇杆机构中摇杆的长度 l_3、摇杆摆角 ψ 和行程速比系数 K。设计的实质是确定铰链中心 A 点的位置，定出其他三杆的尺寸 l_1，l_2 和 l_4，其设计步骤如下。

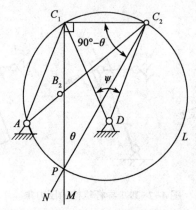

图 4-2-41　按给定的行程速比系数设计曲柄摇杆机构

（1）计算极位夹角 θ。由给定的行程速比系数 K 计算 θ，即

$$\theta=180°\frac{K-1}{K+1}$$

（2）确定摇杆两个极限位置。选定固定铰链中心 D 的位置，由摇杆长度 l_3 和摆角 ψ，作出摇杆两个极限位置 C_1D 和 C_2D。连接 C_1 和 C_2，并作 C_1M 垂直于 C_1C_2。

（3）作辅助圆。作 $\angle C_1C_2M = 90°-\theta$，$C_2M$ 与 C_1M 相交于 P 点。由图可见，$\angle C_1PC_2=\theta$。

作 $\triangle C_1PC_2$ 的外接圆，圆弧 C_1PC_2 内任一点都满足极位夹角顶点的要求。

（4）确定各构件的长度。在弧 C_1PC_2 上任取一点 A，连接 AC_1 和 AC_2，即是曲柄与连杆的两共线位置。

因极限位置处曲柄与连杆共线，故 $AC_1=l_{4-2}-l_1$，$AC_2=l_2+l_1$，得连杆、曲柄长度：$l_2=(AC_2+AC_1)/2$，$l_1=(AC_{4-2}-AC_1)/2$。再以 A 为圆心、l_1 为半径作圆，交 C_2A 于 B_2，即得：$AB_2=l_1$，$B_2C_2=l_2$，$AD=l_4$。

由于 A 点是 $\triangle C_1PC_2$ 外接圆上任意点，所以若仅按行程速比系数 K 设计，可得无穷多的解。A 点位置不同，机构传动角的大小也不同。如欲获得良好的传动质量，可按照最小传动角最优或其他辅助条件来确定 A 点的位置。

二、机构的选型

以上讨论了各种连杆机构的类型、工作原理、运动转换、运动和动力特性等，这些都是选择机构类型的依据。机构的功能是将原动件输入的运动，转换为要求的从动件输出的运动或运动轨迹。最常见的输入运动是电机的连续匀速转动,以此为输入运动,再根据运动形式选机构。

(1)双曲柄机构——输出连续转动;

(2)曲柄摇杆机构——输出往复摆动;

(3)曲柄滑块机构——输出往复移动。

机构类型确定后,要考虑机械在传力性能、运动特性等方面的要求,使传动角大于许用值;有急回特性要求的,要选择合适的行程速比系数 K,以满足运动性能要求。

【思考与练习】

(1)在图 4-2-42 所示的四杆机构中是否有曲柄存在?若分别以各杆为机架,将获得什么类型的机构?

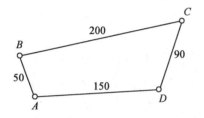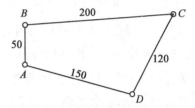

图 4-2-42

(2)如图 4-2-43 所示,画出机构在此位置的压力角和传动角(有箭头构件是主动件)。

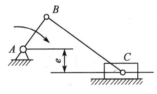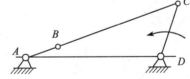

图 4-2-43

(3)如图 4-2-44 所示缝纫机机构,画出其死点位置,说明通过死点位置的方法。

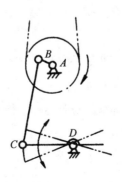

图 4-2-44

【模块小结】

（1）平面四杆机构是由低副联接构成的。其基本类型有曲柄摇杆机构、双曲柄机构和双摇杆机构，它们能实现运动形式的转换和运动速度的改变。

（2）曲柄滑块机构是四杆机构的演化形式，它能实现连续转动转变为往复移动，或将往复移动转化为连续转动。与四杆机构一样，它也可以以不同构件为机架获得不同机构。

（3）四杆机构的类型取决于是否有曲柄存在。曲柄存在的条件：曲柄是最短杆；最短杆与最长杆之和小于或等于另外两杆之和。当确定有曲柄存在时，机构的类型与哪个构件做机架有关。

（4）极位夹角不等于零时，机构有急回特性。急回特性反映了机构的生产工作时间和辅助时间的关系，即生产效率。压力角越小，有害分力越小，摩擦损失越小。压力角的余角是传动角，它是连杆与从动杆之间的夹角。

（5）四杆机构中，当以往复构件作主动件，连杆与从动件共线时，机构存在死点位置。工程实际中常利用死点位置制成夹具，而传动机构则要设法通过死点位置。常用的方法是利用惯性或机构错位排列通过死点位置。

（6）机构和其他机器一样，使用中也必须进行保养维护，主要工作有清洁运动副中的油泥污物、检查磨损间隙、测试调整修复磨损间隙、紧固紧固件、更换易损件、添加润滑剂等。

【模块综合练习】

（1）以曲柄摇杆机构、双摇杆机构教具为对象，测量各杆长度，说明曲柄存在的条件。再以不同构件为机架，总结当有曲柄存在时，不同构件为机架时所获得的不同机构。

（2）分别绘制对心、不对心曲柄滑块机构，画出滑块的两极限位置，测量其行程、极位夹角、压力角、传动角，并计算行程速比系数。

（3）曲柄存在的条件是什么？有曲柄存在时就一定是曲柄摇杆（曲柄滑块）机构或双曲柄机构吗？

（4）什么是机构的急回特性？急回特性在生产中有什么意义？

（5）何谓压力角、传动角？压力角对机构的动力性能有什么影响？

（6）何谓死点位置？所有机构都有死点位置吗？传动机构如何通过死点位置？

（7）机构使用维护的主要工作任务是什么？

项目三　凸轮机构

凸轮是一种具有曲线轮廓或凹槽的构件，它与从动件、机架组成高副机构，能实现任何预期的运动规律。该项目主要介绍凸轮机构的运动特性和传力特性、从动件常用的运动规律，以及凸轮轮廓曲线的设计方法。

任务一　认识凸轮机构

【学习目标】

(1)熟悉凸轮机构的组成。

(2)了解凸轮机构的类型、特点和应用。

【任务描述】

通过观察图 4-3-1 和 4-3-2 所示机构的运动，分析其运动特性。

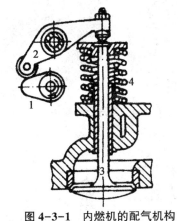

图 4-3-1　内燃机的配气机构

1—凸轮；2—推杆；3—气门；4—弹簧

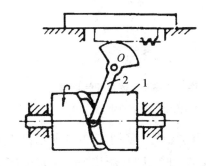

图 4-3-2　控制刀具进给运动的凸轮机构

1—圆柱凸轮；2—刀具

【任务分析】

分别分析两个机构是由哪些构件组成的？每个构件是如何实现运动的？构件与构件

之间的联接是通过什么类型的运动副？

【相关知识】

一、凸轮机构的组成和传动特点

凸轮机构由凸轮、从动件和机架组成，能将凸轮的连续转动或移动转换为从动件的往复移动或往复摆动。在凸轮机构中，只要适当地设计凸轮的轮廓曲线，便可使从动件获得任意预定的运动规律。凸轮机构的构件数目少，结构简单紧凑。由于凸轮与从动件之间形成高副，易于磨损，所以凸轮机构一般用于受力不大的场合。另外，由于凸轮尺寸的限制，也不适用要求从动件行程较大的场合。

二、凸轮机构的基本类型及应用

凸轮机构的类型很多，通常按凸轮和从动件的形状、运动形式分类。

1. 按凸轮的形状分类

（1）盘形凸轮。如图 4-3-3 所示内燃机的配气机构中，盘形凸轮 1 连续转动，推动从动件 2 沿机架 3 往复移动，实现气阀的启闭。这种凸轮是一个具有变化向径的盘形构件，当它绕固定轴转动时，可推动从动件在垂直于凸轮轴的平面内运动。盘形凸轮实物见图 4-3-4。

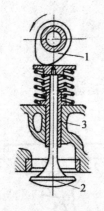

图 4-3-3　内燃机配气机构

1—凸轮；2—从动件；3—机架

图 4-3-4　盘形凸轮实物

（2）移动凸轮。如图 4-3-5 所示，当盘状凸轮的径向尺寸为无穷大时，则凸轮相当于做直线移动，称为移动凸轮。当移动凸轮做直线往复运动时，将推动推杆在同一平面内做上下的往复运动。

（3）圆柱凸轮。在图 4-3-6 所示的自动走刀机构中，构件 1 为圆柱凸轮，也称蜗杆凸轮。这种凸轮是在圆柱端

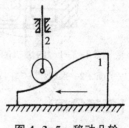

图 4-3-5　移动凸轮

面上做出曲线轮廓或在圆柱面上开出曲线凹槽。当其转动时,可使从动件在与圆柱凸轮轴线平行的平面内运动。这种凸轮可以看成是将凸轮卷绕在圆柱上形成的。圆柱凸轮实物见图 4-3-7。

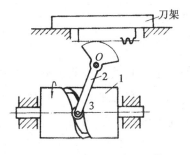

图 4-3-6　自动走刀机构

图 4-3-7　圆柱凸轮实物

2.按从动件的形状分类

(1)尖顶从动件。如图 4-3-8 中的从动件,它能与任何形状的凸轮保持接触,精确地实现从动件的运动规律。但其尖顶易于磨损,故此尖顶从动件适用于作用力较小的低速凸轮机构。

图 4-3-8　尖顶从动件凸轮机构

(2)滚子从动件。如图 4-3-9 所示,在从动件上安装了一个滚子(常用滚动轴承),从动件与凸轮间由滑动摩擦变为滚动摩擦,能降低摩擦力,减少磨损,增大承载能力,因此得到广泛应用。

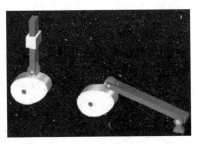

图 4-3-9　滚子从动件凸轮机构

(3)平底从动件。这种从动件与凸轮间的作用力方向不变,受力平稳,如图 4-3-10 所示。在高速情况下,凸轮与平底间易形成油膜而减小摩擦与磨损。其缺点是既不能与具有内凹轮廓的凸轮配对使用,也不能与移动凸轮和圆柱凸轮配对使用。

图 4-3-10　平底从动件凸轮机构

3.按从动件的运动形式分类

（1）直动从动件。如图 4-3-11 所示，从动件做直线运动。做往复直线移动的推杆称为直动推杆。若直动推杆的尖顶或滚子中心的轨迹通过凸轮的轴心，则称为对心直动推杆，否则称为偏置直动推杆。推杆尖顶或滚子中心轨迹与凸轮轴心间的距离为 e，称作偏距。［如图 4-3-11 的（a）、（b）、（c）、（d）、（e）所示。］

（2）摆动从动件。如图 4-3-11 所示，从动件做往复摆动。［如 4-3-11 的（f）、（g）、（h）所示。］

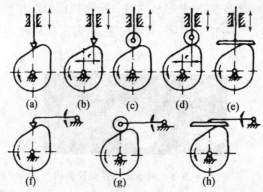

图 4-3-11　直动从动件和摆动从动件凸轮机构

4.按凸轮与从动件保持接触的形式分类

凸轮机构是通过凸轮的转动而带动推杆（从动件）运动的。因此要采用一定的方式、手段使从动件和凸轮始终保持接触，从动件才能随凸轮转动完成预定的运动规律。常用的方法有以下两类。

（1）力锁合。利用从动件的重力、弹簧力或其他外力使从动件始终与凸轮保持接触。如图 4-3-12 所示是在弹簧压力下使从动件始终保持与凸轮轮廓接触。

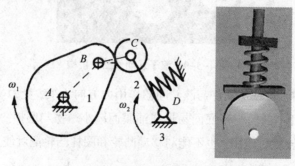

图 4-3-12　力锁合

（2）形锁合。利用凸轮与从动件构成的特殊结构使凸轮与从动件始终保持接触，如图 4-3-13 所示。

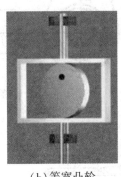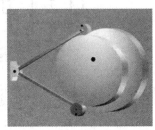

（a）沟槽凸轮　　　　　（b）等宽凸轮　　　　　（c）等径凸轮　　　　　（d）共轭凸轮

图 4-3-13　形锁合

图 4-3-13（a）是沟槽凸轮机构，它是通过凸轮沟槽两边的轮廓线与从动件保持接触。其特点是结构简单，但凸轮尺寸、重量增加。

图 4-3-13（b）是等宽凸轮机构，与凸轮轮廓线相切的任意两平行线间的距离都相等且等于框架内侧宽度。其特点是从动件在凸轮前 180° 的运动规律确定后，后 180° 要符合等宽的原则。

图 4-3-13（c）是等径凸轮机构，从动件两滚子间距离相等，这种凸轮与图 4-3-13（b）有相似的特点。

图 4-3-13（d）是共轭凸轮机构，由两个凸轮分别完成推程和回程的运动。其特点是运动规律灵活，但结构复杂，制造精度要求高。

三、凸轮机构的材料及结构

1.凸轮和滚子的材料

凸轮和滚子的工作表面要有足够的硬度、耐磨性和接触强度，有冲击的凸轮机构还要求凸轮芯部有较好的韧性。凸轮和滚子常用材料为钢 15，钢 45，合金钢 20Cr，合金钢 40Cr，合金钢 20CrMnTi 等，其经渗碳或调质等热处理后可满足不同要求。

2.凸轮的结构

当凸轮尺寸与轴的直径尺寸相差不大时，可将凸轮与轴制成一体，构成凸轮轴，如图4-3-14 所示的柴油机用凸轮轴。当凸轮尺寸和轴的直径尺寸相差

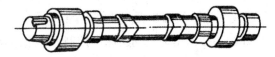

图 4-3-14　柴油机用凸轮轴

较大时，凸轮与轴应分开制造，凸轮与轴可采用销联接（图 4-3-15 所示）、键联接（图 4-3-16所示）、胀环和双螺母对顶螺母联接（图 4-3-17 所示）。

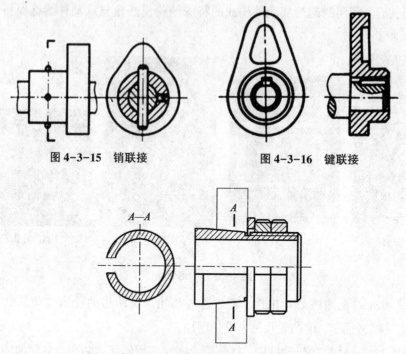

图 4-3-15　销联接　　　　　图 4-3-16　键联接

图 4-3-17　胀环和对顶螺母联接

　　滚子与从动件之间可采用螺栓联接、销联接，或直接采用滚动轴承作为滚子，如图 4-3-18 所示。

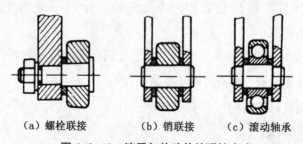

　　（a）螺栓联接　　　　（b）销联接　　　（c）滚动轴承

图 4-3-18　滚子与从动件的联接方式

【任务实施】

　　图 4-3-1 所示为以内燃机配气凸轮机构。凸轮 1 做等速回转，其轮廓将迫使推杆 2 做往复摆动，从而使气门 3 开启和关闭(关闭时是借助于弹簧 4 的作用来实现的)，以控制可燃物质进入气缸或废气的排出。

　　图 4-3-2 所示为自动机床中控制刀具进给运动的凸轮机构。刀具一个进给运动循环包括：(1)刀具以较快的速度接近工件；(2)道具等速前进来切削工件；(3)完成切削动作后，刀具快速退回；(4)刀具复位后停留一段时间等待更换工件等动作。然后重复上述运动循环。这样一个复杂的运动规律是由一个做等速回转运动的圆柱凸轮通过摆动从动件来控制实现的，其运动规律完全取决于凸轮凹槽曲线形状。

【思考与练习】

(1)凸轮机构中的凸轮和从动件各有哪些类型?

(2)尖顶从动件和滚子从动件各有什么特点?

(3)凸轮与轴的联接结构有哪些类型?

(4)观察自动配钥匙机器的工作,判断其上采用了什么类型的凸轮。

任务二　凸轮机构的运动分析

【学习目标】

了解凸轮机构从动件的运动规律。

【相关知识】

一、运动过程

如图4-3-19(a)所示为对心尖顶从动件凸轮机构,其中以凸轮轮廓曲线的最小向径为半径所做的圆,称为凸轮的基圆。基圆半径用r_b表示,此时从动件处于最近位置。当凸轮以等角速度ω_1顺时针转动时,从动件被凸轮推动,并且以一定运动规律从最近位置到达最远位置,这一过程称为推程。从动件在这一过程中经过的距离h称为行程(升程),对应的凸轮转角δ_0称为推程(升程)运动角。当凸轮继续回转时,从动件在最远位置停留不动,此时凸轮转过的角度δ_S称为远休止角。凸轮再继续回转,从动件以一定运动规律

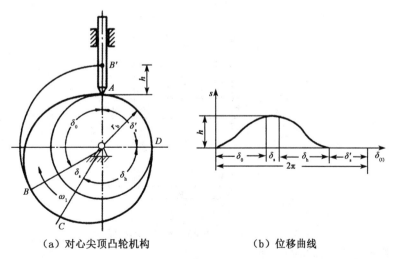

（a）对心尖顶凸轮机构　　　　　　　（b）位移曲线

图4-3-19　对心尖顶凸轮机构

从最远位置回到最近位置，这段行程称为回程，对应的凸轮转角 δ_h 称为回程运动角。当凸轮继续回转时，从动件在最近位置停留不动，此时凸轮转过的角度 δ'_s 称为近休止角。凸轮转角与从动件升程间的关系曲线称为凸轮机构的位移曲线，也称 $s-\delta$ 曲线，如图 4-3-19(b)所示。

二、从动件常用运动规律

1.等速运动规律

当凸轮匀速回转时，从动件上升或下降的速度为一常数，这种运动规律称为等速运动规律。设凸轮升程角为 δ_0，从动件升程为 h，升程时间为 t_0，则推程时从动件的运动方程可表示为

$$\left.\begin{array}{l} s=\dfrac{h}{\delta_0}\delta \\[3mm] v=\dfrac{h}{\delta_0}\omega_1 \\[3mm] a=0 \end{array}\right\}$$

图 4-3-20 为等速运动规律的运动线图，从中可以看出：从动件在运动的开始和结束的瞬间，速度有突变，加速度为无穷大，理论上将产生无穷大的惯性力，构件将受到无穷大的冲击力，这种冲击称为刚性冲击。刚性冲击对机构的危害很大，因此等速运动规律只适用于低速轻载场合。工程实际中，为了避免刚性冲击，常对其运动线图进行修改，如在位移线图上升程开始和停止处，用与斜直线相切的两小段弧线代替直线，使加速度成为有限值，这样的冲击称为柔性冲击。

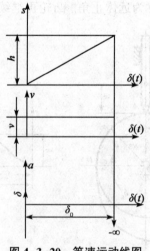

图 4-3-20　等速运动线图

2.等加速等减速运动规律

做等加速等减速运动的从动件，在整个行程的前半程做等加速运动，后半程做等减

速运动，通常加速度与减速度的绝对值相等。由于从动件等加速段的初始速度和等减速段的末速度为零，加速度为一常数，所以机构运动较平稳，常用于速度较高的场合。等加速等减速运动线图见图 4-3-21。

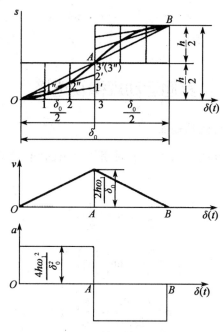

图 4-3-21　等加等减运动线图

（1）等加速段（$0 \leqslant \delta \leqslant \dfrac{\delta_0}{2}$）。

$$\left. \begin{aligned} s &= \frac{2h}{\delta_0^2}\delta^2 \\ v &= \frac{4h\omega_1}{\delta_0^2}\delta \\ a &= \frac{4h\omega_1^2}{\delta_0^2} \end{aligned} \right\}$$

（2）等减速段（$\dfrac{\delta_0}{2} \leqslant \delta \leqslant \delta_0$）。

$$\left. \begin{aligned} s &= h - \frac{2h}{\delta_0^2}(\delta_0-\delta)^2 \\ v &= \frac{4h\omega_1}{\delta_0^2}(\delta_0-\delta)^2 \\ a &= \frac{4h\omega_1^2}{\delta_0^2} \end{aligned} \right\}$$

如图 4-3-21 等加速等减速位移曲线的作图方法为：①将推程角和推程，分成 3 等份，得分点 1，2，3，…和 1′，2′，3′，…；②分别连接 1′，2′，3′，…，与转角等分线 1，2，3，…相交得点 1″，2″，3″，…；③ 将 1″，2″，3″，…各点用光滑曲线相连，即为所求推程的位移曲线。

【知识拓展】

其他运动规律及选择

一、简谐（余弦加速度）运动规律

简谐运动规律的加速度曲线为 1/2 个周期的余弦曲线，又称余弦加速度运动规律。其运动方程为

$$
\left.
\begin{aligned}
s &= \frac{h}{2}\left[1-\cos\left(\frac{\pi}{\delta_0}\right)\right] \\
v &= \frac{\pi h \omega_1}{2\delta_0}\sin\left(\frac{\pi}{\delta_0}\delta\right) \\
\alpha &= \frac{\pi^2 h \omega_1^2}{2\delta_0^2}\cos\left(\frac{\pi}{\delta_0}\delta\right)
\end{aligned}
\right\}
$$

图 4-3-22 为余弦加速度运动规律的位移线图、速度线图和加速度线图。余弦加速度运动规律在运动起始和终止的位置，加速度曲线不连续，存在柔性冲击，适用于中速场合。但对于"升→降→升"型运动的凸轮机构，加速度曲线变成连续曲线，则无柔性冲击，可用于较高速场合。

二、运动规律的选择

除以上运动规律外，工程中采用的运动规律越来越多，如正弦加速度、多项式等运动规律。实践中必须根据凸轮机构的具体使用条件，选择从动件的运动规律。为了满足使用要求，有时可以对位移线图的局部地方进行修改，或者将几种不同的运动规律进行组合，以便获得比较理想的动力特性。对于低速且对运动规律要求不严的凸轮机构，考虑到加工方便，可采用圆弧和直线组成的凸轮轮廓。

【思考与练习】

（1）观察修鞋缝纫机怎样把手柄的连续转动转换为缝针的往复运动。

（2）当推程角为 120°时，从动杆等加速等减速上升 20 mm。远休止角为 60°，回程角为 120°时，从动件等速返回，近休止角为 60°。试做出该凸轮机构的位移曲线。

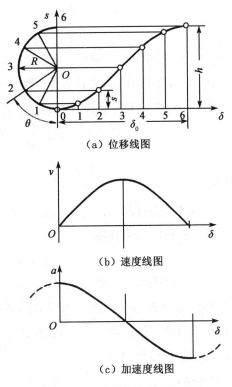

（a）位移线图

（b）速度线图

（c）加速度线图

图 4-3-22　余弦加速度运动线图

任务三　设计凸轮轮廓曲线

【学习目标】

（1）熟悉凸轮机构的传力性能及影响因素。

（2）能绘制常用运动规律的位移曲线和对心直动尖顶从动件的凸轮轮廓曲线。

【任务描述】

设凸轮以 ω 逆时针转动，从动件与凸轮的运动关系如表 4-3-1 所列。

表 4-3-1　从动件与凸轮的运动关系

凸轮转角 δ	0°~120°	120°~180°	180°~300°	300°~360°
从动件	等速上升	停止不动	等加速等减速下降至原位置	停止不动

试绘出从动件的位移线图，画出直动尖顶从动件凸轮轮廓曲线。

【任务分析】

以从动件的最低点为基准,凸轮转过一个角度,从动件对应移动一个位移,根据凸轮转角和位移的对应关系作出 s-δ 曲线。再根据 s-δ 曲线绘制出凸轮的轮廓曲线。凸轮的传力性能如何?结构是否紧凑?这是凸轮轮廓设计中必须考虑的问题。

【相关知识】

一、凸轮机构的传力性能

在设计凸轮时,除了需要合理地选择从动件的运动规律外,还要求机构具有良好的传力性能。压力角的大小表征了机构的传力性能。

1.凸轮机构的压力角

图 4-3-23 所示为对心直动尖顶从动件盘形凸轮机构。当不考虑从动件与凸轮接触处的摩擦时,凸轮对从动件的作用力 F 沿接触点 A 的公法线 n—n 方向,直动从动件的速度 v 沿导路方向。力 F 作用线与从动件运动方向所夹的锐角称为凸轮机构在该点的压力角,用 α 表示。从动件所受的力 F 可分解为

$$\left.\begin{array}{l} F_1 = F\cos\alpha \\ F_2 = F\sin\alpha \end{array}\right\}$$

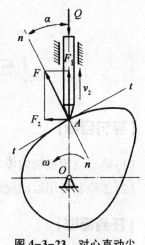

显然,F_1 是推动从动件运动的有效分力;F_2 对从动件的导路产生侧压力,增大了机构的摩擦阻力,是有害分力。与四杆机构一样,压力角的大小反映了机构的传力性能,是机构设计中的一个重要参数。为了提高传力性能和机械效率,压力角应越小越好。

2.自锁现象

由于凸轮轮廓是变化的,所以轮廓曲线上各点的压力角不等。压力角越大摩擦阻力越大,凸轮转动越困难。当压力角 α 增大到一定程度,有效分力不足以克服摩擦阻力时,无论凸轮给从动件多大的推力,从动件都不能运动,

图 4-3-23 对心直动尖顶从动盘形凸轮机构

这种现象称为自锁。为确保机构的传力性能,在工程实际中,根据实践经验规定了机构的最大压力角。设计凸轮时,要满足凸轮轮廓的最大压力角不大于许用值,即

$$\alpha_{\max} \leqslant [\alpha]$$

一般许用压力角的推荐值为:直动从动件的推程 $[\alpha] = 30°$;摆动从动件的推程 $[\alpha] = 40°$;回程中由于从动件在弹簧力、重力等作用下返回,大多是空回行程,考虑减小凸轮尺寸,许用压力角可以大一些,可取 $[\alpha] = 70° \sim 80°$。

最大压力角 α_{max} 可能出现在下列位置：①从动件上升的起始位置；②从动件具有最大速度 v_{max} 的位置；③凸轮轮廓上比较陡的地方。

压力角的大小可用量角器按图 4-3-24 所示方法测量：在凸轮轮廓坡度较陡处选取几点，作出这些点的法线和相应的从动件速度方向线，用量角器测量它们的夹角，与许用值对比。凸轮升程大时，轮廓曲线就陡直，压力角就大，因此凸轮不适用于行程大的传动。

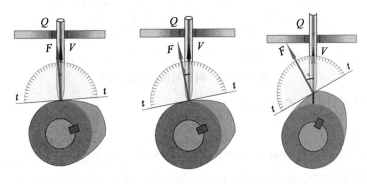

图 4-3-24　压力角的测量

3.影响压力角的因素

（1）凸轮的基圆半径。

研究表明：从动件运动规律相同时，基圆半径越小，凸轮结构越紧凑，但压力角增大；基圆半径增大时，凸轮结构增大，压力角减小。如图 4-3-25 所示为相同运动规律和行程的凸轮在基圆半径不同时的压力角。

由经验推荐，对于凸轮与轴做成一体的凸轮，基圆半径 r_b 比轴径大 4～10 mm，凸轮与轴分体时，基圆半径比轮毂半径大30%～60%，且要满足压力角的要求。

（2）偏距。

从动件的中心线偏离凸轮转动中心的距离称为偏距。以凸轮转动中心为坐标原点，若凸轮转轴在从动件右边时，称为负偏置；反之称为正偏距。压力角的大小受到凸轮转向、从动件偏置方向、从动件位移等影响。

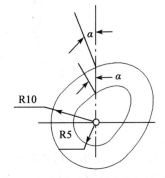

图 4-3-25　压力角与基圆半径的关系

如图 4-3-26 所示为不同偏置形式的凸轮机构。若其运动规律、基圆半径及偏距大小都相等，比较二者可知，负偏置的压力角大于正偏置的压力角。说明，如果从动杆的偏置方式选择不当，就会增大机构的压力角，甚至会出现自锁现象。

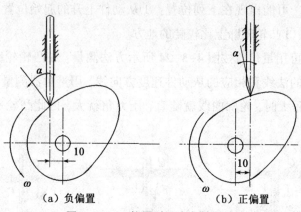

（a）负偏置 （b）正偏置

图 4-3-26 偏置对压力角的影响

二、反转法设计凸轮轮廓曲线

1.反转法设计原理

凸轮轮廓曲线的设计有解析法和图解法。图解法直观方便，其原理是建立在反转法的基础上的。所谓反转法就是根据相对运动的原理，设想在整个凸轮机构上加一个和凸轮转动方向相反的公共角速度 ω，此时机构中各构件之间的相对运动关系和相对位置保持不变，结果是凸轮处于原始位置相对固定，而从动件一方面沿导路移动，一方面绕凸轮转动中心以 $-\omega$ 角速度转动。在这个过程中，从动件尖顶的轨迹就是凸轮的轮廓曲线，如图 4-3-27 所示。

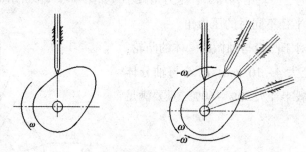

图 4-3-27 反转法原理

2.对心直动尖顶从动件盘形凸轮轮廓曲线的设计

已知从动件的运动规律：如图 4-3-28(a)所示，从动件升程为匀速上升，推程角 δ_0 =120°，远休止角 δ_s=60°；回程为等加速等减速运动，回程角 δ_h=60°，近休止角 $\delta_s{}'$=120°。凸轮基圆半径为 r_b，凸轮以等角速度 ω 逆时针回转。凸轮轮廓曲线的作图步骤如下。

（1）作出凸轮的初始位置。

选取适当的比例尺 μ_1（取与 s-δ 位移曲线中纵坐标 μ_s 相同的比例尺），取 O 为圆心，r_b 为半径画出基圆，并定出从动杆的初始位置 B_0。

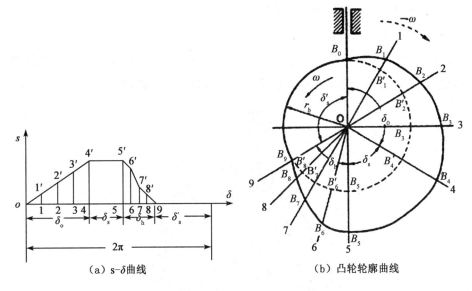

（a）s-δ曲线　　　　　　（b）凸轮轮廓曲线

图 4-3-28　对心尖顶直动从动件盘形凸轮轮廓曲线的绘制

（2）确定凸轮转角与从动件位移的对应关系。

在 s-δ 位移曲线上，将凸轮推程角和回程角分别分成若干等份，图中以 30° 为一份，得等分点 1，2，3，……；将基圆也对应地分成相同等份，从圆心 O 过各分点作向径线 O1，O2，O3，……，这些位置就是从动件在反转过程中所占据的位置。

（3）作出从动件尖端相对于凸轮的各个位置。

自各条向径线与基圆的交点 B'_1，B'_2，B'_3，……，向外量取各个位移量 $B'_1B_1=11'$，$B'_2B_2=22'$，$B'_3B_3=33'$，……，得 B_1，B_2，B_3，……各点。这些点就是反转后从动件尖顶的一系列位置。

（4）画出凸轮轮廓。

将 B_0，B_1，B_2，……，B_9 各点连成光滑的曲线（图中 B_4，B_5 和 B_9，B_0 间均为以 O 为圆心的圆弧），即得所求的凸轮轮廓曲线，如图 4-3-28（b）所示。

【知识拓展】

滚子和平底从动件盘形凸轮轮廓曲线的设计

直动尖顶从动件凸轮机构中的轮廓曲线，是绘制其他类型从动件的凸轮轮廓曲线的基础，称为凸轮理论轮廓曲线。尖顶从动件的理论轮廓曲线和工作轮廓曲线（也称为实际轮廓曲线）相重合。

一、对心直动滚子从动件凸轮轮廓的设计

为了减小摩擦、提高效率，在运动精度允许的情况下，可将直动尖顶从动件改为直

动滚子从动件,其轮廓曲线绘制方法如下。

1.作出凸轮理论轮廓曲线

如图 4-3-29 所示,将滚子中心视为尖顶从动件的尖端,按尖顶直动从动件盘形凸轮轮廓曲线的作图方法,作出滚子直动从动件凸轮理论轮廓曲线。

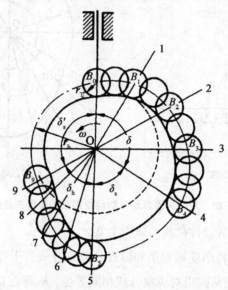

图 4-3-29 对心直动滚子从动件盘形凸轮轮廓曲线的绘制

2.绘制凸轮的工作轮廓曲线

以凸轮理论轮廓曲线上的一系列点为圆心,以滚子半径 r_T 为半径画一系列滚子圆,滚子圆的包络线就是凸轮的工作轮廓曲线。

二、直动平底从动件凸轮轮廓曲线的设计

同理,将直动平底从动件平底上的一点视为直动尖顶从动件的尖顶,作出凸轮的理论轮廓曲线,在理论轮廓曲线上作直动平底从动件的平底位置线(平底与杆身垂直),平底位置线的包络线就是直动平底从动件凸轮的工作轮廓曲线。

三、凸轮机构的运动失真

尖顶从动件凸轮理论轮廓是按照从动件的位移曲线作出的,必然能实现给定的运动规律。而滚子从动件的工作轮廓,是在理论轮廓基础上所作的包络线,如图 4-3-30(a)和(b)所示。若基圆半径和滚子半径选择不当,就会出现如图 4-3-30(c)和(d)所示的现象,就不能实现给定从动件的运动规律,这种现象称为凸轮机构的运动失真。失真的原因是凸轮的理论轮廓曲线上的最小曲率半径 ρ_{min} 小于滚子的半径 r_T(即 $\rho_{min} < r_T$)。如果增大凸轮轮廓曲线的曲率半径,使凸轮的 $\rho_{min} > r_T$,就不会出现失真现象。为此滚子半径应取 $r_T \leqslant \rho_{min} - 3$ mm。一般的自动机械 r_T 取值范围为 10~25 mm。

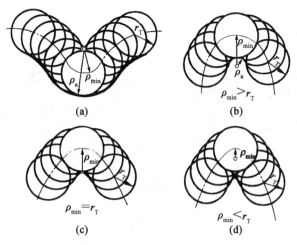

图 4-3-30　滚子半径与运动失真的关系

【任务实施】

（1）选定基圆半径 r_b。

（2）选定比例尺做位移线图，如图 4-3-31（a）所示。

（3）作基圆，等分圆周，并作各等分点的向径。

（4）以 $-\omega$ 方向，在相应向径上量取从动件的位移，得到从动件的各位置点。

（5）光滑连接各点即得所求的凸轮轮廓曲线，如图 4-3-31（b）所示。

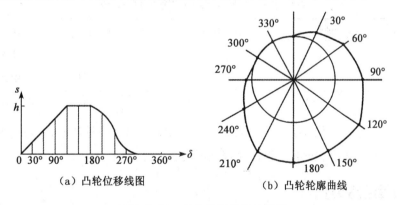

（a）凸轮位移线图　　　（b）凸轮轮廓曲线

图 4-3-31　凸轮轮廓曲线的绘制

【思考与练习】

（1）何谓凸轮机构的压力角？试画出图 4-3-32 中各凸轮从图示位置转过 45°后机构的压力角（在图上直接标注）。

（2）压力角的大小与凸轮尺寸有何关系？压力角的大小对凸轮机构的传力性能有何影响？

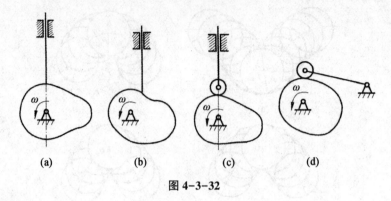

图 4-3-32

【项目小结】

（1）凸轮机构结构紧凑，可以实现精确的运动规律，但因凸轮与从动件是高副联接，所以承载能力受到限制。

（2）凸轮的形状有盘形、圆柱形和移动凸轮；从动件的运动形式有对心直动、偏置直动或摆动；从动件的形式有尖顶、滚子和平底等；从动件和凸轮的接触保障有力锁合、形锁合等。

（3）从动件的常用运动规律有等速、等加速等减速、简谐运动规律等。各运动规律的特性比较如下。

表 4-3-2　　从动件各运动规律的特性比较

运动规律	最大速度（$h\omega/\delta$）	最大加速度（$h\omega^2/\delta^2$）	冲击特性	使用场合
等速运动	1.0	∞	刚性	低速轻载
等加速等减速	2.0	4.00	柔性	中速轻载
简谐运动	1.57	4.93	柔性	中速中载

（4）凸轮机构拟实现的运动规律取决于凸轮轮廓曲线，凸轮轮廓曲线的设计有解析法和图解法。图解法直观简便，设计原理是反转法。

【项目综合练习】

（1）试比较凸轮机构与平面连杆机构的特点和应用。

（2）说明等速、等加速等减速、简谐运动三种基本运动规律的加速度变化特点及其应用场合。

（3）何谓凸轮的基圆？基圆半径对凸轮机构有什么影响？

（4）何为凸轮机构的压力角？压力角的大小对传动有何影响？

（5）当压力角大于许用值时，通过什么途径降低压力角？

（6）什么是凸轮机构的运动失真？怎样避免运动失真？

项目四　齿轮传动

齿轮传动是机械传动中应用最为广泛的传动形式之一，能实现任意两轴之间运动和动力的传递。它主要用来传递两轴间的回转运动，也可以实现回转运动与直线运动的转换。齿轮传动的圆周速度可以达到 300 m/s，传递的功率可以达到 10 万 kW，齿轮直径可以从 1 mm 到 15 m 以上。齿轮传动比较准确，效率高，结构紧凑，工作可靠，使用寿命长。本项目将介绍各种齿轮传动的特点和应用，重点介绍直齿圆柱齿轮传动的基本参数、几何尺寸计算及设计计算方法。

任务一　认识直齿圆柱齿轮

【学习目标】

(1)了解渐开线的形成及特性。
(2)掌握标准直齿圆柱齿轮传动的主要参数及几何尺寸计算。
(3)熟悉渐开线齿轮传动的啮合特点及加工方法。
(4)认识直齿圆柱齿轮，熟悉啮合特点和加工方法。
(5)会进行齿轮传动比的计算。

【任务描述】

观察车床变速箱中的齿轮传动；拆装直齿圆柱齿轮减速器，如图 4-4-1 所示；认识直齿圆柱齿轮，如图 4-4-2 所示；分析图 4-4-3 中齿轮系统的运动。

图 4-4-1　直齿圆柱齿轮减速器

图 4-4-2　直齿圆柱齿轮

图 4-4-3　齿轮系统

任务分析

　　齿轮减速器就是将齿轮传动封闭在刚性比较大的箱体内,构成独立的传动部件。按照齿轮的齿向不同,圆柱齿轮分为直齿、斜齿、人字齿等。直齿廓的曲线是怎样形成的? 有怎样的啮合特点? 标准直齿圆柱齿轮传动的基本参数是什么? 它对传动有何影响? 齿轮是怎样加工的? 通过相关知识的介绍,来认识齿轮传动,为进一步认识其他类型的齿轮传动提供基础知识。

【相关知识】

一、渐开线的形成及渐开线齿廓的啮合特性

1.渐开线的形成及性质

　　当一直线 $n\text{—}n$(渐开线的发生线)沿一个圆(基圆)做纯滚动运动时,直线上任一点 K 的轨迹称为渐开线,如图 4-4-4 所示。

　　根据渐开线的形成过程,可以得出它的如下性质。

　　(1)发生线在基圆上滚过的长度等于基圆上被滚过的弧长,即 $\overline{NK}=\overset{\frown}{NA}$。

　　(2)渐开线上任一点的法线必切于基圆;渐开线上各点曲率半径不等,离基圆越近,曲率半径越小。

　　(3)渐开线上各点的压力角是变化的。渐开线上 K 点的法线(正压力的作用线)与该点的速度方向所夹的锐角 α_k 称为渐开线在该点的压力角。由图 4-4-4 可知,离基圆越远,压力角越大;基圆上的压力角等于零。

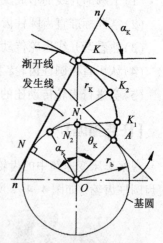

图 4-4-4　渐开线的形成

$$\cos\alpha_k=\frac{ON}{OK}=\frac{r_b}{r_k}$$

（4）渐开线形状取决于基圆大小。

（5）基圆内无渐开线。

2.渐开线齿廓的啮合特性

如图 4-4-5 所示，一对齿轮传动是依靠主动轮齿 C_1 依次拨动从动轮齿 C_2 而实现传动的。设某一瞬时，两齿轮的一对齿廓 C_1，C_2 在任意点 K 接触（啮合），则 K 点称为啮合点。过 K 点作两齿廓公法线 N—N 与两基圆分别切于 N_1，N_2 点，它与两齿轮的连心线 O_1，O_2 交于 P 点。

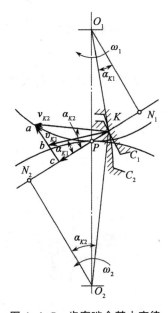

图 4-4-5 齿廓啮合基本定律

当主动齿 1 以 ω_1 顺时针转动时，并推动从动齿轮 2 以 ω_2 逆时针转动，两齿廓上 K 点的速度分别为

$$v_{k1} = \omega_1 \overline{O_1 K}, \quad v_{k2} = \omega_2 \overline{O_2 K}$$

为使两轮连续且平稳转动，两齿廓始终接触，既不能分离也不能压入，则 v_{k1}，v_{k2} 在公法线 N—N 上的分速度应相等，即

$$v_{k1} \cos\alpha_{k1} = v_{k2} \cos\alpha_{k2} \tag{4-1-1}$$

由此得出

$$\frac{\omega_1}{\omega_2} = \frac{O_2 K \cos\alpha_{k2}}{O_1 K \cos\alpha_{k1}}$$

所以有

$$i = \frac{\omega_1}{\omega_2} = \frac{O_2 K \cos\alpha_{k2}}{O_1 K \cos\alpha_{k1}} = \frac{\overline{O_2 N_2}}{\overline{O_1 N_1}} = \frac{\overline{O_2 C}}{\overline{O_1 C}} \tag{4-1-2}$$

上式说明，不论两齿廓在任何位置接触，过两齿廓接触点所作的公法线都必须与两轮连心线交于一定点，这一规律称为齿轮啮合基本定律。

分别以两齿轮的轴心 O_1，O_2 为圆心，以 O_1P，O_2P 为半径所作的两个相切的圆称为该对齿轮的节圆。r_1，r_2 分别表示两节圆半径。

因为 $\triangle O_1PN_1 \backsim O_2PN_2$，所以 $\dfrac{r_{b2}}{r_{b1}} = \dfrac{r'_2}{r'_1}$，有

$$i = \frac{\omega_1}{\omega_2} = \frac{r_{b2}}{r_{b1}} = \frac{r'_2}{r'_1} = 常数 \tag{4-1-3}$$

由上式得出：$\omega_1 r_1 = \omega_2 r_2$。这说明当两轮齿廓在节点啮合时，相对速度为零，即一对齿轮的啮合传动相当于它们的节圆作纯滚动。

二、渐开线标准直齿圆柱齿轮的基本参数和几何尺寸计算

1.直齿圆柱齿轮的几何要素

如图 4-4-6 所示，直齿圆柱齿轮的几何要素有齿顶圆 d_a、齿根圆 d_f、分度圆 d、齿距 p、齿宽 s、槽宽 e、齿顶高 h_a、齿根高 h_f、全齿高 h、齿宽 b。

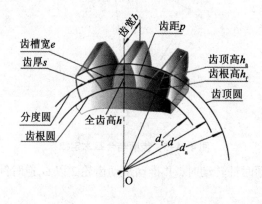

图 4-4-6　直齿圆柱齿轮的几何要素

2.直齿圆柱齿轮的基本参数

（1）齿数 z。齿数是齿轮上轮齿的个数。一般 $z \geqslant z_{min} = 17$，推荐 z_1 范围为 $24 \sim 40$。z_1，z_2 应互为质数。

（2）模数 m。分度圆上有 $\pi d = pz$，则分度圆直径 $d = pz/\pi$，令 $m = p/\pi$，单位为 mm，称为模数。所以，分度圆直径可写成：$d = mz$。

模数反映轮齿的大小，模数越大，轮齿越大，承载能力越大。模数已标准化，标准模数系列见表 4-4-1。

表 4-4-1 标准模数系数　　　　　　　　　单位：mm

第一系列	1	1.25	1.5	2	2.5	3	4	5	6
	8	10	12	16	20	25	32	40	50
第二系列	1.75	2.25	2.75	(3.25)	3.5	(3.75)	4.5	5.5	(6.5)
	7	9	(11)	14	18	22	28	36	45

注：1.选用模数时，应优先采用第一系列，括号内的模数尽可能不用；

　　2.本表适用于渐开线圆柱齿轮，对于斜齿轮则应用指法面模数。

(3)压力角 α。由前所述，在不同直径的圆周上，齿廓各点的压力角也是不等的。为了便于设计、制造和互换，将分度圆上的压力角设定为标准值，分度圆上的压力角简称压力角，以 α 表示。相关国家标准规定，分度圆上的压力角 $\alpha = 20°$。

(4)齿顶高系数 h_a^* 和顶隙系数 c^*。相关国家标准规定，h_a^* 正常齿制为1.0，短齿制为0.8；c^* 正常齿制为0.25，短齿制为0.3。

模数 m、压力角 α、齿顶高系数 h_a^* 和顶隙系数 c^* 皆为标准值的齿轮称为标准齿轮。

3.标准直齿圆柱齿轮几何尺寸计算

外啮合标准直齿圆柱齿轮各部分名称和几何尺寸计算见表4-4-2。

表 4-4-2 外啮合标准直齿圆柱齿轮的几何尺寸计算

名称	符号	计算公式
分度圆直径	d	$d = mz$
基圆直径	d_b	$d_b = d\cos\alpha$
齿顶高	h_a	$h_a = h_a^* m$
齿根高	h_f	$h_f = (h_a^* + c^*)m$
齿高	h	$h = h_a + h_f$
顶隙	c	$c = c^* m$
齿顶圆直径	d_a	$d_a = d + 2h_a$
齿根圆直径	d_f	$d_f = d - 2h_f$
齿距	p	$p = m\pi$
齿厚	s	$s = p/2 = m\pi/2$
齿槽宽	e	$e = p/2 = m\pi/2$
标准中心距	a	$a = m(z_1 + z_2)/2$

三、直齿圆柱齿轮的正确啮合条件和连续传动条件

1.正确啮合条件

要保证两个渐开线齿轮正确啮合，应使两齿轮在啮合线上的齿距（法向齿距）相等，如图 4-4-7 所示。又根据渐开线性质为法向齿距和基圆齿距相等，通常以 p_b 表示基圆齿距，得出渐开线直齿圆柱齿轮的正确啮合（必要）条件为

$$\left.\begin{array}{l} m_1 = m_2 = m \\ \alpha_1 = \alpha_2 = \alpha \end{array}\right\} \tag{4-1-4}$$

其中，m，α 皆为标准值。

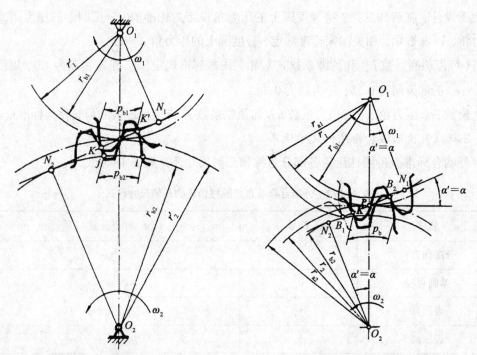

图 4-4-7 正确啮合条件   图 4-4-8 连续传动条件

齿轮的传动比计算公式为

$$i = \frac{\omega_1}{\omega_2} = \frac{d'_2}{d'_1} = \frac{d_{b2}}{d_{b1}} = \frac{d_2}{d_1} = \frac{z_2}{z_1} \tag{4-1-5}$$

2.连续传动条件

要使两啮合齿轮连续传动，两齿轮的实际啮合线 B_1B_2 应大于或等于齿轮的基圆齿距 p_b。B_1B_2 与 p_b 的比值称为重合度，用 ε 表示，如图 4-4-8 所示，即

$$\varepsilon = \frac{B_1B_2}{p_b} \geqslant 1$$

重合度表明同时参与啮合轮齿的对数。ε 大表明同时参与啮合轮齿的对数多，每对

齿的负荷小,传动平稳。一般要求 $\varepsilon \geqslant 1.2$。

3.中心距与啮合角

一对正确啮合的渐开线标准齿轮,模数相等,故两轮分度圆上的齿厚和槽宽相等,即 $s_1 = e_1 = s_2 = e_2 = \pi m/2$。显然当两分度圆相切并做纯滚动时,其侧隙为零。一对齿轮节圆与分度圆重合的安装称为标准安装。标准安装时的中心距称为标准安装中心距,简称标准中心距,以 a 表示。

啮合线与两节圆公切线 $t-t$ 之间所夹的锐角称为两个齿轮的啮合角 α',如图 4-4-9 所示。标准安装中 $\alpha' = \alpha$。

标准中心距为

$$a = r'_1 + r'_2 = r_1 + r_2 = \frac{m(z_1 + z_2)}{2}$$

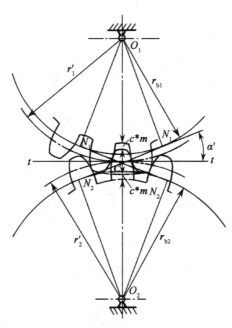

图 4-4-9 标准安装

四、渐开线齿轮的切齿原理与根切现象

齿轮的加工方法有铸造、锻造、热轧、冲压、切削加工等,其中切削加工应用最广。在切削加工中,按切齿原理不同有仿形法和展成法两大类。

仿形法是在铣床上加工齿轮,如图 4-4-10 所示。仿形法可用盘状铣刀或指状铣刀加工,如图 4-4-11所示。

图 4-4-10 铣床上加工齿轮

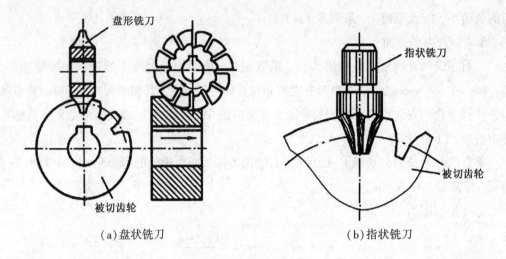

（a）盘状铣刀　　　　　　　　　　（b）指状铣刀

图 4-4-11　仿形法

　　展成法是在插齿机和滚齿机上加工齿轮，它是利用一对相互啮合齿轮的齿廓曲线互为包络线的原理来加工齿廓，如图 4-4-12 所示。展成法加工常用的刀具有齿轮型刀具（如齿轮插刀）和齿条型刀具（如齿条插刀、滚刀）两大类，如图 4-4-13 所示。

图 4-4-12　展成法加工原理

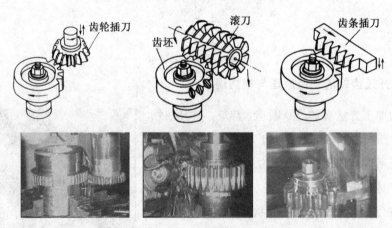

图 4-4-13　展成法加工齿轮

　　用展成法切制齿轮时，当刀具的齿顶线超过了极限啮合点 N'_1，（如图 4-4-14 所示），就会出现齿根处的渐开线齿廓被刀具齿顶再切去一部分的现象，这种现象称为根切，如图4-4-15所示。产生根切的齿轮，会降低抗弯强度，影响传动能力。避免根切的最少齿数 $z_{\min}$ 不小于17。

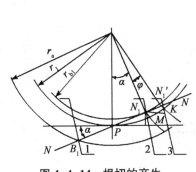

图4-4-14 根切的产生

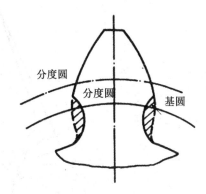

图4-4-15 根切现象

【任务实施】

拆装齿轮减速器，观察直齿圆柱齿轮实物，认识直齿圆柱齿轮。结合齿轮减速器，结合带传动和链传动，对比介绍齿轮传动的特点。通过渐开线齿轮啮合传动教具的展示和观看啮合传动的动画演示，了解齿廓啮合基本定律的内容，掌握齿轮传动的模数、压力角、重合度等重要参数的物理含义及对传动性能的影响，为设计齿轮传动提供基础知识。

【知识拓展】

变位齿轮传动

前面分析的都是渐开线标准齿轮，虽然其设计计算简单，互换性好，但其传动仍存在着一些缺陷：①受根切限制，齿数不得少于 $z_{\min}$，这使传动结构不够紧凑。②标准齿轮的中心距 a 不能按照实际中心距 a' 的要求进行调整。也就是说，当 $a'<a$ 时，无法安装；当 $a'>a$ 时，虽然可以安装，但会产生过大的侧隙而引起冲击振动，影响传动的平稳性。③一对标准齿轮传动时，小齿轮的齿根厚度小而啮合次数又较多，故小齿轮的强度较低，齿根部分磨损也较严重。因此小齿轮容易损坏，同时也限制了大齿轮的承载能力。

为了改善齿轮传动的性能，出现了变位齿轮。用齿条型刀具加工齿轮，当刀具中线（分度线）与被加工齿轮分度圆直径相切时，加工出来的齿轮是标准齿轮。以切制标准齿轮的位置为基准，如果改变齿条型刀具与被加工齿轮的相对位置，使刀具远离或靠近齿轮毛坯中心，此时齿条型刀具的分度线与齿轮的分度圆不再相切，用此方法加工出来的齿轮称为变位齿轮。刀具移动的距离 xm 称为变位量，其中 x 称为变位系数（如图4-4-16

所示)。规定刀具离开轮坯中心的变位称为正变位，此时 $x>0$；规定刀具移近轮坯中心的变位称为负变位，此时 $x<0$；标准齿轮就是变位系数 $x=0$ 的齿轮。

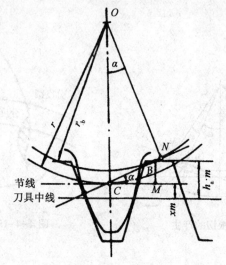

图 4-4-16 变位量

变位齿轮的齿数、模数、压力角与标准齿轮相同，所以分度圆直径、基圆直径和齿距也都相同，但变位齿轮的齿厚、齿顶圆、齿根圆等都发生了变化，如图 4-4-17 所示。

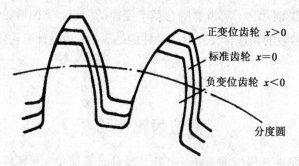

图 4-4-17 变位齿轮齿廓

【思考与训练】

(1)直齿圆柱齿轮的主要参数有哪些？它们对传动有何影响？

(2)直齿圆柱齿轮的正确啮合条件是什么？

(3)常见齿轮加工方法有哪些？有何加工特点？

(4)避免根切的最少齿数是多少？

(5)一对标准直齿圆柱齿轮传动，测得其中心距为 80 mm，两齿轮的齿数分别为 $z_1=10$，$z_2=22$。求两齿轮的主要几何尺寸。

(6)一对标准直齿圆柱齿轮传动，已知：主动轮转速 $n_1=840$ r/min，从动轮转速 $n_2=280$ r/min，中心距 $a=300$ mm，模数 $m=5$ mm。求两齿轮齿数 z_1 和 z_2。

任务二　设计直齿圆柱齿轮传动

【学习目标】

(1)熟悉齿轮的失效形式。

(2)掌握齿轮的受力分析和强度计算。

(3)能为各种工作机选择合适的直齿圆柱齿轮传动。

【任务描述】

试设计一带式输送机的一级减速器中的直齿圆柱齿轮传动。已知减速器的输入功率 $P = 10$ kW，满载转速 $n_1 = 960$ r/min，传动比 $i = 3.5$，单向运转，载荷平稳，由电动机驱动。如何设计才能满足输送机的需要？

【任务分析】

首先，需要明确在不同的工作条件下齿轮会发生不同的失效形式。齿轮传动有哪些常见的失效形式？其次，结合齿轮的受力情况和载荷性质，为齿轮选择合适的材料，确定设计准则和设计方法。最后，确定齿轮的材料、传动的基本参数及几何尺寸计算。

【相关知识】

一、齿轮传动的失效形式和设计准则

齿轮在传动过程中，由于某种原因而不能正常工作，从而失去了正常的工作能力，称为失效。齿轮传动的失效主要是指轮齿的失效。由于存在各种类型的齿轮传动，而各种传动的工作状况、所用材料、加工精度等因素各不相同，所以造成齿轮轮齿出现不同的失效形式。

1.轮齿的失效形式

(1)轮齿折断。

轮齿折断指齿轮的轮齿沿齿根整体折断或局部折断。轮齿在重复变化的弯曲应力作用下或齿根处的应力集中，会导致轮齿疲劳折断；轮齿在受到短时过载或意外冲击时，会产生过载折断，如图 4-4-18(a)所示。

（a）轮齿折断

疲劳裂纹

（b）齿面点蚀

磨损厚度

（c）齿面磨损

（d）齿面胶合

（e）齿面塑性变形

图 4-4-18　轮齿失效形式

　　轮齿折断会造成齿轮无法工作，开式或闭式传动均有可能发生。采用正变位，增加齿根圆角半径，降低齿面粗糙度值，对齿根处进行喷丸、辊压等强化处理，均可提高轮齿的抗疲劳折断能力。

（2）齿面点蚀。

齿面接触应力是交变的，应力经多次重复后，靠近齿根一侧的节线附近会出现细小裂纹，裂纹逐渐扩展，导致表层小片金属剥落而形成麻点状凹坑，这称为齿面疲劳点蚀，如图 4-4-18(b)。

齿面点蚀常出现在闭式传动中。出现点蚀的轮齿，产生强烈的振动和噪声，导致齿轮失效。提高齿面硬度，采用黏度高的润滑油，选择正变位齿轮等，均可减缓或防止点蚀产生。

（3）齿面磨损。

齿面磨损指由于灰尘、金属屑等杂质进入轮齿的啮合区，使两齿面产生相对滑动引起摩擦磨损，如图 4-4-18(c)。

齿面的摩擦磨损是开式齿轮传动的主要失效形式。磨损后，正确的齿形遭到破坏，齿厚减薄，最后导致轮齿因强度不足而折断。润滑油不清洁的闭式传动也可能出现。所以，提高齿面的硬度、降低齿面粗糙度值、保持润滑油的清洁、尽量采用闭式传动等均能有效地减轻齿面的磨损。

（4）齿面胶合。

在高速重载传动中，齿面啮合区温度升高引起润滑油膜破裂而造成润滑失效，齿面间金属直接接触，瞬时熔焊相互粘连。当两齿轮继续转动时，粘焊处被撕脱后，轮齿表面沿滑动方向形成沟痕，这种现象称为齿面胶合，如图 4-4-18(d)所示。在低速重载传动中，由于齿面不易形成油膜，也可能出现胶合。提高齿面抗胶合能力、采用抗胶合能力强的润滑油(极压油)、提高齿面硬度等均可减缓或防止齿面胶合。

（5）齿面塑性变形。

未经硬化的软齿面齿轮在啮合过程中，沿摩擦力方向发生塑性变形，导致主动轮节线附近出现凹沟，从动轮节线附近出现凸棱，此现象称为齿面塑性变形，如图 4-4-18(e)所示。

轮齿的塑性变形破坏了渐开线齿形，造成传动失效。这种失效常在低速重载、起动频繁、严重过载的传动中出现。提高齿面硬度、采用黏度大的润滑油可以减轻或防止齿面塑性流动。

2.齿轮传动的设计准则

分析齿轮的失效形式是为设计、制造、使用和维护齿轮传动提供科学依据。目前，工程实际中采用如下的设计计算方法：

①对于闭式软齿面(HB≤350)齿轮传动，通常轮齿的齿面接触疲劳强度较低，主要失效形式是齿面点蚀，故先按齿面接触疲劳强度进行设计计算，再按齿根弯曲疲劳强度进行校核；

②对于闭式硬齿面(HB>350)齿轮传动，通常轮齿的齿根弯曲疲劳强度较低，主要

失效形式是齿根折断，故先按轮齿弯曲疲劳强度进行设计计算，然后再校核齿面接触疲劳强度；

③对于开式齿轮传动或一对铸铁齿轮，仅按轮齿弯曲疲劳强度设计计算，考虑磨损的影响，可将求得的模数加大 10%~20%。

二、齿轮常用材料及齿轮传动的精度等级

1.齿轮常用材料

齿轮常用材料有碳素合金钢、合金结构钢、铸钢、铸铁、非金属材料等。常用材料的牌号、热处理及力学性能见表 4-4-3。

表 4-4-3　齿轮常用材料及力学性能

材料	热处理方法	抗拉强度 σ_b/MPa	屈服强度 σ_s/MPa	齿面硬度 /HBS	许用接触应力 $[\sigma_H]$/MPa	许用弯曲应力 $[\sigma_F]$/MPa
HT300		300		187~255	290~347	80~105
QT600-3	正火	600		190~270	436~535	262~315
ZG310-570	正火	580	320	163~197	270~301	171~189
ZG340-640		650	350	179~207	288~306	182~196
45		580	290	162~217	468~513	280~301
ZG340-640	调质	700	380	241~269	468~490	248~259
45		650	360	217~255	513~545	301~315
35SiMn		750	450	217~269	585~648	388~420
40Cr		700	500	241~286	612~675	399~427
45	调整后表面淬火			40~50HRC	972~1053	427~504
40Cr				48~55HRC	1053~1098	483~518
20Cr	渗碳后淬火	650	400	56~62HRC	1350	645
20CrMnTi		1100	850	56~62HRC	1350	645

2.齿轮传动的精度

我国现行的齿轮精度标准体系包括 2 个推荐性国家标准《渐开线圆柱齿轮　精度　第 1 部分：轮齿同侧齿面偏差的定义和允许值》（GB/T 10095.1—2001）、《渐开线圆柱齿轮　精度　第 2 部分：径向综合偏差与径向跳动的定义和允许值》（GB/T 10095.2—2001）和 4 个指导性技术文件《圆柱齿轮　检验实施规范　第 1 部分：轮齿同侧齿面的检验》（GB/Z 18620.1—2002）~《圆柱齿轮　检验实施规范　第 4 部分：表面结构和轮齿接触斑点的检验》（GB/Z 18620.4—2002）。

《圆柱齿轮　精度制　第 1 部分：轮齿同侧齿面偏差的定义和允许值》（GB/T 10095.1—2008）规定了 13 个精度等级，第 0 级最高，第 12 级最低。通常 3~5 级称为高

等精度，6~8级称为中等精度，9~12级称为低等精度。相互啮合的两个齿轮，其精度等级一般选取相同的精度等级。常见机械中的齿轮精度等级见表4-4-4。

表4-4-4　常见机械齿轮的精度等级

机械名称	精度等级	机械名称	精度等级
汽轮机	3~6	通用减速器	6~6
金属切削机床	3~8	锻压机床	6~9
轻型汽车	5~8	起重机	7~10
载重汽车	7~9	矿山用卷扬机	8~10
拖拉机	6~8	农业机械	8~11

三、渐开线直齿圆柱齿轮传动的强度计算

为了进行齿轮的设计计算，首先需要对齿轮进行受力分析。

1.轮齿的受力分析

如图4-4-19所示，主动轮在驱动力矩T_1作用下，轮齿沿啮合线方向受到来自从动轮齿的法向力F_{n1}的作用。由于直齿圆柱齿轮法面与端面重合，因此，F_{n1}作用在端面内，可分解成圆周力F_{t1}和径向力F_{r1}。各力大小如下。

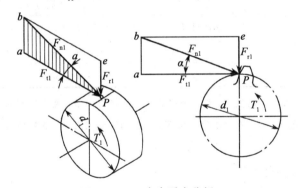

图4-4-19　直齿受力分析

圆周力：

$$F_{t1} = \frac{2T_1}{d_1} \tag{4-1-7}$$

$$T_1 = 9.55 \times 10^6 \frac{P_1(\text{kW})}{n_1(\text{r/min})} \tag{4-1-8}$$

径向力：

$$F_{r1} = F_{t1}\tan\alpha \tag{4-1-9}$$

法向力：

$$F_{n1} = \frac{F_{t1}}{\cos\alpha} \tag{4-1-10}$$

式中，T_1——主动轮传递的转矩，单位为 N·mm；

　　d_1——主动轮分度圆直径，单位为 mm；

　　α——压力角，$\alpha=20°$。

根据作用与反作用力的关系，主动轮上的圆周力是工作阻力，方向与转向相反；从动轮上的圆周力是驱动力，方向与转向相同。两轮的径向力分别指向各自的轮心。

2.计算载荷

上述受力分析涉及的载荷是在理想工作条件下确定的载荷，称为名义载荷。实际上，齿轮在工作中受到多种因素影响，如齿轮、轴、支承等的制造误差、安装误差及在载荷作用下的变形等因素的影响，轮齿受力要比名义载荷大。为使齿轮受载情况尽量符合实际，考虑原动机与工作机的载荷变化，以及齿轮传动的各种误差所引起的传动不平稳性等，引入载荷系数，得到计算载荷公式：

$$F_{nc}=KF_n \tag{4-1-11}$$

式中，K——载荷系数，其值可查询表 4-4-5 得出。

表 4-4-5　载荷系数 K

原动机	工作机的载荷特性		
	平稳	中等冲击	大冲击
电动机	1.0~1.2	1.2~1.6	1.6~1.8
多缸内燃机	1.2~1.6	1.6~1.8	1.9~2.1
单缸内燃机	1.6~1.8	1.8~2.0	2.2~2.4

注：斜齿轮圆周速度低、精度高、齿宽系数较小时，取较小值；直齿轮圆周速度高、精度低、齿宽系数较大时，取较大值。轴承相对于齿轮对称布置、轴的刚度较大时，取较小值，反之取较大值。

3.强度计算

(1)齿面接触疲劳强度计算。

进行齿面接触疲劳强度计算是为了防止发生齿面疲劳点蚀。齿面疲劳点蚀与齿面接触应力大小有关。根据有关强度条件，经过推导、整理得出齿面接触疲劳强度的计算公式：

$$d_1 \geqslant 76.6\sqrt[3]{\frac{KT_1(i\pm1)}{\Psi_d i[\sigma_H]^2}} \tag{4-1-12}$$

式中，i——大、小齿轮的齿数比，即 z_2/z_1；

　　Ψ_d——齿宽系数，见表 4-4-6；

　　$[\sigma_H]$——齿轮材料的许用接触应力，取两轮中的较小值，其值见表 4-4-3；

　　"$\pm$"——外啮合取"$-$"，内啮合取"$+$"。

表 4-4-6　齿宽系数

齿面硬度	齿轮相对于轴承的位置		
	对称布置	非对称布置	悬臂布置
软齿面(≤350HBS)	0.8~1.4	0.6~1.2	0.3~0.4
硬齿面(>350HBS)	0.4~0.9	0.3~0.6	0.2~0.25

需要说明的是，上式仅适用于一对齿轮材料均为钢材的情况。当齿轮材料为钢对铸铁时，将计算结果乘以 0.9；齿轮材料为铸铁对铸铁时，将计算结果乘以 0.83。

（2）齿根弯曲疲劳强度计算。

进行齿根弯曲疲劳强度计算是为了防止发生轮齿折断。轮齿折断与齿根弯曲应力大小有关。根据有关强度条件，经过推导、整理得到轮齿齿根弯曲疲劳强度的计算公式：

$$m \geqslant 1.26 \sqrt[3]{\frac{KT_1 Y_F}{\Psi_d z_1^2 [\sigma_F]}} \qquad (4-1-13)$$

式中，Y_F——齿形系数，见表 4-4-7；

$[\sigma_F]$——齿轮材料的许用弯曲应力，其值见表 4-4-3。

表中数据是在单向受载条件下得到的，若轮齿双向受载，应将表中数据乘以 0.7。

表 4-1-7　标准外齿轮的齿形系数 Y_F 及当量齿数 z_v

$z(z_v)$	17	18	19	20	21	22	23	24	25	26	27	28	29
Y_F	4.51	4.45	4.41	4.36	4.33	4.30	4.27	4.24	4.21	4.19	4.17	4.15	4.13
$z(z_v)$	30	35	40	45	50	60	70	80	90	100	150	200	∞
Y_F	4.12	4.06	4.04	4.02	4.01	4.00	3.99	3.98	3.97	3.96	4.00	4.03	4.06

需要指出的是，对于一对直齿圆柱齿轮传动，当传动比不等于 1 时，相啮合的两齿轮齿数是不相等的，故它们的齿形系数也不相等。而且，它们的齿根弯曲应力也不相等。通常两个齿轮的材料和热处理不同，则它们的许用应力也不一样。所以，在进行齿轮传动的设计计算时，应将两齿轮的 $Y_{F1}/[\sigma_{F1}]$ 和 $Y_{F2}/[\sigma_{F2}]$ 中的较大值代入上式中进行计算。

四、齿轮的结构

齿轮的结构一般由轮缘、轮毂、轮辐三部分组成，根据齿轮毛坯制造方法的不同，齿轮常见的结构形式分为锻造齿轮和铸造齿轮等，具体结构类型见图 4-4-20。

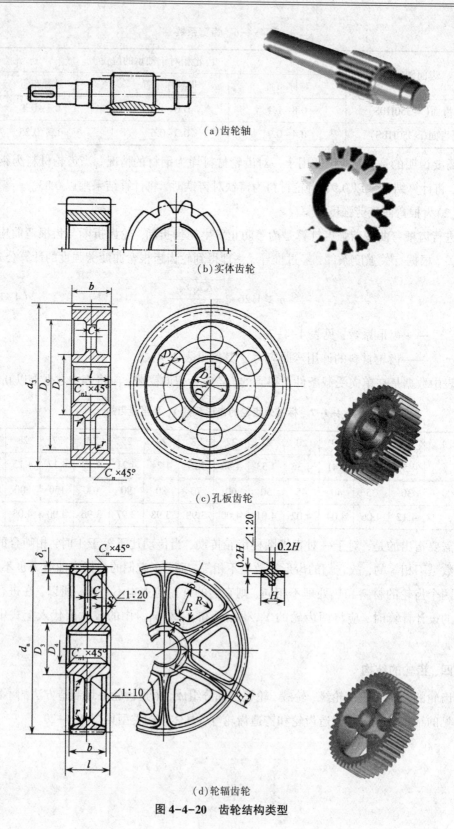

(a)齿轮轴

(b)实体齿轮

(c)孔板齿轮

(d)轮辐齿轮

图 4-4-20　齿轮结构类型

1.锻造齿轮

当齿根圆直径与轴的直径相差较小，齿根圆至键槽底部的距离 $x \le (2 \sim 2.5)m$ 时，可采用齿轮轴，如图4-4-20(a)所示。

当齿轮的齿顶圆直径 $d_a \le 200$ mm 时，可采用实体式结构，如图4-4-20(b)所示。

当齿轮的齿顶圆直径 $d_a = 200 \sim 500$ mm 时，可用腹板式或孔板式结构，如图4-4-20(b)和图4-4-20(c)所示。

2.铸造齿轮

当齿轮的齿顶圆直径 $d_a > 500$ mm 时，可采用轮辐式结构，这种结构的齿轮常用铸钢或铸铁制造，如图4-4-20(d)所示。

齿轮的结构尺寸一般根据经验公式确定，可查阅相关手册。

【任务实施】

根据任务描述，进行一级减速器直齿圆柱齿轮传动的设计计算，具体步骤如下。

1.选择齿轮材料

考虑带式输送机载荷相对平稳，参考表4-4-3，小齿轮选用45钢调质处理，硬度为217~255HBS；大齿轮选用45钢正火处理，硬度为162~217HBS。

由于两齿轮皆为软齿面齿轮，故先按齿面接触疲劳强度进行设计，再按轮齿弯曲疲劳强度校核。

2.按齿面接触疲劳强度计算

根据式(4-4-12)确定相关参数：

(1)转矩：$T_1 = 9.55 \times 10^6 \dfrac{P_1}{n_1} = 9.55 \times 10^6 \dfrac{10}{960} = 10^5$ N·mm。

(2)载荷系数查表4-4-5，取 $K = 1.1$。

(3)齿数：由于采用闭式软齿面传动，取齿数 $z_1 = 23$，$z_2 = i \times z_1 = 80.5$，故取 $z_2 = 81$。

(4)齿宽系数：由于是单级齿轮减速器，轴承对称布置，参考表4-4-6，取 $\Psi_d = 1.0$。

(5)许用应力：小齿轮齿面平均硬度为240HBS，根据表4-4-3，用内插法确定许用应力：

$$[\sigma_{H1}] = \frac{545-513}{255-217} \times (240-217) + 513 = 532 \text{ MPa}$$

$$[\sigma_{F1}] = \frac{315-301}{255-217} \times (240-217) + 301 = 309 \text{ MPa}$$

由于大齿轮齿面平均硬度为190HBS，同理得出 $[\sigma_{H2}] = 491$ MPa；$[\sigma_{F2}] = 291$ MPa。

将上述各参数代入式(4-4-12)中，得小齿轮的分度圆直径：

$$d_1 \geqslant 76.6 \sqrt[3]{\frac{KT_1(i\pm1)}{\Psi_d i [\sigma_H]^2}} = 76.6 \sqrt[3]{\frac{1.1\times10^5\times(3.5+1)}{1.0\times3.5\times491^2}} = 64.1 \text{ mm}$$

故齿轮模数为

$$m = \frac{d_1}{z_1} = \frac{64.1}{25} = 2.79 \text{ mm}$$

查表 4-4-1 后,齿轮模数取 $m=3$。

3.按轮齿弯曲疲劳强度校核

根据式(4-4-13)确定相关参数如下:

(1)齿形系数:查表 4-4-7 得, $Y_{F1}=4.21$, $Y_{F2}=3.96$, 即

$$\frac{Y_{F1}}{[\sigma_{F1}]} = \frac{4.21}{309} = 0.01362, \frac{Y_{F2}}{[\sigma_{F2}]} = \frac{3.96}{291} = 0.01361$$

取两者之中较大值代入式(4-4-13)中,得齿轮的模数:

$$m \geqslant 1.26 \sqrt[3]{\frac{KT_1 Y_F}{\Psi_d z_1^2 [\sigma_F]}} = 1.26 \sqrt[3]{\frac{1.1\times10^5\times4.21}{1.0\times25^2\times309}} = 1.34 \text{ mm}<3 \text{ mm}$$

因此,弯曲强度足够。

4.计算齿轮主要几何尺寸(略)

5.齿轮结构设计(略)

【思考与训练】

(1)齿轮传动常见的失效形式有哪些?

(2)在齿轮设计中,选择齿数时应考虑哪些因素?

(3)齿轮传动的设计准则是什么?

(4)设计单级减速器中的直齿圆柱齿轮传动。(已知减速器由电动机驱动,输入功率 $P=10 \text{ kW}$,小轮转速 $n_1=970 \text{ r/min}$,传动比 $i=4$,单向转动,载荷平稳。)

任务三 其他齿轮传动

【学习目标】

(1)熟悉齿轮传动类型及应用特点。

(2)掌握斜齿圆柱齿轮传动的主要参数及几何尺寸计算。

(3)了解锥齿轮传动的应用特点及主要参数。

(4)了解齿条传动的特点。

(5)认识斜齿圆柱齿轮、直齿圆锥齿轮、齿轮齿条传动。

（6）分析、对比、概括各种类型的齿轮传动特点。

【任务描述】

拆装两种齿轮减速器，如图 4-4-21 和 4-4-23 所示；观察减速器中的斜齿圆柱齿轮和直齿圆锥齿轮，如图 4-4-22 和 4-4-24 所示；对比分析直齿轮和斜齿轮的啮合特点；对比分析圆柱齿轮和圆锥齿轮的传动特点；观察齿条传动零件，如图 4-4-25 所示；结合相关知识介绍，概括各种类型的齿轮传动特点及应用。

图 4-4-21　斜齿圆柱齿轮减速器

图 4-4-22　斜齿圆柱齿轮

图 4-4-23　圆锥齿轮减速器

图 4-4-24　直齿圆锥齿轮

图 4-4-25　齿条传动

【任务分析】

按照齿轮齿向的不同，可将圆柱齿轮分为直齿、斜齿、人字齿等。对比直齿、斜齿齿廓的形成，分析两者的啮合特点。两种齿轮传动的应用场合有什么不同？斜齿轮的基本参数和几何尺寸对传动有何影响？圆锥齿轮有哪些类型？其基本参数和正确的啮合条件是什么，又有何传动特点？齿条是怎样形成的？各部分名称与圆柱齿轮有什么不同？

【相关知识】

一、齿轮传动的类型和特点

1.齿轮传动的类型

在机械传动中，齿轮传动是一种应用最为广泛的传动机构，它可以在任意位置的两轴之间实现运动和动力的传递，如图 4-4-26 所示。

（1）根据两轮轴线相对位置分类，齿轮传动有平行轴、相交轴、交错轴传动。

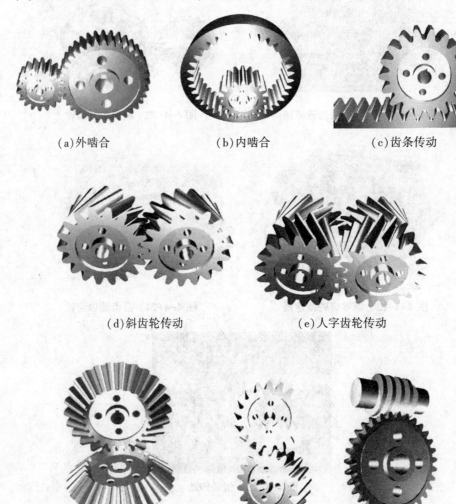

（a）外啮合	（b）内啮合	（c）齿条传动
（d）斜齿轮传动		（e）人字齿轮传动
（f）锥齿轮传动		（g）交错轴传动

图 4-4-26　齿轮传动类型

（2）按啮合方式分类，齿轮传动齿轮传动有外啮合、内啮合、齿轮齿条传动。

（3）根据轮齿齿向分类，齿轮传动有直齿、斜齿、人字齿传动。

（4）按齿廓曲线形状分类，齿轮传动有渐开线、摆线、圆弧线齿轮传动。

（5）根据齿轮传动工作条件分类，齿轮传动有开式传动和闭式传动。

（6）按齿面硬度分类，齿轮传动有软齿面（硬度≤350HBS）齿轮和硬齿面（硬度＞350HBS）齿轮传动等。

2.齿轮传动的特点

齿轮传动的优点：①齿轮传动 $i_{瞬}$ 为常数，故传动准确、平稳、精度高。②齿轮传动属于啮合传动，所以传动效率高，工作可靠。③结构紧凑，寿命长。④可实现任意两轴夹角的传动。⑤传递的功率、圆周速度、齿轮直径等范围广泛。

齿轮传动的缺点：①制造、安装精度要求高，成本高。②不宜用作远距离传动。

二、斜齿圆柱齿轮传动

1.斜齿圆柱齿轮传动

前面讨论的直齿轮的齿廓曲线形成是以齿轮端面进行讨论的。实际上齿轮是有一定宽度的，当考虑齿宽时，基圆应为基圆柱，发生线应为发生面。

当发生面沿基圆柱做纯滚动时，发生面上任意一条与基圆柱母线平行的直线在空间所走过的轨迹即为直齿轮的齿廓曲面，称为渐开线曲面，如图4-4-27所示。

直齿轮的啮合特点：齿面上的接触线平行于齿轮轴线，轮齿沿整个齿宽同时进入啮合，且同时脱离啮合。因此，直齿圆柱齿轮的传动平稳性差，冲击噪声较大，不适于高速传动。

当发生面沿基圆柱做纯滚动时，发生面上任意一条与基圆柱母线成一倾斜角 β_b 的直线在空间所走过的轨迹即为斜齿圆柱齿轮的齿廓曲面，称为渐开线螺旋面，β_b 称为基圆柱上的螺旋角，如图4-4-28所示。

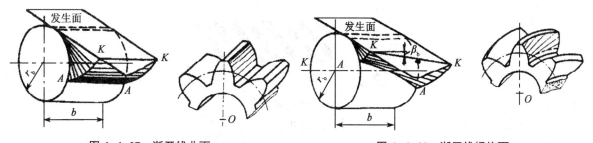

图4-4-27　渐开线曲面　　　　　图4-4-28　渐开线螺旋面

斜齿轮的啮合特点：齿面上的接触线是由短变长，再由长变短，轮齿是逐渐进入和逐渐脱开啮合的，所以传动平稳，冲击和噪声较小；当其齿廓前端面脱离啮合时，齿廓的后端面仍在啮合中，啮合过程比直齿轮长，同时啮合的轮齿对数也比直齿轮多，故重合度较大，因此承载能力较强。另外，斜齿轮不产生根切的最少齿数也比直齿轮少，使其结构紧凑。所以，平行轴斜齿圆柱齿轮传动适用于高速、大功率的场合。但是，斜齿轮在工作时有轴向分力 F_a，其螺旋角 β 越大，轴向分力 F_a 就越大，这会对轴系支撑结构产生不利影响，也对选用轴承提出了特殊要求。

图 4-4-29　人字齿轮

为克服斜齿轮产生的轴向分力，故生产出人字齿轮传动，如图 4-4-29 所示，但人字齿轮的加工制造成本较高。

斜齿轮也有外啮合、内啮合和齿条传动等形式，见图 4-4-30。

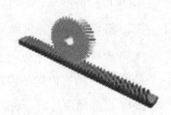

图 4-4-30　斜齿轮传动形式

2.斜齿圆柱齿轮的基本参数和几何尺寸计算

（1）螺旋角 β。

斜齿轮分度圆柱上，螺旋线的切线与齿轮轴线的夹角 β 称为螺旋角，如图 4-4-31 所示。从图中的几何关系得出

$$\tan\beta=\frac{\pi d}{P_s} \tag{4-1-14}$$

其中，p_s 为螺旋线的导程。

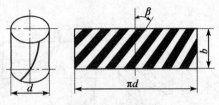

图 4-4-31　螺旋角

螺旋角表示轮齿的倾斜程度，所以螺旋角 β 越大，轮齿就越倾斜，传动的平稳性也越好，但轴向力也越大。一般取 $\beta=8°\sim25°$，人字齿取 $\beta=25°\sim40°$。

斜齿轮有左旋和右旋两种，见图 4-4-32。

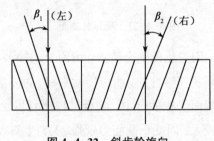

图 4-4-32　斜齿轮旋向

（2）模数。

p_t 为端面齿距，m_t 为端面模数，p_n 为法面齿距，m_n 为法面模数。则有如下关系：

$$\left.\begin{array}{l} p_n = p_t \cos\beta \\ m_n = m_t \cos\beta \end{array}\right\} \tag{4-1-15}$$

（3）压力角。

端面压力角与法面压力角的关系如图 4-4-33 所示，从图中得出

$$\tan\alpha_n = \tan\alpha_t \cos\beta \tag{4-1-16}$$

法面是齿轮加工时的进刀方向，从加工和受力角度考虑，我国规定法面参数为标准值。

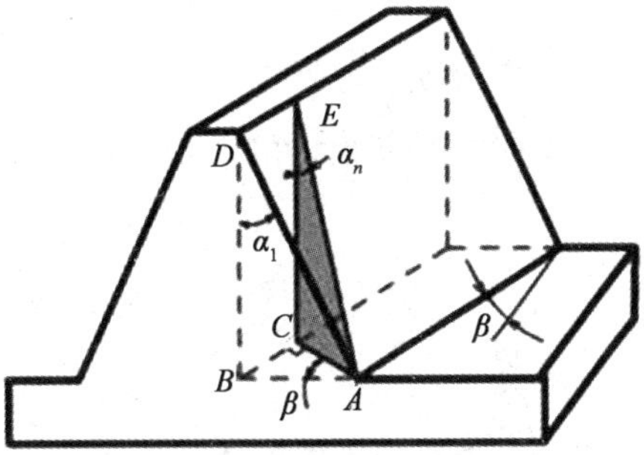

（4）齿顶高系数与顶隙系数。

无论在端面还是法面上，轮齿的齿顶高和顶隙都是相等的，所以有

$$\left\{\begin{array}{l} h_{at}^* = h_{an}^* \cos\beta \\ c_t^* = c_n^* \cos\beta \end{array}\right.$$

图 4-4-33　压力角

通常用法面参数计算，得

$$\left.\begin{array}{l} h_a = h_{an}^* m_n \\ h_f = (h_{an}^* + c_n^*) m_n \end{array}\right\} \tag{4-1-17}$$

标准斜齿圆柱齿轮的几何尺寸计算见表 4-4-8。

表 4-4-8　外啮合标准斜齿圆柱齿轮的几何尺寸计算

名称	代号	计算公式
分度圆直径	d	$d = m_t z = \dfrac{m_n z}{\cos\beta}$
齿顶圆直径	d_a	$d_a = m_t(z + 2h_{at}^*) = m_n\left(\dfrac{z}{\cos\beta} + 2h_{an}^*\right)$
齿根圆直径	d_f	$d_f = m_t(z - 2h_{at}^* - 2c_t^*) = m_n\left(\dfrac{z}{\cos\beta} - 2h_{an}^* - 2c_n^*\right)$
基圆直径	d_b	$d_b = m_t z \cos\alpha_t = \dfrac{m_n z \cos\alpha_t}{\cos\beta}$
齿顶高	h_a	$h_a = h_{at}^* m_t = h_{an}^* m_n$；$h_{an}^* = 1$
齿根高	h_f	$h_f = (h_{at}^* + c_t^*) m_t = (h_{an}^* + c_n^*) m_n$；$c_n^* = 0.25$
全齿高	h	$h = (2h_{at}^* + c_t^*) m_t = (2h_{an}^* + c_n^*) m_n$

表 4-4-8(续)

各部分名称	代号	计算公式
端面齿距	p_t	$p_t = \pi m_t = \dfrac{\pi m_n}{\cos\beta}$
端面齿厚	s_t	$s_t = \dfrac{\pi m_t}{2} = \dfrac{\pi m_n}{2\cos\beta}$
中心距	a	$a = \dfrac{d_1 + d_2}{2} = \dfrac{m_t(z_1 + z_2)}{2} = \dfrac{m_n(z_1 + z_2)}{2\cos\beta}$

3.斜齿圆柱齿轮的正确啮合条件

一对平行轴斜齿轮的正确啮合条件为

$$\left.\begin{array}{l} m_{n1} = m_{n2} = m_n \\ \alpha_{n1} = \alpha_{n2} = \alpha_n \\ \beta_1 = -\beta_2 \,(内啮合\ \beta_1 = \beta_2) \end{array}\right\} \tag{4-1-18}$$

三、直齿锥齿轮传动

1.锥齿轮传动特点及应用

锥齿轮用于传递两相交轴的运动和动力,通常轴交角 $\Sigma = 90°$。其传动可看成是两个锥顶共点的圆锥体相互做纯滚动,轮齿分布在圆锥体上,齿形由大端到小端逐渐减小,如图 4-4-34 所示。

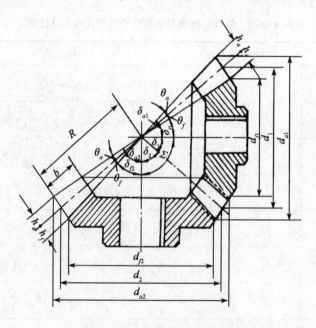

图 4-4-34　直齿锥齿轮几何参数

锥齿轮的轮齿有直齿和曲齿等形式,如图 4-4-35 所示。由于直齿锥齿轮的设计、制造、安装比较简单，所以应用最为广泛。曲齿与直齿相比传动平稳、承载能力高，常用于高速、重载的传动，如汽车、拖拉机、飞机中的变速机构，但其设计和制造比较复杂。

（a）直齿锥齿轮　　　　　　　　　　（b）曲齿锥齿轮

图 4-4-35　锥齿轮

2.直齿锥齿轮齿廓曲面的形成

直齿锥齿轮齿廓曲面的形成与直齿圆柱齿轮相似，如图 4-4-36 所示。圆发生面 S（圆平面半径与基圆锥锥距 R 相等，且圆心与锥顶重合，与基圆锥切于直线 ON）在基圆锥上做纯滚动时，圆发生面 S 上任意一条过锥顶直线 OK 上的任意点 K 在空间展出一条渐开线 K_0K，渐开线在以 O 为中心、锥距 R 为半径的球面上，成为球面渐开线。而直线 OK 上各点展出的各条球面渐开线形成球面渐开线曲面，就是直齿圆锥齿轮的齿廓曲面。

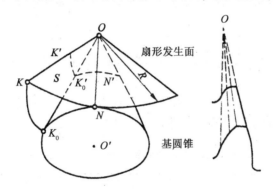

图 4-4-36　直齿锥齿轮齿廓的形成

3.直齿锥齿轮的基本参数和正确啮合条件

（1）基本参数。

因为轮齿由大端向锥顶逐渐缩小，大端的尺寸最大，在设计计算和测量时相对误差较小。为了计算和测量方便，国标规定圆锥齿轮大端分度圆上的模数为标准值（见表 4-4-9），压力角 $\alpha = 20°$，$h_a^* = 1$，$c^* = 0.2$。

表 4-4-9　锥齿轮模数标准值

0.1	0.35	0.9	1.75	3.25	5.5	10	20	36
0.12	0.4	1	2	3.5	6	11	22	40
0.15	0.5	1.125	2.25	3.75	6.5	12	25	45
0.2	0.6	1.25	2.5	4	7	14	28	50
0.25	0.7	1.375	2.75	4.5	8	16	30	
0.3	0.8	1.5	3	5	9	18	32	

（2）正确啮合条件。

圆锥齿轮大端的模数和压力角分别相等，且锥距相等，锥顶重合，所以直齿锥齿轮传动的正确啮合条件是

$$\left.\begin{array}{l} m_1 = m_2 = m \\ \alpha_1 = \alpha_2 = \alpha \\ R_1 = R_2 = R \end{array}\right\} \tag{4-1-19}$$

（3）传动比计算。

在一对标准直齿圆锥齿轮传动中，当两轴线的夹角 $\Sigma = \delta_1 + \delta_2 = 90°$ 时（如图 4-4-34 所示），传动比为

$$i_{12} = \frac{\omega_1}{\omega_2} = \frac{d_2}{d_1} = \frac{z_2}{z_1} = \cot\delta_1 = \tan\delta_2 \tag{4-1-20}$$

4.几何尺寸计算

标准直齿锥齿轮的几何尺寸计算见表 4-4-10。

表 4-4-10　标准直齿锥齿轮的几何尺寸计算

名称	代号	计算公式	
		小齿轮	大齿轮
分度圆锥角	δ	$\delta_1 = \arctan(\frac{z_1}{z_2})$	$\delta_2 = 90° - \delta_1$
齿顶高	h_a	$h_a = h_{a1} = h_{a2} = h_a^* m$	
齿根高	h_f	$h_f = h_{f1} = h_{f2} = (h_a^* + c^*) m$	
分度圆直径	d	$d_1 = mz_1$	$d_2 = mz_2$
齿顶圆直径	d_a	$d_{a1} = d_1 + 2h_a\cos\delta_1$	$d_{a2} = d_2 + 2h_a\cos\delta_2$
齿根圆直径	d_f	$d_{f1} = d_1 - 2h_f\cos\delta_1$	$d_{f2} = d_2 - 2h_f\cos\delta_2$

表 4-4-10(续)

名称	代号	计算公式	
		小齿轮	大齿轮
外锥距	R	$R=\dfrac{mz_1}{2\sin\delta_1}=\dfrac{mz_2}{2\sin\delta_2}=\dfrac{m}{2}\sqrt{z_1{}^2+z_2{}^2}$	
齿顶角	θ_a	$\theta_a=\theta_{a1}=\theta_{a2}=\arctan\left(\dfrac{h_a}{R}\right)$	
齿根角	θ_f	$\theta_f=\theta_{f1}=\theta_{f2}=\arctan\left(\dfrac{h_f}{R}\right)$	
顶锥角	δ_a	$\delta_{a1}=\delta_1+\theta_a$	$\delta_{a2}=\delta_2+\theta_a$
根锥角	δ_f	$\delta_{f1}=\delta_1-\theta_f$	$\delta_{f2}=\delta_2-\theta_f$
齿宽	b	$b_1=b_2\leqslant\dfrac{R}{3}$	

四、齿轮齿条传动

1.齿条齿廓的形成

一对外啮合的齿轮,可以实现两轮转向相反的传动。当其中一个齿轮的基圆半径趋于无穷大时,渐开线齿廓就变成了直线齿廓,齿轮就变成做直线运动的齿条,从而实现了转动与移动之间的运动和动力的传递,如图 4-4-37 所示。

图 4-4-37 齿条

2.齿条各部分名称

齿条上各部分的名称与齿轮上相应部分的名称类似,齿轮上的各圆变成了齿条上的相应线,如图 4-4-38 所示,有齿顶线、齿根线、分度线(也称中线)、齿顶高、齿根高、全齿高等。

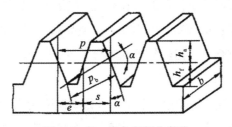

图 4-4-38 齿条各部分名称

3.齿条齿形的特点

与齿轮相比,齿条主要有如下特点:

(1)同侧齿廓相互平行,与中线平行的任意直线上的齿距均相等。所以,只有分度线上的齿厚和齿槽宽相等,即 $s=e=\dfrac{\pi m}{2}$。

(2)齿条直线齿廓上的各点压力角相同,均等于标准压力角 α。直线齿廓的倾斜角称为齿条的齿形角,大小与压力角相等。

【任务实施】

拆装两种减速器,观察斜齿轮和锥齿轮,结合所学的相关知识,得出如下结论。

(1)直齿轮齿面上的接触线平行于齿轮轴线,可以同时进入和同时脱离啮合。因此,直齿圆柱齿轮的传动平稳性差、冲击噪声大、承载能力低,不适于高速传动。而斜齿轮齿面上的接触线是逐渐进入和逐渐脱开啮合的,其传动平稳,冲击和噪声小,重合度也大,故承载能力高,适用于高速、大功率的齿轮传动。但它会产生轴向分力,对选用轴承提出特殊要求。

(2)锥齿轮用于传递两相交轴的运动和动力,通常轴交角为 $\Sigma = 90°$。

(3)齿条传动可以实现转动与移动之间的运动和动力的传递。

【思考与训练】

(1)斜齿廓是怎样形成的?

(2)斜齿轮的基本参数有哪些?

(3)为什么规定锥齿轮大端模数是标准值?

(4)锥齿轮传动应用在什么场合?

(5)齿条齿廓是怎样形成的?

【项目小结】

(1)渐开线齿廓能保证瞬时传动比等于常数,使得齿轮传动工作可靠,寿命长,传动效率高,结构紧凑,能实现任意位置的两轴传动,应用范围广泛。

(2)齿轮的主要参数包括模数、压力角、齿顶高系数和顶隙系数等,它们都已标准化,设计计算时应取标准值。直齿轮的正确啮合条件:$m_1 = m_2 = m$,$\alpha_1 = \alpha_2 = \alpha$;重合度表明齿轮传动的质量。

(3)由于螺旋角的存在,斜齿轮形成了渐开线螺旋面齿廓,斜齿轮重合度大、承载能力高、传动平稳、冲击噪声小,广泛应用于高速、重载的传动中。斜齿轮法面模数是标准值，其正确啮合条件：$m_{n1}=m_{n2}=m_n$，$\alpha_{n1}=\alpha_{n2}=\alpha_n$，$\beta_1=-\beta_2$（内啮合$\beta_1=\beta_2$）。

（4）锥齿轮应用于两相交轴的传动，其大端模数为标准值。锥齿轮的正确啮合条件是：$m_1=m_2=m$，$\alpha_1=\alpha_2=\alpha$，$R_1=R_2=R$。

（5）齿条传动是齿轮传动的特例，齿条齿廓是直线，齿条传动用于改变运动形式。

（6）轮齿折断、齿面点蚀、齿面胶合、齿面磨损、齿面塑性变形是齿轮传动常见的失效形式。对于闭式软齿面齿轮，采用按齿面接触疲劳强度设计，再按齿根弯曲疲劳强度校核；对于闭式硬齿面齿轮，采用按齿根弯曲疲劳强度设计，再按齿面接触疲劳强度校核；对于开式传动，其主要失效形式是磨损或磨损过度造成的齿根折断，因此仅按弯曲疲劳强度设计。

（7）齿轮的结构形式有实体式、腹板式、孔板式和轮辐式；仿形法用于单件生产或修配，展成法适用大批量生产，通常在插齿机、滚齿机上加工齿轮。

【项目综合训练】

（1）对比带传动和链传动，分析齿轮传动有哪些优点？

（2）渐开线是怎样形成的？有何性质？

（3）重合度对齿轮传动有什么影响？

（4）展成法加工原理是什么？什么是根切现象？应如何避免？

（5）什么是标准齿轮、标准安装、标准中心距？

（6）齿轮传动有哪些常见的失效形式？分析齿轮各种失效的原因？

（7）斜齿轮与直齿轮相比有哪些优缺点？

（8）已知一对标准渐开线直齿轮已正确安装，齿轮的$a=20°$，$m=4$ mm，传动比$i_{12}=3$，中心距$a=144$ mm。试求两齿轮的齿数、分度圆直径、齿顶圆直径、齿根圆直径。

（9）一标准直齿圆柱齿轮的齿顶圆直径$d_a=120$ mm，齿数$z=22$，$\alpha=20°$，$h_a^*=1$，$c^*=0.25$，试求该齿轮的模数m。

（10）设计一单级闭式直齿圆柱齿轮减速器。已知输入功率$P=7.5$ kW，小轮转速$n_1=1460$ r/min，传动比$i=3$，单向运转，载荷平稳，减速器由电动机驱动。

项目五　齿轮系

在大多数的机械传动中，都广泛地应用了齿轮系，图4-5-1所示为齿轮系的传动简图。由图中可以看出，首轮到末轮之间的传动，即输入轴到输出轴的传动，是通过各对齿轮依次传动完成的。这种由一系列相互啮合的齿轮组成的传动系统称为齿轮系。

本项目将介绍轮系的分类、应用，并结合实例着重介绍各种齿轮系传动计算的方法。

图 4-5-1　齿轮系的传动简图

任务一　分析变速器轮系

【学习目标】

(1)了解齿轮系的概念、分类及应用。

(2)会判断齿轮系的类型。

(3)掌握定轴轮系的传动比及任意轮的转速计算、回转方向的判断。

【任务描述】

如图4-5-2(a)所示为北京切诺基吉普车变速器结构示意图，如图4-5-2(b)所示为其传动简图。该车采用的 AX4 型手动变速器，设有四个前进挡和一个倒挡，那么该车能实现几种车速？如何计算这几种车速呢？

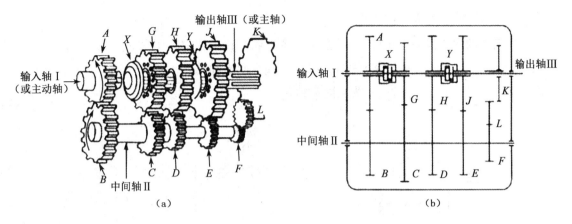

图 4-5-2　吉普车变速器结构示意图

【任务分析】

目前汽车上动力装置的转矩和转速变化范围都较小，而车辆的行驶条件非常复杂、行驶速度和行驶阻力的变化范围非常大，那么如何解决这一矛盾呢？如何满足汽车掉头、出入车库等倒车行驶的需要呢？又如何实现转弯时两后轮不同转速的需要呢？

北京切诺基吉普车采用 AX4 型手动变速器，主要通过传动系统的轮系结构、差速器来实现速度和方向的变化。那么在变速器中采用了哪种轮系？轮系又可分为几种类型？并有哪些应用呢？

【相关知识】

一、齿轮系的分类

根据各齿轮轴线的位置是否固定，可将齿轮系分为定轴轮系和周转轮系两大类。齿轮系中各个齿轮在运转中轴线位置都是固定不动的，属于定轴轮系，如图 4-5-1 所示。而齿轮系中至少有一个齿轮的轴线不是固定的轮系，称为周转轮系，如图 4-5-3 所示。

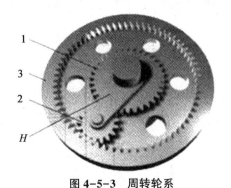

图 4-5-3　周转轮系

1,3—中心轮；2—行星轮；H—行星架

二、定轴轮系的概念及分类

齿轮系的形式很多，组成各异，其中以定轴轮系在工程中应用最为广泛。定轴轮系根据各轴线是否平行，又可分为平面定轴轮系和空间定轴轮系，图 4-5-4（a）所示为平面定轴轮系，图 4-5-4(b)所示为空间定轴轮系。

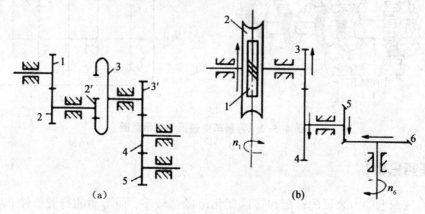

图 4-5-4　定轴轮系

三、定轴轮系传动比计算

整个齿轮系输入轴与输出轴转速之比称为齿轮系的传动比，即首轮与末轮转速之比，用 i_{1k} 表示，即 $i_{1k} = n_1/n_k$。

齿轮系的传动比计算包含两个方面内容：传动比的大小和输出轴(末轮)的转向(相对于首轮)。

一对齿轮的传动比为

$$i_{12} = \frac{n_1}{n_2} = \pm \frac{z_2}{z_1}$$

其中，齿数比前的正负号的含义为：内啮合取"+"，表示两轮转向相同；外啮合取"-"，表示两轮转向相反。

以图 4-5-4(a)所示定轴轮系为例，可推导出定轴轮系的传动比。各对齿轮的传动比为

$$i_{12} = \frac{n_1}{n_2} = -\frac{z_2}{z_1}$$

$$i_{2'3} = \frac{n_{2'}}{n_3} = -\frac{z_3}{z_{2'}}$$

$$i_{3'4} = \frac{n_{3'}}{n_4} = -\frac{z_4}{z_{3'}}$$

$$i_{45} = \frac{n_4}{n_5} = -\frac{z_5}{z_4}$$

将上式连乘，得

$$i_{12}i_{2'3}i_{3'4}i_{45}=\frac{n_1 n_{2'} n_{3'} n_4}{n_2 n_3 n_4 n_5}=\left(-\frac{z_2}{z_1}\right)\left(-\frac{z_3}{z_{2'}}\right)\left(-\frac{z_4}{z_{3'}}\right)\left(-\frac{z_6}{z_{4'}}\right)$$

将上式整理后，得

$$i_{15}=\frac{n_1}{n_5}(-1)^3 \frac{z_2 z_3 z_{z5}}{z_1 z_{2'} z_{3'} z_4}$$

归纳得出定轴轮系传动比的计算公式为

$$i_{1k}=\frac{n_1}{n_k}=(-1)^m \frac{\text{所有从动轮齿数的乘积}}{\text{所有主动轮齿数的乘积}} \tag{4-5-1}$$

定轴齿轮系传动比在数值上等于组成该定轴齿轮系的各对啮合齿轮传动的连乘积，也等于末轮之间各对啮合齿轮中所有从动轮齿数的连乘积与所有主动轮齿数的连乘积之比。

式(4-5-1)中，"1"表示首轮，"k"表示末轮，"m"表示轮系中外啮合齿轮的对数。当 m 为奇数时，传动比为负，表示首末轮转向相反；当 m 为偶数时，传动比为正，表示首末轮转向相同。

需要注意的是，图 4-5-4(a)中齿轮 4 称为惰轮，惰轮只改变从动轮的转向，不影响从动轮传动比的大小，每增加一个惰轮改变一次方向。

例题 1 如图 4-5-5 所示定轴齿轮系，已知 $z_1 = 20$，$z_2 = 30$，$z_{2'} = 20$，$z_3 = 60$，$z_{3'} = 20$，$z_4 = 20$，$z_5 = 30$，$n_1 = 100$ r/min，逆时针方向转动。求末轮的转速和转向。

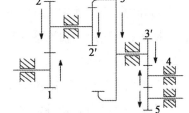

图 4-5-5 定轴齿轮系

解：根据定轴齿轮系传动比公式，并考虑 1~5 间有 3 对外啮合，故

$$i_{15}=\frac{n_1}{n_5}=(-1)^3 \frac{z_2 z_3 z_5}{z_1 z_{2'} z_{3'}}$$

末轮 5 的转速为

$$n_5=\frac{n_1}{i_{15}}=\frac{100}{-6.75}=-14.8 \text{ r/min}$$

其中，负号表示末轮 5 的转向与首轮 1 相反，为顺时针转动。

例题 2 如图 4-5-6 所示齿轮系，蜗杆的头数 $z_1 = 1$，右旋；蜗轮的齿数 $z_2 = 26$。一对圆锥齿轮 $z_3 = 20$，$z_4 = 21$；一对圆柱齿轮 $z_5 = 21$，$z_6 = 28$。若蜗杆为主动轮，其转速 $n_1 = 1500$ r/min，试求齿轮 6 的转速 n_6 的大小和转向。

解：根据定轴齿轮系传动比公式，得

$$i_{16}=\frac{n_1}{n_6}=\frac{z_2 z_4 z_6}{z_1 z_3 z_5}=\frac{26\times21\times28}{1\times20\times21}=36.4$$

其中, 转向如图 4-5-6 中箭头所示。

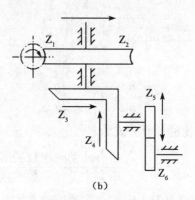

（b）

图 4-5-6　齿轮系

四、齿轮系的应用

齿轮系的应用是十分广泛的, 虽然结构有所不同, 但轮系的应用大致可归纳为以下几个方面。

1.实现相距较远的传动

当两轴中心距较大时, 若仅用一对齿轮传动, 两齿轮的尺寸较大, 结构很不紧凑, 且小齿轮易坏; 若改用定轴轮系传动, 则可克服上述缺点。

2.获得大传动比

一对齿轮传动时, 一般传动比 $i<8$。采用轮系传动, 传动比 i 可达 1 万。

3.实现变速换向和分路传动

所谓变速和换向, 是指主动轴转速不变时, 利用轮系使从动轴获得多种工作速度, 并能方便地在传动过程中改变速度的方向, 以适应工件条件的变化。

所谓分路传动, 是指主动轴转速一定时, 利用轮系将主动轴的一种转速同时传到几根从动轴上, 获得所需的各种转速。

如图 4-5-7 所示为车床走刀丝杠的三星轮换向机构, 扳动手柄可实现两种传动方案。

4.运动的合成与分解

具有两个自由度的行星齿轮系可以用作实现运动的合成和分解, 即将两个输入运动合成为一个输出运动, 或将一个输入运动分解为两个输出运动。

【任务实施】

如图 4-5-2(a) 所示, 北京切诺基吉普车采用 AX4 型手动变速器。变速器是传动系中的重要组成部分之一, 通过对该车变速器轮系结构简图

图 4-5-7　车床走刀丝杠

的分析可知,该轮系属于定轴轮系,并通过该轮系实现变速(变传动比)、变向的要求。

如图 4-5-2(b)所示,已知 $z_A = 19$,$z_B = 38$,$z_C = 31$,$z_G = 26$,$z_D = 21$,$z_H = 36$,$z_E = 19$,$z_J = 37$,$z_F = 12$,$z_L = 14$,$z_K = 31$,轴 I(输入轴)$n_1 = 1000$ r/min,则轴Ⅲ(输出轴)的四挡转速及倒挡转速计算如下所示。

1.高速挡

当滑接齿套 X 向左移动时,轴 I 和轴Ⅲ以同一转速转动,这时汽车调整前进(轴Ⅲ和轴 I 转向相同):

$$n_Ⅲ = n_1 = 1000 \text{ r/min}$$

2.三挡

从齿轮 A,B,C,G 经滑接齿套 X(向右移动)到输出轴:

$$i_{1-3} = \frac{n_1}{n_3} = \frac{z_B z_G}{z_A z_C} = \frac{38 \times 36}{19 \times 31} = \frac{52}{31}$$

$$n_3 = \frac{n_1}{i_{1-3}} = \frac{31}{52} n_1 = \frac{31}{52} \times 1000 = 596 \text{ r/mim}$$

3.二挡

从齿轮 A,B,D,H 经滑接齿套 Y(向左移动)到输出轴:

$$i_{1-3} = \frac{n_1}{n_3} = \frac{z_B z_H}{z_A z_D} = \frac{38 \times 36}{19 \times 21} = \frac{24}{7}$$

$$n_3 = \frac{n_1}{i_{1-3}} = \frac{7}{24} n_1 = \frac{7}{24} \times 1000 = 292 \text{ r/min}$$

4.低速挡

从齿轮 A,B,E,J 经滑接齿套 Y(向右移动)到输出轴:

$$i_{1-3} = \frac{n_1}{n_3} = \frac{z_B z_J}{z_A z_E} = \frac{38 \times 38}{19 \times 19} = \frac{4}{1}$$

$$n_3 = \frac{n_1}{i_{1-3}} = \frac{1}{4} n_1 = \frac{1}{4} \times 1000 = 250 \text{ r/min}$$

5.实现变向要求

从齿轮 A,B,F,L,K 经齿轮 K(向左移动)到输出轴Ⅲ,这时汽车以低速倒车(轴Ⅲ和轴 I 转向相反):

$$i_{1-3} = \frac{n_1}{n_3} = -\frac{z_B z_L z_K}{z_A z_F z_L} = -\frac{38 \times 31}{19 \times 12} = -\frac{31}{6}$$

$$n_3 = \frac{6}{31} n_1 = -\frac{6}{31} \times 1000 = -194 \text{ r/min}$$

【思考与训练】

(1)什么是齿轮系?什么是定轴轮系?如何区分定轴轮系与周转轮系?齿轮系的主要功用有哪些?

(2)什么是惰轮?其对轮系传动比的计算有什么影响?

(3)在定轴轮系中,如何确定首、末两轮转向间的关系?

任务二 周转轮系

【学习目标】

(1)掌握周转轮系的组成及传动比、任意轮的转速的计算。

(2)掌握周转轮系的基本计算方法。

【任务描述】

如图4-5-8所示,已知$z_1=20$,$z_2=15$,$z_3=50$,中心轮3固定不动,试求行星轮系传动比i_{1H}。当中心轮1的转速$n_1=70$ r/min 时,求行星架转速n_H。

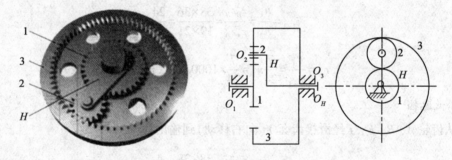

图4-5-8 周转轮系

【任务分析】

如图4-5-8所示的周转轮系中,齿轮2的几何轴线不是固定的,而是绕齿轮1回转。这种轮系中至少有一个齿轮的轴线不是固定的,称为周转轮系。本任务主要解决周转轮系传动比的计算问题。

【相关知识】

一、周转轮系的组成及分类

图4-5-9所示为周转轮系的两种轮系:图(a)为行星轮系,图(b)为差动轮系。齿轮

1，3 和构件 H 均绕固定的互相重合的几何轴线转动(行星轮系中齿轮 3 不动)，齿轮 2 空套在构件 H 上，与齿轮 1，3 相啮合。齿轮 2 一方面绕其自身轴线 O_1O_1 转动(自转)，同时又随构件 H 绕轴线 OO 转动(公转)。齿轮 2 称为行星轮，H 称为行星架或系杆，齿轮 1，3 称为太阳轮。

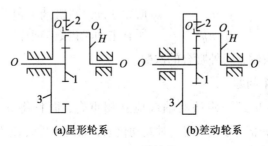

(a)星形轮系　　　(b)差动轮系

图 4-5-9　周转轮系

二、周转轮系的传动比计算

在周转轮系中，由于行星轮的运动不是绕定轴的简单运动，因此不能套用定轴轮系传动比公式来进行计算。周转轮系传动比的计算可以应用转化机构法，即根据相对运动原理，假想对整个行星轮系加上一个绕主轴线 O_1O_1 转动的公共转速 $-n_H$。显然各构件的相对运动关系并不变，但此时系杆 H 的转速为 $n_H-n_H=0$，即相对静止不动，而齿轮 1，2，3 则成为绕定轴转动的齿轮，原周转轮系便转化为假想的定轴轮系。该假想的定轴轮系称为原行星轮系的转化机构，如图 4-5-10 所示。

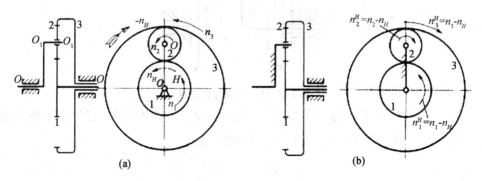

图 4-5-10　周转轮系的转化机构

转化机构各构件的转速如下表所示。

表 4-5-1　转化机构各构件的转速

构件	原转速	转化轮系中的转速	构件	原转速	转化轮系中的转速
太阳轮 1	n_1	$n_1^H=n_1-n_H$	太阳轮 3	n_3	$n_2^H=n_2-n_H$
行星轮 2	n_2	$n_2^H=n_2-n_H$	行星架 H	n_H	$n^H D_H=n_H-n_H$

所以，得到

$$i_{13}^H = \frac{n_1^H}{n_3^H} = \frac{n_1 - n_H}{n_3 - n_H} = -\frac{z_3}{z_1}$$

其中，i_{13}^H 表示转化后定轴轮系的传动比，即齿轮 1 与齿轮 3 相对于行星架 H 的传动比。将上式推广到一般情况，可得

$$i_{1k}^H = \frac{n_1 - n_H}{n_k - n_H} = (-1)^m \frac{\text{所有从动轮齿数的乘积}}{\text{所有主动轮齿数的乘积}} \qquad (4-5-2)$$

式中，m 为齿轮 1 到齿轮 k 间外啮合的次数。

需要注意以下几个问题：

(1)轮 1、轮 k 和 H 三个构件的轴线应互相重合，而且将 n_1，n_k，n_H 的值代入式 (4-5-2)计算时，必须带正号或负号。对差动化系，如两构件转速相反时，一构件用正值代入，另一个构件则以负值代入，第三个构件的转速用所求得的正负号来判别。

(2)$i_{1k}^H \neq i_{1k}$。i_{1k}^H 是行星轮系转化机构的传动比，即齿轮 1，k 相对于行星架 H 的传动比，而 $i_{1k} = n_1/n_k$ 是行星轮系中的 1，k 两齿轮的传动比。

(3)空间行星轮系的两齿轮 1，k 和行星架 H 的轴线互相重合时，其转化机构的传动比仍可用式(4-5-2)来计算，但其正负号应根据转化机构中 1，k 两齿轮的转向来确定，如图 4-5-11 所示。

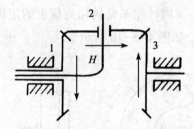

图 4-5-11 空间行星轮系

例题 图 4-5-12 所示为一读数机构，它可实现很大的传动比。已知其中各齿轮数为 $z_1 = 100$，$z_2 = 101$，$z_2 = 100$，$z_3 = 99$。试求传动比 i_{H1}。

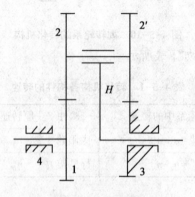

图 4-5-12 读数机构

解：此机构为一行星轮系，其转化机构的传动比由式(4-5-2)得

$$i_{13}^H = \frac{n_1 - n_H}{n_3 - n_H} = \frac{n_1 - n_H}{0 - n_H} = 1 - \frac{n_1}{n_H} = 1 - i_{1H}$$

故

$$i_{1H} = 1 - i_{13}^H$$

又因为

$$i_{13}^H = (-1)^2 \frac{z_2 z_3}{z_1 z_{2'}} = \frac{101 \times 99}{100 \times 100}$$

所以

$$i_{1H} = 1 - i_{13}^H = 1 - \frac{101 \times 99}{100 \times 100} = \frac{1}{10000}$$

所以

$$i_{H1} = \frac{1}{i_{1H}} = 10000$$

即当系杆 H 转 10000 转，齿轮 1 才转 1 转，且两构件转向相同。本例也说明行星轮系用少数几个齿轮就能获得很大的传动比。

若将 z_3 由 99 改为 100，则

$$i_{H1} = \frac{n_H}{n_1} = -100$$

若将 z_2 由 101 改为 100，则

$$i_{H1} = \frac{n_H}{n_1} = 100$$

由此结果可见，同一种结构形式的行星轮系，由于某一齿轮数略有变化(本例中仅差一个齿)，其传动比则会发生巨大变化，同时转向也会改变。

三、混合轮系传动比计算

由于混合轮系中既包含定轴轮系，又包含周转轮系，所以计算混合轮系的传动比时，不能将整个轮系单纯地以定轴轮系或周转轮系区别开，分别列出它们的传动比计算公式，最后联立求解来计算。

分析混合轮系的关键是先找出周转轮系。方法是先找出行星与行星架，再找出与行星轮相啮合的太阳轮。行星轮、太阳轮、行星架构成一个周转轮系。找出所有的周转轮系后，剩下的就是定轴轮系。

例题 在图 4-5-13 所示的混合轮系中，已知各齿轮齿数为 $z_1 = 24$，$z_2 = 36$，$z_3 = 20$，$z_4 = 40$，$z_5 = 80$。轮 1 的转速 $n_1 = 600$ r/min，试求传动比 i_{1H} 和行星架 H 的转速 n_H。

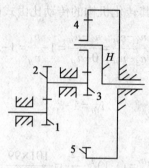

图 4-5-13 混合轮系

解：这是一个混合轮系，应先将定轴轮系和周转轮系划分清楚。齿轮 3，4，5 和行星架 H 组成周转轮系；齿轮 1，2 组成定轴轮系。再分别列出它们的传动比计算分式。

定轴轮系传动比按式(4-5-1)计算得

$$i_{12} = \frac{n_1}{n_2} = \frac{z_2}{z_1} = -\frac{36}{24} = -\frac{3}{2}$$

于是

$$n_2 = -\frac{2}{3}n_1 = -\frac{2}{3} \times 600 = -400 \text{ r/min}$$

周转轮系传动比按式(4-5-2)计算得

$$i_{35}^H = \frac{n_3 - n_H}{n_5 - n_H} = -\frac{z_5}{z_3} = -\frac{80}{20} = -4$$

因为 $n_3 = n_2 = -400$ r/min，$n_5 = 0$，代入上式得

$$\frac{-400 - n_H}{0 - n_H} = -4$$

解得

$$n_H = -80 \text{ r/min}$$

$$i_{1H} = \frac{n_1}{n_H} = -\frac{600}{80} = -7.5$$

由计算结果可知：n_2，n_H 均为负值，表示轮 2 和行星架 H 的转向相同，而与轮 1 的转向相反。

【任务实施】

用机构转化法对轮系加一个转速为 $-n_H$ 的附加转动，由公式可得

$$i_{1H} = \frac{n_1}{n_H} = 1 + \frac{z_3}{z_1} = 1 + \frac{50}{20} = 3.5$$

当 $n_1 = 70$ r/min 时，有 $n_H = \frac{n_1}{i_{1H}} = \frac{70}{3.5} = 20$ r/min

【知识拓展】

齿轮减速器简介

齿轮减速器是原动机与工作机之间的闭式齿轮传动装置，大部分已标准化，一般根据工作机的需要进行选择，可起到降低转速和增大转矩的作用。

1.齿轮减速器的类型和特点

齿轮减速器的种类很多，常用的有圆柱齿轮减速器、圆锥齿轮减速器、蜗杆减速器等；按齿轮的级数还可分为单级、双级和多级齿轮减速器。单级圆柱齿轮减速器的最大传动比一般为 $i_{max}=8\sim10$。齿轮减速器的特点是效率高、寿命长、使用维护方便，因而应用十分广泛。

常用齿轮减速器的类型如图 4-5-14 所示。

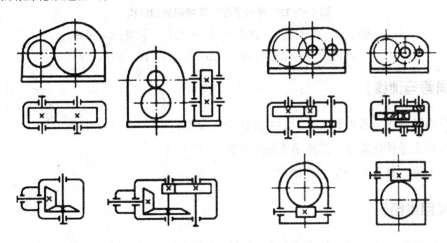

图 4-5-14 常用齿轮减速器的类型

2.齿轮减速器的结构

图 4-5-15 为单级圆柱齿轮减速器的结构，它主要由箱体、轴承、轴、齿轮(或蜗杆蜗轮)和附件等组成。箱体应有足够的强度和刚度，为保证箱体的刚度和散热，常在箱体外壁上制有加强肋。

齿轮减速器的箱体为剖分式结构，由箱盖和箱座组成，剖分线通过齿轮轴线平面。部分剖面上铣出导油沟，使飞溅到箱盖上的润滑油沿内壁流入油沟，引入轴承室润滑轴承。为方便齿轮减速器的制造、装配及使用，还在齿轮减速器上设置一系列附件，如窥视孔、通气器、油标尺及油面指示器、起盖螺钉、吊环、定位销等。

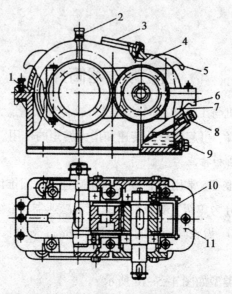

图 4-5-15 单级圆柱齿轮减速器的结构

1—螺钉；2—通气器；3—视孔盖；4—箱盖；5—吊耳；6—吊钩；

7—箱座；8—油标尺；9 油塞；10—集油沟；11—定位销

【思考与训练】

(1)周转轮系分哪两种? 它们的主要区别在哪里?

(2)什么是转化轮系? 其传动比如何计算?

(3)怎样计算行星轮系的传动比?

【项目小结】

(1)定轴轮系在传动中所有齿轮的回转轴线都有固定的位置,可用作较远距离的传动,获得较大的传动比,可改变从动轴的转向,获得多种传动比。

(2)在定轴轮系中,首轮与末轮的转速比等于各从动齿轮齿数的连乘积与各主动齿轮齿数的连乘积之比。

(3)用标注箭头的方法来区分首轮与末轮的转向,要注意箭头方向表示齿轮可见侧的圆周速度方向。当同向时,转向相同;当反向时,转向相反。还可采用数齿轮外啮合的对数的方法来确定转向:如果为偶数对外啮合,首末两轮的转向相同;如果为奇数对外啮合,首末两轮的转向相反。需要注意的是,当轮系中有锥齿轮或蜗杆蜗轮时,其转向只能用画箭头的方法确定,因各轮的运动不在同一平面内,所以不能用数齿轮外啮合对数的方法确定转向,因为该方法仅适用于外啮合的轴线平行的圆柱齿轮传动。

(4)周转轮系是指传动中有一个或几个齿轮的回转轴线的位置不固定,而是绕着其他齿轮的固定轴线回转。如果周转轮系中有两个构件具有独立的运动规律(两个主动件），则称为差动轮系。如果只有一个构件为主动件，则称为行星轮系。周转轮系具有很大的传动比，并能把一个转动分解为两个转动，或把两个转动合为一个转动。

【项目综合练习】

（1）图4-5-16所示滑移齿轮变速机构输出轴 V 的转速有（　　　）。

A. 18 种　　　　　　B. 16 种　　　　　　C. 12 种　　　　　　D. 9 种

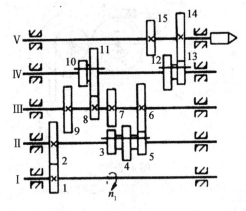

图 4-5-16　滑移齿轮变速机构

（2）图4-5-17所示定轴轮系中，已知 $z_1 = 30$，$z_2 = 45$，$z_3 = 20$，$z_4 = 48$。试求轮系传动比 i_{14}，并用箭头在图上标明各齿轮的回转方向。

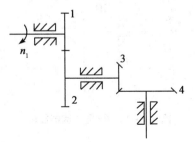

图 4-5-17　定轴轮系

（3）图4-5-18所示定轴轮系中，已知 $z_1 = 24$，$z_2 = 28$，$z_3 = 20$，$z_4 = 60$，$z_5 = 20$，$z_6 = 20$，$z_7 = 28$，求轮系传动比 i_{17}。若 n_1 的转向已知，试判定轮 7 的转向。

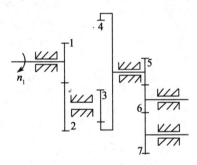

图 4-5-18　定轴轮系

（4）一提升装置如图 4-5-19 所示，其中各齿轮齿数为 $z_1 = 20$，$z_2 = 50$，$z_{2'} = 16$，$z_3 = 30$，$z_{4'} = 18$，$z_5 = 52$，蜗杆为右旋单头，蜗轮齿数 $z_4 = 40$。①试求传动比 i_{15}，并指出提升求重物时手柄的转向；②若卷筒直径 $D = 250$ mm，当 $n_1 = 1000$ r/min 时，求重物上升速度 v。

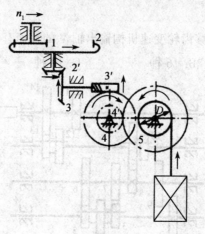

图 4-5-19

（5）行星减速器如图 4-5-20 所示，已知 $n_3 = 2400$ r/min，$z_1 = 105$，$z_2 = 135$，试求系杆 H 的转速 n_H。

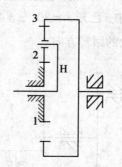

图 4-5-20　行星减速器简图

常用机械零部件

　　机械零件又称机械元件，是组成机械和机器的不可分拆的单个制件。机械零部件的定义如下。①零件，即不能拆分的单个组件。②部件，即实现某个动作或功能的零件组合。它可以是一个零件，也可以是多个零件的组合体。在这个组合体中，有一个零件是主要的，用来实现既定的动作或功能，其他零件只起到联接、紧固、导向等辅助作用。③零部件，即在通常情况下，把除机架以外的所有零件和部件，统称为零部件。常用机械零部件包括联接件、挠性件、轴、轴承、联轴器和离合器。

项目一　联　接

为便于机器的制造、安装、维修和运输，将各种零部件组合在一起，这种组合在工程中称为联接。由于螺纹联接具有结构简单、工作可靠、装拆方便、类型多样、成本较低等特点，所以应用极为广泛。螺旋传动是利用螺杆和螺母组成的螺旋副来实现传动要求的，它主要用于将回转运动转变为直线运动，同时传递运动和动力。本模块主要介绍机械中常见螺纹联接的类型、特点、应用、主要参数和螺栓联接的强度计算，螺旋传动的应用形式和传动特点。

任务一　认识螺纹

【学习目标】

(1)了解螺纹的形成和主要参数。

(2)熟悉常用螺纹的特点及应用。

(3)掌握普通螺纹的代号与标记。

(4)能正确识别螺纹的旋向、线数。

(5)能正确识别普通螺纹的标记，并确定其主要参数。

【任务描述】

如图 5-1-1 所示的阶梯轴零件中，右端的螺纹标记为 M12×1.25，试识别该螺纹的类型，并查阅相关手册获得其基本尺寸。

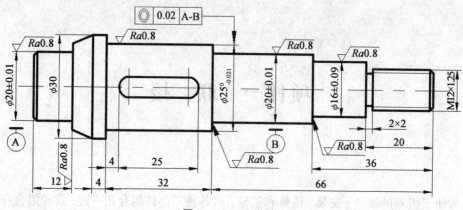

图 5-1-1　阶梯轴

【任务分析】

螺纹在日常生产、生活中有着广泛的应用。此处的螺纹与圆螺母配合，实现轴上零件的轴向固定。螺纹的种类有哪些？螺纹的主要参数有哪些？螺纹标记中的字母和数字代表的含义又是什么？

【相关知识】

一、螺纹的形成及主要参数

1.螺纹的形成和分类

如图 5-1-2 所示，将直角三角形缠绕在直径为 d_2 的圆柱体上，并使三角形的底边与圆柱体的底边重合，则其斜边在圆柱体上形成的空间曲线称为螺旋线。如果用车刀沿螺旋线车削出三角形的沟槽，就形成三角形螺纹（如图 5-1-3 所示）。同样，也可以车削出矩形螺纹和梯形螺纹。螺纹就是在圆柱或圆锥表面上，沿着螺旋线形成的具有相同剖面的连续凸起。

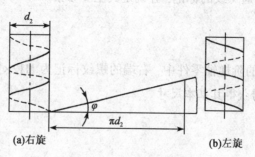

图 5-1-2　螺旋线的形成

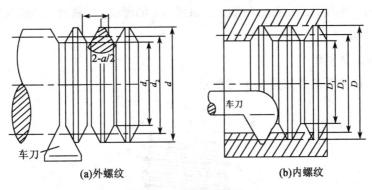

图 5-1-3　螺纹的形成

　　根据螺旋线绕行方向的不同,可将螺纹分为右旋螺纹和左旋螺纹(如图 5-1-4 所示),其中右旋螺纹应用较多。根据螺旋线数目的不同,又可将螺纹分为单线螺纹、双线螺纹和多线螺纹(如图 5-1-5 所示)。单线螺纹主要用于联接,双线和多线螺纹主要用于传动。为制造方便,螺纹线数一般不超过 4。

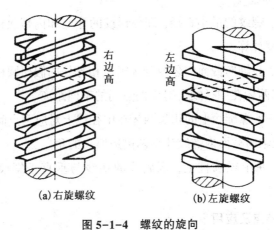

(a)右旋螺纹　　　　　　　　(b)左旋螺纹

图 5-1-4　螺纹的旋向

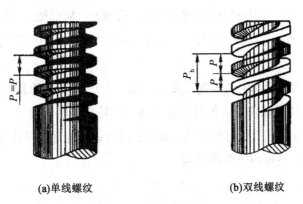

(a)单线螺纹　　　　　　　　(b)双线螺纹

图 5-1-5　螺纹的线数

　　在圆柱表面形成的螺纹是圆柱螺纹。在圆锥表面形成的螺纹是圆锥螺纹,其常见于管道的联接。在圆柱或圆锥外表面上形成的螺纹称为外螺纹,如螺栓上的螺纹;在圆柱或圆锥内表面上形成的螺纹称为内螺纹，如螺母上的螺纹。外螺纹与内螺纹组成螺纹副，用于联接或传动。

2.螺纹的主要参数

普通螺纹的主要参数如图 5-1-6 所示。

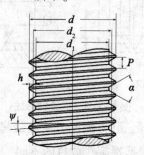

图 5-1-6　普通螺纹的基本参数

（1）大径 $d(D)$：螺纹的最大直径，即外螺纹的牙顶和内螺纹的牙底的圆柱体直径。大径在标准中定为公称直径。

（2）小径 $d_1(D_1)$：螺纹的最小直径，即外螺纹的牙底和内螺纹的牙顶的圆柱体的直径。小径主要用于强度计算。

（3）中径 $d_2(D_2)$：在轴向截面内牙厚与牙槽宽相等处的假想圆柱体直径。

（4）螺距 P：相邻两牙在中径线上对应两点间的轴向距离。

（5）导程 P_h：同一条螺旋线上的相邻两牙在中径线上对应两点间的轴向距离。

（6）牙型角 α：在轴向截面内螺纹牙型两侧边所夹的角。

（7）螺纹升角 ψ：在中径圆柱上，螺旋线的切线与垂直于螺纹轴线的平面之间的夹角。

二、常用螺纹的特点及应用

螺纹的种类很多，常用螺纹包括普通螺纹、管螺纹、梯形螺纹、矩形螺纹、锯齿形螺纹等，如图 5-1-7 所示。其中，前两种主要用于联接，后三种主要用于传动。

1.普通螺纹

普通螺纹的牙型角为 60°的米制三角形螺纹，广泛用于各种紧固联接。同一公称直径下有多种螺距，其中螺距最大的称为粗牙螺纹，其余为细牙螺纹。普通螺纹的牙根较厚、强度高。一般情况下多用粗牙螺纹。细牙螺纹自锁性能好，但易滑牙，常用于薄壁零件或受动载的联接，还可用于微调机构。

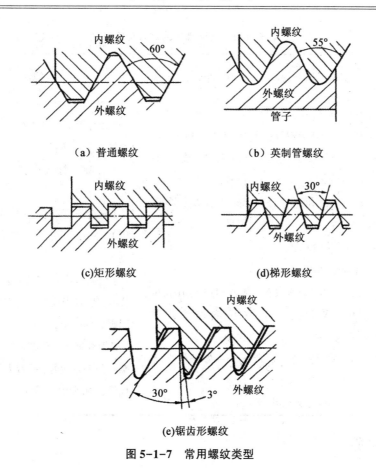

（a）普通螺纹 （b）英制管螺纹

(c)矩形螺纹 (d)梯形螺纹

(e)锯齿形螺纹

图 5-1-7 常用螺纹类型

2.管螺纹

英制管螺纹的牙型角为 55°，分为密封管螺纹和非密封管螺纹。非密封管螺纹为圆柱螺纹。密封管螺纹的内、外螺纹均有锥度（锥度为 1：16）或外螺纹为圆锥螺纹而内螺纹为圆柱螺纹。管螺纹广泛用于水管、煤气管、油管等气体和液体管路系统的联接。

3.矩形螺纹

矩形螺纹的牙型为矩形，牙厚为螺距的一半，尚未标准化。矩形螺纹传动效率最高，但牙根强度低，传动精度低，常用于传力或传导螺旋。

4.梯形螺纹

梯形螺纹的牙型为等腰梯形，牙型角为 30°，传动效率低于矩形螺纹，但牙根强度高，对中性好，广泛用于传力或传导螺旋，如机床的丝杠、螺旋举重器等。

5.锯齿形螺纹

锯齿形螺纹工作面的牙型角为 3°，非工作面的牙型角为 30°，锯齿形螺纹综合了矩形螺纹效率高和梯形螺纹牙根强度高的特点，但仅用于单向受力的传力螺旋。

三、普通螺纹的代号与标记

联接螺纹中，普通螺纹应用最广，普通螺纹的代号与标记如表 5-1-1 所列。

表 5-1-1　普通螺纹的代号与标记

种类	特征代号	标记示例及说明	螺纹副标记示例	附注
普通螺纹	M	M20LH-6g-L： M—粗牙普通螺纹； 20—公称直径； LH—左旋； 6g—中径和顶径公差带代号； L—长旋合长度	M24LH-6H/6g： 6H—内螺纹公差带代号； 6g—外螺纹公差带代号	1.粗牙普通螺纹不标螺距，而细牙普通螺纹应标注； 2.右旋不标旋向代号，左旋用 LH 表示； 3.旋合长度有长、中、短三种，分别用 L，N，S 表示，中等旋合长度可省略 N； 4.公差带代号中，前者为中径公差带代号，后者为顶径公差带代号，两者相同则只标一个； 5.螺纹副的公差带代号中，前者为内螺纹公差带代号，后者为外螺纹公差带代号，中间用"/"隔开
		M20×2-6H7H： M—细牙普通螺纹； 20—公称直径； 2—螺距； 6H—中径公差带代号； 7H—顶径公差带代号	M24×1LH-6H/5g6g： 6H—内螺纹公差带代号； 5g6g—外螺纹公差带代号	

【任务实施】

由标记可知，图 5-1-1 中的螺纹为细牙普通螺纹，螺纹旋向为右旋，查阅相关手册并计算，该螺纹的主要参数值如下：

(1)螺纹大径 $d = 12$ mm；

(2)螺纹小径 $d_1 = 10.647$ mm；

(3)螺纹中径 $d_2 = 11.188$ mm；

(4)螺距 $P = 1.25$ mm；

(5)牙型高度 $h = 0.6765$ mm；

(6)牙型角 $\alpha = 60°$。

【思考与训练】

(1)将直角三角形缠绕在铅笔的表面上，观察其斜边形成的螺旋线，并判断其旋向。

(2)观察水管接头、普通螺栓、车床丝杠、虎钳、活动扳手上的螺纹，并判定其类型(旋向、线数、牙型等)。

(3)识别以下普通螺纹标记：M10；M20×2-L；M18LH-6g-L；M30×2-6H/5g6g。

任务二 认识螺纹联接

【学习目标】

(1)熟悉螺纹联接的类型、特点及应用。

(2)熟悉常用螺纹联接件的种类和应用。

(3)掌握螺纹联接的预紧方法和防松措施。

(4)具备螺纹联接类型及螺纹联接件的选型能力。

(5)具备螺纹联接的预紧控制及防松处理能力。

【任务描述】

如图5-1-8所示凸缘联轴器，用6个M20的螺栓加平垫圈和标准螺母将两个半联轴器紧固在一起。工作一段时间后，螺纹联接出现松动，螺栓和螺母出现了滑牙，不能正常使用。试分析原因，重新更换螺纹联接件并做适当防松、紧固处理。

图5-1-8 凸缘联轴器

【任务分析】

螺纹联接是一种常见的可拆联接。螺纹联接常见的类型有哪些？各有何特点？在实际生产中有何应用？要更换失效的螺纹联接件，需要合理的选用螺纹联接件，确定防松的处理措施，并进行恰当的紧固预紧。

【相关知识】

一、螺纹联接的类型和应用

螺纹联接的基本类型有螺栓联接、双头螺柱联接、螺钉联接和紧定螺钉联接等。

1.螺栓联接

螺栓联接是将螺栓穿过两个被联接件上的通孔，套上垫圈，拧紧螺母，将两个被联接件联接起来，如图5-1-9所示。螺栓联接分为普通螺栓联接和铰制孔用螺栓联接。前者螺栓杆与孔壁之间留有间隙，螺栓承受拉伸变形；后者螺栓杆与孔壁之间没有间隙，常采用基孔制过渡配合，螺栓承受剪切和挤压变形。

螺栓联接无须在被联接件上切制螺纹孔，因此其结构简单，装拆方便，易于更换，应用较广。其主要用于被联接件不厚、通孔、经常拆卸的场合。

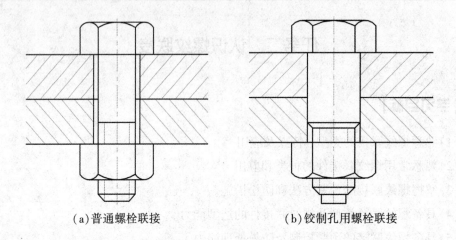

（a）普通螺栓联接　　　　　　　　（b）铰制孔用螺栓联接

图 5-1-9　螺栓联接

2.双头螺柱联接

　　螺杆两端无钉头，但均有螺纹，装配时一端旋入被联接件，另一端配以螺母，如图5-1-10所示。拆装时只需拆装螺母，而无须将双头螺柱从被联接件中拧出。双头螺柱联接适用于被联接件之一较厚、盲孔且经常拆卸的场合。

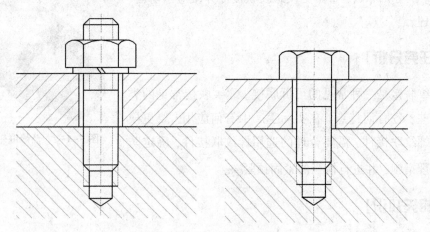

图 5-1-10　双头螺柱联接

3.螺钉联接

　　螺钉联接是将螺钉穿过一被联接件的光孔，再旋入另一被联接件的螺纹孔中，然后拧紧，如图5-1-11 所示。螺钉联接不用螺母，用于被联接件之一较厚、且不经常拆卸的场合。

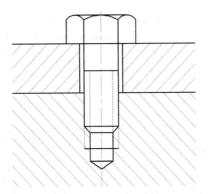

图 5-1-11 螺钉联接

4.紧定螺钉联接

紧定螺钉联接是将紧定螺钉旋入被联接件之一的螺纹孔中，螺钉末端顶住另一个被联接件的表面或顶入其相应的凹坑内，从而固定两被联接件的相对位置，并可传递不大的轴向力或扭矩，常用于轴和轴上零件的联接，如图 5-1-12 所示。

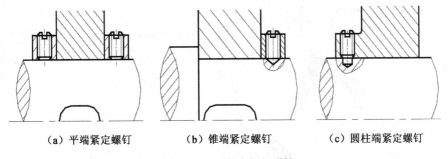

（a）平端紧定螺钉　　　　（b）锥端紧定螺钉　　　　（c）圆柱端紧定螺钉

图 5-1-12 紧定螺钉联接

紧定螺钉的末端类型有锥端、平端和圆柱端。锥端适用于零件表面硬度较低、不常拆卸的场合。平端的接触面积大、不伤零件表面，用于顶紧硬度较大的平面和经常拆卸的场合。圆柱端可以压入轴上凹坑中，适于紧定空心轴上零件的位置、轻材料和金属薄板等。

二、螺纹联接件

螺纹联接件品种繁多，常用的有螺栓、双头螺柱、螺钉、紧定螺钉、螺母和垫圈等，这类零件的结构型式和尺寸都已标准化，设计时可根据有关标准选用。常用螺纹联接件见表 5-1-2。

表 5-1-2　常用螺纹联接件

类型	图例	结构及应用
螺栓		有普通螺栓和铰制孔用螺栓，精度分为 A，B，C 三级，通常多用 C 级，杆部螺纹长度可以根据需要确定
双头螺柱		两端带螺纹，分 A 型(有退刀槽)和 B 型(无退刀槽)
螺钉		螺钉的结构与螺栓相似，但头部的形状较多，有六角头、圆柱头、半圆头、沉头等，旋具槽有内六角孔、十字槽、一字槽等
紧定螺钉		紧定螺钉的末端类型有锥端、平端和圆柱端
六角螺母		六角螺母按厚度分为标准和薄型两种。薄型螺母常用于受剪力的螺栓或控件尺寸受限制的场合。螺母精度与螺栓对应，分 A，B，C 三级，分别与同级别的螺栓配用
圆螺母		圆螺母与带翅垫圈配用，螺母带有缺口，应用时带翅垫圈内舌嵌入轴槽中，外舌嵌入圆螺母的槽内，螺母即被锁紧
垫圈		垫圈放在螺母与被联接件之间，保护支撑面。常用的有平垫圈、斜垫圈和弹簧垫圈。斜垫圈用于垫平倾斜的支撑面，弹簧垫圈与螺母配合使用，可起到摩擦防松的作用

三、螺纹联接的预紧与防松

1.螺纹联接的预紧

螺纹联接在装配时一般要拧紧，从而起到预紧的作用。预紧的目的是增加联接的可靠性、紧密性和紧固性，防止受载后被联接件间出现缝隙和相对滑动。

预紧时螺栓所受拉力 F_0 称为预紧力。预紧力要适度，控制预紧力的方法可采用测力矩扳手或定力矩扳手，如图 5-1-13 所示。

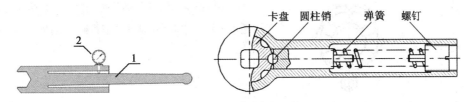

图 5-1-13　预紧力控制扳手

2.螺纹联接的防松

一般螺纹联接具有自锁性，在静载荷作用下，工作温度变化不大时，这种自锁性能防止螺母松脱。但在实际工作中，当外载荷有振动、变化时，或材料高温蠕变等会造成摩擦力减少，螺纹副中正压力在某一瞬间消失，摩擦力为零，从而使螺纹联接松动。经过反复作用，螺纹联接就会松弛而失效。因此，必须进行防松，否则会影响正常工作，造成事故。

螺纹联接防松的原理就是消除(或限制)螺纹副之间的相对运动，或增大相对运动的难度，常用的防松方法见表 5-1-3。

表 5-1-3　螺纹联接的防松方法

防松方法		结构形式	特点及应用
利用摩擦力防松	双螺母	主螺母　副螺母	利用两螺母的对顶作用，保持螺纹间的压力。其外廓尺寸大、防松但不可靠，适用于平稳、低速、重载的联接
	弹簧垫圈		弹簧垫圈装配后被压平，其反弹力使螺纹间保持压紧力和摩擦力，同时切口尖也有阻止螺母反转的作用。其结构简单、尺寸小、工作可靠，广泛用于一般联接

表 5-1-3(续)

防松方法		结构形式	特点及应用
机械防松	槽形螺母与开口销		槽形螺母拧紧后，开口销穿过螺栓尾部小孔和螺母槽，开口销尾部掰开与螺母侧面贴紧。其防松可靠，适用于较大冲击、振动的高速机械中运动部件的联接
	止动垫片		将垫圈折边，以固定六角螺母和被联接件的相对位置。其结构简单、防松可靠，适用于受力较大的场合
	圆螺母与带翅垫圈		装配时将垫圈内翅插入轴上的槽内，将垫圈外翅嵌入圆螺母的槽内，螺母被锁紧。其常用于滚动轴承的轴向固定
	串联金属丝	正确 错误	用低碳钢丝穿入各螺钉头部的孔内，将螺钉串联起来，使其相互牵制。其防松可靠、拆卸不便，适用于螺钉组联接

表 5-1-3(续)

防松方法		结构形式	特点及应用
破坏螺纹副	冲点和焊点	冲点 焊点	螺母拧紧后,在螺栓末端与螺母的旋合缝处冲点或焊接来防松。其防松可靠,但拆卸后联接不能再用,适用于装配后不再拆开的场合
	黏结防松	涂黏结剂 	在旋合螺纹间涂以黏结剂,使螺纹副紧密胶合。其防松可靠,且有密封作用

【任务实施】

一、螺纹联接失效分析

根据两个半联轴器联接的特点,此处采用螺栓联接是恰当的。工作一段时间后,螺纹联接出现松动主要是由于平垫圈不能起到防松的作用或预紧力不够;螺栓、螺母出现滑牙是因为螺纹联接松动后使螺纹受到的附加载荷过大。因此,螺纹联接件的规格仍采用原来的 M20 的螺栓螺母,同时采取一定的防松措施:考虑此处载荷较平稳,选用结构简单、应用较广的弹簧垫圈进行防松。螺栓、螺母材料选用 45 钢,弹簧垫圈材料选用 65Mn。

二、螺纹联接的紧固和预紧

将两半联轴器的螺栓孔对齐,接合面贴紧,将 6 个螺栓依次穿过螺栓孔后,套上弹簧垫圈,拧上螺母,使用扳手对角逐个拧紧,并凭感觉和经验来控制预紧力。

需要注意以下两个方面:①螺栓的穿入方向要一致;②必须分两次进行螺栓的紧固。

第一次紧固到螺栓预紧力的 60%~80%；第二次再完全紧固。为使螺栓均匀受力，两次拧紧都应按一定顺序进行。

【思考与训练】

(1)螺纹联接的四种基本类型在结构和应用上各有何特点？观察螺纹联接的不同类型在实际生产、生活中的应用。

(2)螺纹联接为何要预紧，控制预紧力的方法有哪些？

(3)螺纹联接为什么要防松？防松的基本原理有哪几种？具体的防松方法和装置有哪些？观察各种防松方法在机械上的应用。

任务三　螺栓联接的强度计算

【学习目标】

(1)熟悉螺纹联接中单个螺栓的受力情况。

(2)掌握不同受力情况下单个螺栓的强度校核和设计计算方法。

(3)能根据实际情况分析螺纹联接中单个螺栓的受力情况。

(4)能根据单个螺栓的受力特点对螺栓进行强度校核或设计计算。

【任务描述】

如图 5-1-14 所示的钢制凸缘联轴器需传递的扭矩 $T=1200$ N·mm，用均布直径 $D=250$ mm 圆周上的 6 个螺栓将两个半联轴器紧固在一起，凸缘厚度 $b=30$ mm。试选择螺栓的材料，并通过强度计算确定螺栓的尺寸。

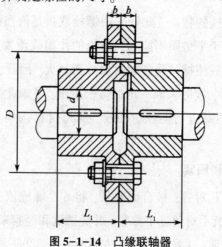

图 5-1-14　凸缘联轴器

【任务分析】

在设计螺纹联接时，首先应由强度计算来确定螺栓直径，然后按标准选用螺栓及其对应的螺母、垫圈等联接件。

在螺纹联接中，螺栓或螺钉多数是成组使用的，计算时应根据联接所受的载荷和结构的布置情况进行受力分析，找出螺栓组中受力最大的螺栓，把螺栓组的强度计算问题简化为受力最大的单个螺栓的强度计算。

【相关知识】

螺栓联接中的单个螺栓的力分为轴向拉力和横向剪切力。前者的失效形式多为螺纹部分的塑性变形或断裂，如果联接经常拆卸也可能导致滑扣；对于后者，螺栓在接合面处受剪，并与被联接孔相互挤压，其失效形式为螺杆被剪断，以及螺杆或孔壁被压溃。

一、受拉螺栓联接

1.松螺栓联接的强度计算

这种联接在承受工作载荷以前螺栓不旋紧，即不受力，如图 5-1-15 所示的起重吊钩尾部的松螺栓联接。工作时只承受轴向工作载荷 F 作用，其强度校核与设计计算式分别为

$$\sigma = \frac{F}{\frac{\pi}{4}d_1^2} \leqslant [\sigma] \tag{5-1-1}$$

$$d_1 \geqslant \sqrt{\frac{4F}{\pi[\sigma]}} \tag{5-1-2}$$

式中，F——轴向工作载荷，单位为 N；

    d_1——螺栓小径，单位为 mm；

    σ——螺栓的工作应力，单位为 MPa；

    $[\sigma]$——螺栓材料的许用应力，单位为 MPa。

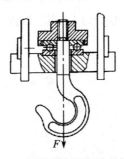

图 5-1-15 起重吊钩尾部的松螺栓联接

2.紧螺栓联接的强度计算

(1)只受预紧力作用的紧螺栓联接。

如图5-1-16所示的螺栓联接中,螺栓杆与孔之间留有间隙。在横向工作载荷F_s的作用下,被联接件接合面之间有相对滑动的趋势。为防止滑动,由预紧力F_0所产生的摩擦力应大于或等于横向工作载荷F_s,即

$$F_0 fm \geqslant F_s$$

引入可靠性系数K_f,整理得

$$F_0 = \frac{K_f F_s}{fm} \tag{5-1-3}$$

式中,F_0——螺栓所受轴向预紧力,单位为N;

$\quad K_f$——可靠性系数,通常取$K_f = 1.1 \sim 1.3$;

$\quad F_s$——螺栓联接所受横向工作载荷,单位为N;

$\quad f$——接合面间的摩擦系数,对于干燥的钢件表面取$f = 0.1 \sim 0.16$,其他可从相关手册中查取;

$\quad m$——接合面的数目。

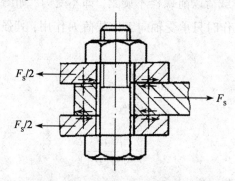

$F_s/2$

F_s

$F_s/2$

图5-1-16 只受预紧力的紧螺栓联接

紧螺栓联接在承受工作载荷之前必须预紧。因此,螺栓既受拉伸,又因螺纹副中摩擦阻力矩的作用而受扭转,故在危险截面上既有拉应力,又有受扭转而产生的剪应力。螺栓常用塑性材料,其螺杆部分的强度仍按拉伸强度公式计算,考虑到剪应力的影响,把螺栓所受轴向拉应力增加30%,即变为1.3倍。因此,其螺栓的强度条件和设计计算公式分别可简化为

$$\sigma = \frac{1.3 F_0}{\frac{\pi}{4} d_1^2} \leqslant [\sigma] \tag{5-1-4}$$

$$d_1 \geqslant \sqrt{\frac{5.2 F_0}{\pi [\sigma]}} \tag{5-1-5}$$

式中各符号意义同前。

（2）受预紧力和轴向工作载荷的螺栓联接。

如图 5-1-17 所示的压力容器螺栓联接，当螺母拧紧后，螺栓受到预紧力 F_0 的作用，被联接件接触面则受到与 F_0 大小相同的压力。工作时，由于容器内部压力 p 的作用，使螺栓受轴向工作拉力 F 的作用而进一步伸长。因此被联接件接触面之间随着这一变化而回松，其压力由初始的 F_0 减至 F'_0，F'_0 称为残余预紧力或剩余压缩力。由此可知，螺栓受轴向载荷 F 后，螺栓所受的总拉力 F_Σ 等于工作拉力 F 与剩余预紧力 F'_0 之和，即 $F_\Sigma = F'_0 + F$。则受预紧力和轴向工作载荷的螺栓强度校核与设计计算式分别为

$$\sigma = \frac{1.3F_\Sigma}{\dfrac{\pi}{4}d_1^2} \leqslant [\sigma] \tag{5-1-6}$$

$$d_1 \geqslant \sqrt{\frac{5.2F_\Sigma}{\pi[\sigma]}} \tag{5-1-7}$$

残余预紧力 F'_0 的值可参照表 5-1-4，式中其他符号意义同前。

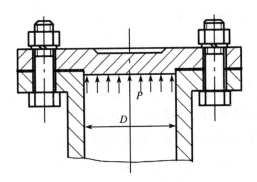

图 5-1-17　受预紧力和工作载荷的紧螺栓联接

表 5-1-4　残余预紧力 F'_0 的推荐值

联接性质		残余预紧力 F'_0 的推荐值
紧固联接	F 无变化	$(0.2 \sim 0.6)F$
	F 有变化	$(0.6 \sim 1.0)F$
紧密联接		$(1.5 \sim 1.8)F$
地脚螺栓联接		$\geqslant F$

二、受剪螺栓联接

图 5-1-18 所示的铰制孔螺栓联接是靠受剪切和挤压的螺栓杆来承受横向工作载荷的。工作时，螺栓在被联接件之间的接合面处受剪切，螺栓杆与被联接件的孔壁相互挤压，因此应分别按照剪切和挤压强度来计算。这类联接的预紧力不大，计算时可忽略不计。

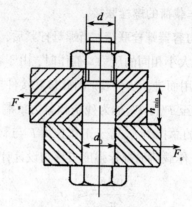

图 5-1-18　受剪螺栓联接

螺栓的剪切强度条件为

$$\tau = \frac{F_s}{\dfrac{\pi d_0^2}{4}} \leqslant [\tau] \qquad (5-1-8)$$

螺栓杆与孔壁的挤压强度条件为

$$\sigma_p = \frac{F_s}{d_0 h_{min}} \leqslant [\sigma_p] \qquad (5-1-9)$$

式中，F_s——单个铰制孔用螺栓所受的横向工作载荷，单位为 N；

　　　d_0——铰制孔用螺栓剪切面直径，单位为 mm；

　　　h_{min}——螺栓杆与孔壁挤压面的最小高度，单位为 mm；

　　　$[\tau]$——螺栓许用剪切应力，单位为 MPa；

　　　$[\sigma_p]$——螺栓或被联接件的许用挤压应力，单位为 MPa。

　　一般机械用螺栓联接在静载荷下的许用应力与安全系数见表 5-1-5，螺栓与被联接件材料不同时取最弱的。计算中用到的抗拉强度和屈服点可查阅相关资料，部分常用材料的强度指标参见表 5-1-6。

表 5-1-5　一般机械用螺栓联接在静载荷下的许用应力与安全系数

类型	许用应力	相关因素		安全系数
受拉螺栓联接	许用拉应力 $[\sigma] = \dfrac{\sigma_s}{S_s}$	松联接		$S_s = 1.2 \sim 1.7$
		紧联接	控制预紧力	扭力扳手或定力扳手	$S_s = 1.6 \sim 2$
			测量螺栓伸长量	$S_s = 1.3 \sim 1.5$
			不控制预紧力	碳素钢	$S_s = 1.3 \sim 1.4$
				合金钢	$S_s = 2.5 \sim 5$

表 5-1-5(续)

类型	许用应力	相关因素		安全系数
受剪螺栓联接	许用剪应力 $[\tau]=\dfrac{\sigma_s}{S_s}$	紧联接	螺栓材料 钢	$S_s=2.5$
	许用挤压应力 $[\sigma_p]=\dfrac{\sigma_{lim}}{S_p}$		螺栓或孔壁材料 钢 $\sigma_{lim}=\sigma_s$	$S_p=1\sim1.25$
			铸铁 $\sigma_{lim}=\sigma_b$	$S_p=2\sim2.5$

表 5-1-6 部分常用材料的力学性能

材料	抗拉强度 σ_b /MPa	屈服点 σ_s /MPa	材料	抗拉强度 σ_b /MPa	屈服点 σ_s /MPa
10	340~420	210	35	540	320
Q215	340~420	220	45	610	360
Q235	410~470	240	40Cr	750~1000	650~900

【任务实施】

1.单个螺栓所受横向工作载荷

通过分析可知,该联接属于只受预紧力作用的紧螺栓联接,每个螺栓所受横向工作载荷为

$$F_s=\frac{2T}{Dz}=\frac{2\times1200\times1000}{250\times6}=1600 \text{ N}$$

2.预紧力 F_0 的计算

可靠性系数 K_f 取 1.2,接合面摩擦因数 $f=0.15$,由该联接情况可知接合面数目为 $m=1$。由式(5-1-3)得

$$F_0=\frac{K_f F_s}{fm}=\frac{1.2\times1600}{0.15\times1}=12800 \text{ N}$$

3.选择螺栓材料,确定许用应力

查表选择的螺栓材料为 45 钢,其 $\sigma_b=610$ MPa, $\sigma_s=360$ MPa。由表可知,当不控制预紧力时,对碳素钢取 $S_s=4$,所以有

$$[\sigma]=\frac{\sigma_s}{S_s}=\frac{360}{4}=90 \text{ MPa}$$

4.计算螺栓直径

由式(5-1-5)得

$$d_1 \geqslant \sqrt{\frac{5.2F_0}{\pi[\sigma]}} = \sqrt{\frac{5.2 \times 12800}{3.14 \times 90}} = 15.347 \text{ mm}$$

查普通螺纹基本尺寸,取 $d=20$ mm, $d_1=17.159$ mm, $P=2.5$ mm。

【思考与训练】

(1)受拉螺栓和受剪螺栓的主要破坏形式分别是什么?

(2)承受预紧力 F_0 和工作拉力 F 的紧螺栓联接,螺栓所受的总拉力 F_Σ 是否等于 F_0+F? 为什么?

(3)对于紧螺栓联接,其螺栓的拉伸强度条件公式中的系数 1.3 的含义是什么?

(4)本课题任务中的两个半联轴器若采用 3 个 $d=20$ mm 的铰制孔用螺栓联接,螺栓材料选用 Q235,试校核螺栓联接的强度是否足够。

任务四　螺旋传动

【学习目标】

(1)了解螺旋传动的原理、分类、特点及应用。

(2)熟悉普通螺旋传动的应用形式和传动特点。

(3)熟悉双螺旋传动的分类和应用形式,了解差动螺旋传动的原理。

(4)能正确判断普通螺旋传动中移动件的移动方向并计算移动距离。

(5)能正确判定差动螺旋传动中从动件的移动方向和移动距离。

【任务描述】

图 5-1-19 所示是应用在微调镗刀上的螺旋传动实例。螺杆 1 在 Ⅰ 和 Ⅱ 两处均为右旋螺纹,刀套 3 固定在镗杆 2 上,镗刀 4 在刀套中不能回转,只能移动,当螺杆回转时,可使镗刀得到微量移动。试分析:

(1)当螺杆 1 按图示方向回转时,镗刀的移动方向如何?若螺杆回转 1 转,镗刀的移动距离是多少?

(2)微调镗刀是如何实现微距离调整的?

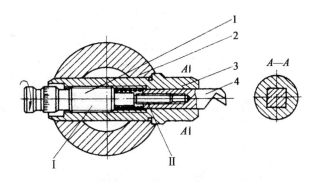

图 5-1-19 微调镗刀中的螺旋传动
1—螺杆；2—镗杆；3—刀套；4—镗刀

【任务分析】

螺旋传动是一种常见的传动形式，如台式虎钳、螺旋千斤顶、螺旋测微器等。螺旋传动的原理如何？有哪些分类和应用形式？微调镗刀中有两个螺旋副，它属于哪种螺旋传动？是如何实现微量调节的？

【相关知识】

螺旋传动是利用螺杆和螺母组成的螺旋副来实现传动要求的。它主要用于将回转运动转变为直线运动，同时传递运动和动力。

螺旋传动按其用途不同，可分为调整螺旋（如螺旋测微器）、传力螺旋（如螺旋千斤顶）、传动螺旋（如机床丝杠）。螺旋传动按其螺纹间摩擦性质的不同，可分为滑动螺旋、滚动螺旋和静压螺旋，其中滑动螺旋传动结构简单，加工方便，应用最广。滑动螺旋传动又有单螺旋传动和双螺旋传动之分，单螺旋传动又称为普通螺旋传动。

一、普通螺旋传动

1.普通螺旋传动的应用形式

普通螺旋传动又称为单螺旋传动，是由单一螺旋副组成的，它主要有以下四种形式。

（1）螺母固定不动，螺杆回转并做直线运动。

如图 5-1-20 所示的台式虎钳，螺杆 1 上装有活动钳口 2，螺母 4 与固定钳口联接（固定在工作台上）。当转动螺杆 1 时可带动活动钳口 2 左右移动，使之与固定钳口 3 分离或合拢，完成松开与夹紧工件的操作。这种螺旋传动通常还应用于千斤顶、千分尺和螺旋压力机等。

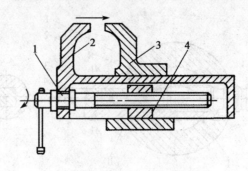

图 5-1-20　台式虎钳

1—螺杆；2—活动钳口；3—固定钳口；4—螺母

（2）螺杆固定不动，螺母回转并做直线运动。

如图 5-1-21 所示的螺旋千斤顶，螺杆 4 安置在底座上静止不动，转动手柄 3 使螺母 2 回转，螺母就会上升或下降，从而举起或放下托盘 1 上的重物。这种螺旋传动的形式还常应用于插齿机刀架转动中。

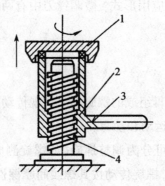

图 5-1-21　螺旋千斤顶

1—托盘；2—螺母；3—手柄；4—螺杆

（3）螺杆原位回转，螺母做直线运动。

如图 5-1-22 所示的车床滑板丝杠螺母传动，螺杆 1 在机架 3 中可以转动而不能移动，螺母 2 与滑板 4 相连只能移动而不能转动。当转动手柄使螺杆转动时，螺母 2 可带动滑板 4 移动。

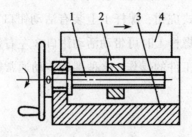

图 5-1-22　车床滑板丝杠螺母传动

1—螺杆；2—螺母；3—机架；4—滑板

螺杆回转、螺母做直线运动的形式应用较广,如摇臂钻床中摇臂的升降机构和牛头刨床工作台的升降机构均属于这种传动形式。

(4)螺母原位回转,螺杆做直线运动。

如图 5-1-23 所示的应力试验机上的观察镜螺旋调整装置,由机架 4、螺杆 2、螺母 3 和观察镜 1 组成。当转动螺母 3 时,可使螺杆 2 向上或向下移动,以满足观察镜 1 上下调整的要求。

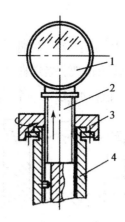

图 5-1-23　应力试验机上的观察镜螺旋调整装置
1—观察镜;2—螺杆;3—螺母;4—机架

2.移动方向的判定

普通螺旋传动时,从动件做直线移动的方向不仅与螺纹的回转方向有关,还与螺纹的旋向有关,其判断步骤如下。

(1)右旋用右手,左旋用左手。手握空拳,四指的指向与螺杆(或螺母)回转方向相同,大拇指竖直。

(2)若螺杆(或螺母)回转并移动,螺母(或螺杆)不动,则大拇指的指向即为螺杆(或螺母)的移动方向。

(3)若螺杆(或螺母)回转,螺母(或螺杆)移动,则大拇指指向的反方向即为螺母(或螺杆)的移动方向。

3.移动距离的确定

普通螺旋传动中,螺杆相对于螺母每回转一圈,螺母就移动一个导程 P_h 的距离。因此,移动距离 L 等于回转圈数 N 与导程 P_h 的乘积,即

$$L = NP_h \tag{5-1-10}$$

式中,L——移动件的移动距离,单位为 mm;

　　N——回转件的回转圈数,单位为 r;

　　P_h——螺纹导程,单位为 mm。

4.移动速度的计算

普通螺旋传动中，移动件的直线移动速度为

$$v = nP_h \qquad (5-1-11)$$

式中，v——螺杆(或螺母)的移动速度，单位为 mm/min；

n——转速，单位为 r/min；

P_h——螺纹导程，单位为 mm。

二、双螺旋传动

如图 5-1-24 所示的螺旋传动中，螺杆 2 上两端不同导程的螺纹分别与螺母 1，3 组成两个螺旋副。其中，固定螺母 3 作为机架，当螺杆 2 回转时，一方面相对螺母 3 移动，同时又使不能转动的螺母 1 相对螺杆移动。这是一个典型的双螺旋传动。

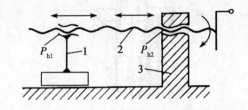

图 5-1-24 双螺旋传动

1，3—螺母；2—螺杆

根据两螺旋副旋向的不同，可将双螺旋传动分为差动螺旋传动和复式螺旋传动。

1.差动螺旋传动

两螺旋副中螺纹旋向相同的双螺旋传动称为差动螺旋传动，其活动螺母相对于固定螺母(机架)的移动距离为

$$L = N(P_{h1} - P_{h2}) \qquad (5-1-12)$$

式中，L——活动螺母相对于固定螺母的移动距离，单位为 mm；

N——螺杆的回转圈数，单位为 r；

P_{h1}——固定螺母的导程，单位为 mm；

P_{h2}——活动螺母的导程，单位为 mm。

差动螺旋传动中，活动螺母的移动方向可按照以下步骤进行判定：

(1)先按照普通螺旋传动的判定方法，根据螺纹的旋向和螺杆的回转方向判定螺杆的移动方向。

(2)根据 L 的符号判定活动螺母的移动方向：当 $L>0$，活动螺母的移动方向与螺杆的移动方向相同；当 $L<0$，活动螺母的移动方向与螺杆的移动方向相反。

2.复式螺旋传动

两螺旋副中螺纹旋向相反的双螺旋传动称为复式螺旋传动。如图 5-1-25 所示的铣

床快动夹紧装置和图 5-1-26 所示的电线杆钢索拉紧装置的松紧螺套，都是复式螺旋传动的应用。复式螺旋传动中，两螺母的相对移动距离为

$$L=N(P_{h1}+P_{h2}) \qquad (5-1-13)$$

因此，复式螺旋传动多用于需快速调整或移动两构件相对位置的场合，若要求两构件同步移动，只需 $P_{h1}=P_{h2}$。

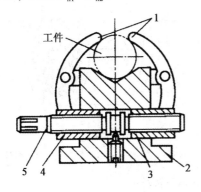

图 5-1-25 铣床快动夹紧装置

1—夹爪；2—机架；3,4—螺母；5—螺杆

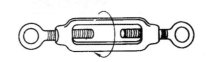

图 5-1-26 松紧螺套

【任务实施】

通过对微调镗刀的结构和传动原理的分析可知，它是一个差动螺旋传动的实例。

设固定螺母螺纹（刀套）的导程为 $P_{h1}=1.5$ mm，活动螺母（镗刀）的导程为 $P_{h2}=1.25$ mm，则螺杆按图示方向回转 1 转时镗刀移动距离为

$$L=N(P_{h1}-P_{h2})=1\times(1.5-1.25)=+0.25 \text{ mm（右移）}$$

如果螺杆圆周按 100 等份刻线，螺杆每转过 1 格，镗刀的实际位移为

$$L=(1.5-1.25)/100=+0.0025 \text{ mm}$$

由此可知，差动螺旋传动可以方便地实现微量调节。

【知识拓展】

滚动螺旋传动

在滑动螺旋传动中，由于螺杆与螺母的牙侧表面之间的相对运动是滑动摩擦，因而传动阻力大，摩擦损失严重，效率低。而实现滚动摩擦的滚动螺旋传动能克服这些不足，满足现代机械的传动要求。

滚动螺旋传动有内、外两种循环方式（见图 5-1-27），主要由螺杆、螺母、滚珠和滚珠循环装置组成。其工作原理：在螺杆和螺母的螺纹滚道中，装有一定数量的滚珠，当螺杆与螺母做相对螺旋运动时，滚珠在螺纹滚道内滚动，并通过滚珠循环装置的通道构成

封闭循环,从而实现螺杆与螺母间的滚动摩擦。其主要缺点是结构复杂、制造困难,在需要防止逆转的机构中,要加自锁机构,承载能力不如滑动螺旋传动大。

目前,滚动螺旋传动主要应用于数控机床、车辆转向机构、自动控制装置和精密测量仪器等。

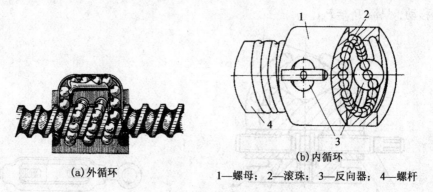

(a)外循环   (b)内循环

1—螺母;2—滚珠;3—反向器;4—螺杆

图 5-1-27 滚动螺旋传动

【思考与训练】

(1)试分析洛氏硬度计载样台螺旋传动机构的工作原理。

(2)如图 5-1-28 所示的螺旋传动中,螺杆 1 的右段螺纹为右旋,与机架 3 组成螺旋副 a,其导程 $P_{h1} = 2.8$ mm。螺杆 1 的左段与活动螺母 2 组成螺旋副 b,活动螺母 2 不能回转而只能沿机架的导向槽 4 移动。现要求当螺杆 1 按图示方向回转 1 周时,活动螺母 2 向右移动 0.2 mm。问螺旋副 b 的导程 P_{h2} 应为多少?是右旋还是左旋?

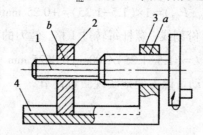

图 5-1-28

1—螺杆;2—活动螺母;3—机架;4—导向槽;a,b—螺旋副

【项目小结】

(1)螺纹是在圆柱或圆锥表面上沿着螺旋线形成的具有相同剖面的连续凸起,普通螺纹的公称直径是指螺纹的大径。

(2)螺纹的种类很多,常用螺纹包括普通螺纹、管螺纹、梯形螺纹、锯齿形螺纹、矩形螺纹等,前两种主要用于联接,后三种主要用于传动。

（3）普通螺纹的完整标记包括特征代号、尺寸代号、公差带代号和旋合长度代号四部分。

（4）螺纹联接的类型主要包括螺栓联接、双头螺柱联接、螺钉联接和紧定螺钉联接等。

（5）常用螺纹联接件包括螺栓、双头螺柱、螺钉、紧定螺钉、螺母和垫圈等。

（6）螺纹联接的防松措施有三类：摩擦防松、机械防松和永久防松。

（7）螺栓联接中的单个螺栓的受力分为受轴向拉力和横向剪切力两种，设计、校核时应分别采用不同的计算公式。

（8）螺旋传动利用螺杆、螺母组成的螺旋副可以方便地把回转运动变为直线运动，并传递运动和动力。

（9）普通螺旋传动主要有四种应用形式，其移动件移动方向的判定可采用右（左）手定则。

（10）差动螺旋传动利用两对旋向相同的螺旋副实现微量调节。

【项目综合练习】

（1）在常用的螺旋传动中，传动效率最高的螺纹是（　　）。

    A. 三角形螺纹　　　B. 梯形螺纹　　　C. 锯齿形螺纹　　　D. 矩形螺纹

（2）当两个被联接件之一太厚，不宜制成通孔，且联接不需要经常拆卸时，往往采用（　　）。

    A. 螺栓联接　　　B. 螺钉联接　　　C. 双头螺柱联接　　　D. 紧定螺钉联接

（3）两被联接件之一较厚，盲孔，且经常拆卸时，常用（　　）。

    A. 螺栓联接　　　B. 双头螺柱联接　　C. 螺钉联接

（4）常用于联接的螺纹是（　　）。

    A. 三角形螺纹　　　B. 梯形螺纹　　　C. 锯齿形螺纹　　　D. 矩形螺纹

（5）承受横向载荷的紧螺栓联接，联接中的螺栓受（　　）作用。

    A. 剪切　　　B. 拉伸　　　C. 剪切和拉伸

（6）当两个被联接件不厚，通孔，且需要经常拆卸时，往往采用（　　）。

    A. 螺钉联接　　　B. 螺栓联接　　　C. 双头螺柱联接　　　D. 紧定螺钉联接

（7）公制普通螺纹的牙型角为（　　）。

    A. 30°　　　B. 55°　　　C. 60°

（8）在确定紧螺栓联接的计算载荷时，预紧力 F_0 比一般值提高 30%，这是考虑了（　　）。

    A. 螺纹上的应力集中　　　　　　B. 螺栓杆横截面上的扭转应力

    C. 载荷沿螺纹圈分布的不均匀性　　D. 螺纹毛刺的部分挤压

(9)联接用的螺母、垫圈是根据螺栓的(　　　)选用的。

    A. 中径　　　　　　　　B. 小径　　　　　　　　C. 大径

(10)螺纹标记 M20×2 表示(　　　)。

    A. 粗牙普通螺纹,公称直径 20 mm

    B. 细牙普通螺纹,公称直径 20 mm,螺距 2 mm

    C. 粗牙普通螺纹,公称直径 20 mm,双线

    D. 细牙普通螺纹,公称直径 20 mm,双线

(11)单螺旋机构中,螺纹为双线,螺距为 3 mm,当螺杆回转 2 转时,移动件的移动距离是(　　　)。

    A. 6 mm　　　　　　B. 12 mm　　　　　　C. 9 mm　　　　　　D. 24 mm

(12)螺旋传动机构中,移动件的移动方向取决于(　　　)。

    A. 螺纹的旋向　　　　B. 回转件的转向　　C. 螺纹的旋向和回转件的转向

项目二 挠性件传动

带传动和链传动是工程中应用比较广泛的机械传动，它们都是通过中间挠性件——传动带或链条——来传递转矩和改变转速的，通常用于两轴中心距较大的传动。带传动一般安装在传动系统的高速级，如各种切削机床上的电动机与变速箱之间的动力传递大都采用 V 带传动。本模块将对带传动和链传动这两种挠性传动的工作情况进行分析，以便正确使用和维护传动装置。

任务一 V 带传动

【学习目标】

（1）熟悉 V 带和 V 带轮的主要参数。

（2）了解 V 带和 V 带轮的结构与材料。

（3）认识 V 带和 V 带轮，熟悉 V 带及带轮的国家标准。

（4）正确使用、维护、安装 V 带。

【任务描述】

空气压缩机被广泛应用于各行各业。在化工生产中，经过压缩的气体可用来进行物料的合成、聚合与分离，也可进行空气的制冷和气体的输送与排放等。空气压缩机如图5-2-1所示，其中动力传递系统采用的就是 V 带传动。下面首先了解 V 带传动。

图 5-2-1 空气压缩机

【任务分析】

带传动由主动带轮 1、从动带轮 2 和张紧在两带轮上的传动带 3 及机架组成，如图5-2-2所示。当主动带轮转动时，依靠带与带轮接触面间产生的摩擦力驱动从动带轮转动，从而实现运动和动力的传递。

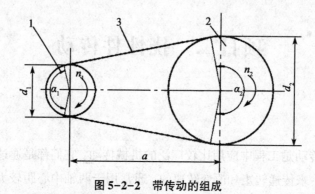

图 5-2-2　带传动的组成

V 带也称普通三角带，V 带和 V 带轮都是标准件，其基本参数已标准化，那么国家标准中都有哪些型号？V 带的基本参数如何影响带的传动能力？通过 V 带和 V 带轮的结构分析和材料介绍，来认识了解 V 带和 V 带轮，总结带传动的应用特点，以便正确使用维护带传动。

【相关知识】

一、V 带的结构与标准

1.V 带的结构

V 带横截面为等腰梯形，两侧面与轮槽接触，构成工作面。其分为普通 V 带和窄 V 带等，应用最多的是普通 V 带。V 带的结构由包布层、顶胶层、抗拉体、底胶层组成，如图5-2-3所示。

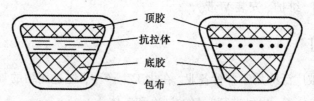

图 5-2-3　V 带的结构

包布层的材料采用耐磨的胶帆布，起保护作用。顶胶和底胶材料主要是橡胶，易于产生弯曲变形。抗拉体是 V 带的主要承载层，有帘布结构和线绳结构。帘布结构抗拉强度高、制造简单、成本低；线绳结构抗弯强度高，适合带轮直径较小、转速较高的场合。《一般传动用普通 V 带》（GB/T 1171-2006）已取消了帘布结构的普通 V 带，但目前仍有使用。

2.V 带的标准

V 带已标准化，普通 V 带按截面尺寸由小到大分为 Y，Z，A，B，C，D，E 七种型号，承载能力依次增强，其截面尺寸见表 5-2-1。

表 5-2-1　普通 V 带的截面尺寸

截面形状	型号	节宽 b_p/mm	顶宽 b/mm	高度 h/mm	质量 q/(kg·m^{-1})	楔角 α(°)
	Y	5.3	6.0	4.0	0.02	
	Z	8.5	10.0	6.0	0.06	
	A	11.0	13.0	8.0	0.10	
	B	14.0	17.0	11.0	0.17	40
	C	19.0	22.0	14.0	0.30	
	D	27.0	32.0	19.0	0.62	
	E	32.0	38.0	25.0	0.90	

　　当 V 带垂直底边时，带中保持原长度不变的周线称为节线，全部节线构成节面，V
带的节面宽度称为节宽 b_p。当 V 带垂直底边弯曲时，该宽度保持不变。V 带节面所在的
纤维层，其长度和宽度都不变，称为中性层。沿中性层量得的带的周长称为基准长度(节
线长度)，它是带的公称长度，用于带的几何尺寸计算，其基准长度和带长修正系数见表
5-2-2。

表 5-2-2　普通 V 带的基准长度 L_d 和带长修正系数 K_L

L_d/mm	K_L						
	Y	Z	A	B	C	D	E
200	0.81	—	—	—	—	—	—
224	0.82	—	—	—	—	—	—
250	0.84	—	—	—	—	—	—
280	0.87	—	—	—	—	—	—
315	0.89	—	—	—	—	—	—
355	0.92	—	—	—	—	—	—
400	0.96	0.87	—	—	—	—	—
450	1.00	0.89	—	—	—	—	—
500	1.02	0.91	—	—	—	—	—
560	—	0.94	—	—	—	—	—
630	—	0.96	0.81	—	—	—	—
710	—	0.99	0.83	—	—	—	—

表 5-2-2(续)

L_d /mm	K_L						
	Y	Z	A	B	C	D	E
800	—	1.00	0.85	—	—	—	—
900	—	1.03	0.87	0.82	—	—	—
1000	—	1.06	0.89	0.84	—	—	—
1120	—	1.08	0.91	0.86	—	—	—
1250	—	1.11	0.93	0.88	—	—	—
1400	—	1.14	0.96	0.90	—	—	—
1600	—	1.16	0.99	0.92	0.83	—	—
1800	—	1.18	1.01	0.95	0.86	—	—
2000	—	—	1.03	0.98	0.88	—	—
2240	—	—	1.06	1.00	0.91	—	—
2500	—	—	1.09	1.03	0.93	—	—
2800	—	—	1..11	1.05	0.95	0.83	—
3150	—	—	1.13	1.07	0.97	0.86	—
3550	—	—	1.17	1.09	0.99	0.89	—
4000	—	—	1.19	1.13	1.02	0.91	—
4500	—	—	—	1.15	1.04	0.93	0.90
5000	—	—	—	1.18	1.07	0.96	0.92
5600	—	—	—	1.20	1.09	0.98	0.95
6300	—	—	—	—	1.12	1.00	097
7100	—	—	—	—	1.15	1.03	1.00
8000	—	—	—	—	1.18	1.06	1.02
9000	—	—	—	—	1.21	1.08	1.05
10000	—	—	—	—	1.23	1.11	1.07
11200	—	—	—	—	—	1.14	1.10
12500	—	—	—	—	—	1.17	1.12
14000	—	—	—	—	—	1.20	1.15
16000	—	—	—	—	—	1.22	1.18

V 带的标记：例如 B1800 GB/T11544-1997，表示 B 型 V 带，基准长度为 1800 mm。

二、V带轮的结构和材料

1.V带轮的结构

V带绕在带轮上，与V带节宽对应的V带轮槽宽度称为带轮的基准宽度 b_d，基准宽度处的带轮直径称为基准直径 d_d，如图5-2-4所示。

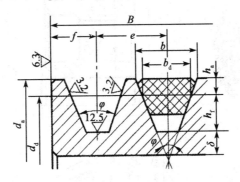

图 5-2-4　V带轮的结构

V带轮一般由轮缘、轮毂、轮辐三部分组成，V带轮结构类型及适用范围见表5-2-3。

表 5-2-3　V带轮的结构类型及适用范围

类型	模型	简图	适用范围
实心带轮			$d_d \leqslant 200$ 或 $d_d \leqslant (1.5\sim3)d_0$，$d_0$为轴孔直径
腹板带轮			$d_d \leqslant 300$ mm

表 5-2-3(续)

类型	模型	简图	适用范围
孔板带轮			$d_d \leqslant 400$ mm
轮辐带轮			$d_d > 400$ mm

2.带轮的材料

带轮一般采用铸铁 HT150 或 HT200 为材料；带速较高时，宜采用铸钢为材料；中小功率可以采用铝合金或塑料为材料。

三、普通 V 带传动的主要参数

1.传动比

带传动的理论传动比(忽略弹性滑动)为

$$i = \frac{n_1}{n_2} = \frac{d_{d2}}{d_{d1}} \qquad (5-2-1)$$

2.小带轮包角

带与小带轮接触面弧长所对应的圆心角称为包角，用 α_1 表示。若 α_1 过小，则带与带轮接触面弧长较短，产生的摩擦力小，容易出现打滑。所以，α_1 的取值为

$$\alpha_1 \approx 180° - \frac{d_{d2} - d_{d1}}{a} \times 57.3° \geqslant 120° \qquad (5-2-2)$$

而包角 α_1 与中心距有关，若中心距过小，则小带轮包角较小，会降低传动能力；若中心距过大，高速时易引起带的颤动。一般按下面经验公式初选中心距 a_0：

$$0.7(d_{d1} + d_{d2}) \leqslant a_0 \leqslant 2(d_{d1} + d_{d2}) \qquad (5-2-3)$$

3.带的基准长度

根据确定的带轮基准直径和初选的中心距,由几何关系按下式初步计算带的基准长度:

$$L_{d0} = 2a_0 + \frac{\pi}{2}(d_{d1} + d_{d2}) + \frac{(d_{d2} - d_{d1})^2}{4a_0} \qquad (5\text{-}2\text{-}4)$$

由上述计算出的数值按照标准(见表5-2-2)选取带的基准长度 L_d。

4.中心距

根据 L_{d0} 和 L_d 计算出实际中心距:

$$a \approx a_0 + \frac{L_d - L_{d0}}{2} \qquad (5\text{-}2\text{-}5)$$

四、V带传动的工作特点及应用范围

1.V带传动的工作特点

(1)传动带具有良好挠性,可以吸振缓冲,传动平稳,噪声小。

(2)过载打滑,起到安全保护作用。

(3)结构简单,制造方便,成本低。

(4)外廓尺寸较大,结构不紧凑。

(5)由于存在弹性滑动,不能保证准确的传动比,传动效率低。

2.应用范围

一般来说,带传动适用范围包括:功率 $P < 100 \text{ kW}$;带速 $v = 5 \sim 25 \text{ m/s}$;传动比 $i \leqslant 7$;效率 $\eta = 94\% \sim 97\%$;传动平稳、两轴中心距较大、传动比无严格要求的场合。

五、V带传动的张紧与维护

1.V带传动的张紧

V带工作一段时间后,由于磨损和塑性变形而松弛,张紧力减小,导致传动能力降低,影响正常传动。为此,需要重新张紧传动带,常用如下方法。

(1)调节中心距。通过调节两带轮的中心距,达到张紧的目的。图5-2-5(a)主要用于水平或接近水平传动。图5-2-5(b)主要用于垂直或接近垂直传动。图5-2-5(c)主要用于小功率传动,属于自动张紧。

(2)采用张紧轮。当带轮中心距不能调节时,可以采用张紧轮进行张紧。张紧轮一般安装在传动带的松边内侧,并靠近大带轮处,以避免减小小带轮的包角。图5-2-5(d)主要用于V带传动。图5-2-5(e)主要用于平带传动。

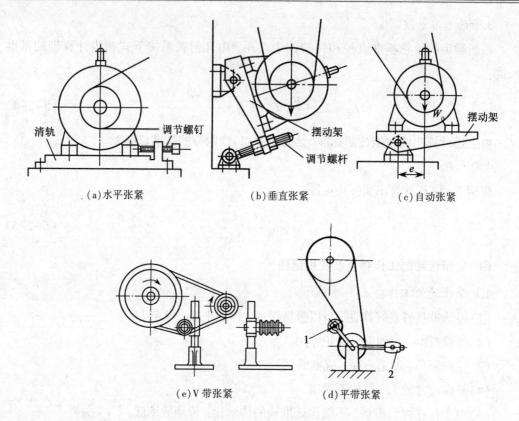

图 5-2-5 带传动的张紧

2.V 带传动的正确使用与维护

(1)选用传动带时要注意型号和带长,保证 V 带在轮槽中的正确位置。

(2)安装时两带轮轴线必须平行,轮槽对正,以避免 V 带扭曲而加剧磨损。

(3)安装时应缩小中心距,松开张紧轮,将带套入槽中后再调整到合适的张紧程度。不能硬撬,以免带被损坏。

(4)水平布置一般应使带的紧边在下、松边在上,以便凭借带的自重加大带轮包角。

(5)使用多根 V 带时不能新旧混用,以免载荷分布不均。

(6)V 带要避免与酸、碱、油类介质接触,不宜在阳光下曝晒,以免老化变质。

(7)为确保安全,传动带应设防护罩。

(8)V 带传动应定期张紧。

【任务实施】

观察空气压缩机和车床的三角带传动;了解三角带标记的组成和含义;判断带轮的材料和结构形式;熟悉带轮的张紧方法;对空压机进行 V 带的更换。

【知识拓展】

各种传动带的结构特点及应用

V带传递功率大，结构紧凑，应用最广。但在机械传动中，还广泛使用着其他类型的带。带传动按照工作原理不同，分为摩擦式带传动和啮合式带传动两大类。根据带的截面形状不同，摩擦式带传动又可分为平带、V带、多楔带、圆带传动。各种传动带的结构特点及应用见表5-2-4。

表 5-2-4　各种传动带的结构特点及应用

类型	示意图	结构图	特点及应用
平带	包布平带 	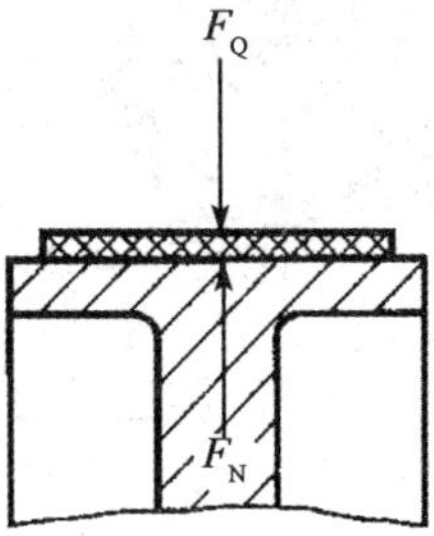 F_Q　F_N	平带的截面形状为矩形，内表面为工作面；主要用于两轴平行、转向相同的较远距离的传动
V带	包布V带 	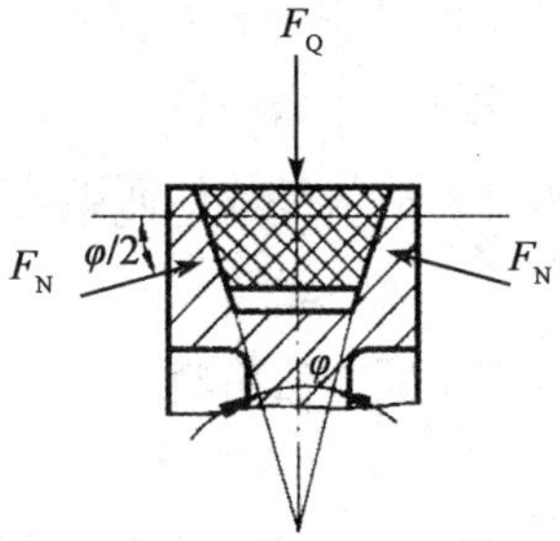 F_Q　F_N　$\varphi/2$　φ　F_N	V带的截面形状为梯形，两侧面为工作面，带轮的轮槽截面也为梯形。在相同的张紧力和摩擦系数条件下，V带产生的摩擦力要比平带的摩擦力大。所以，V带传动能力强、结构紧凑，在机械传动中应用最为广泛
多楔带	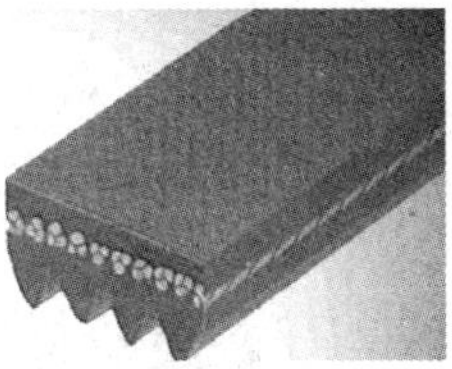	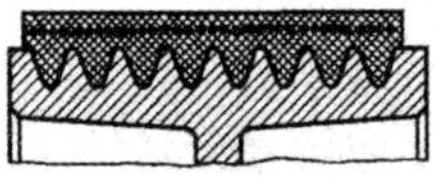	多楔带是在平带基体上由多根V带组成的传动带，可取代若干V带；结构紧凑，摩擦力大，柔软性好，能传递很大的功率，特别适合轮轴垂直地面的传动

表 5-2-4(续)

类型	示意图	结构图	特点及应用
圆带			圆形带的横截面为圆形,一般用皮革或棉绳制成,只用于小功率传动
同步带			同步带传动属于啮合传动,兼有带传动和齿轮传动的优点,传动比准确,传动平稳、噪音小,传动功率较大,允许的带速高,压轴力小,传动效率高。但其制造、安装精度要求高,制造成本较高,广泛用于各种精密仪器、数控机床、纺织机械中

【思考与训练】

(1)普通 V 带有哪些型号?V 带的基本参数是什么?V 带标记的含义是什么?

(2)V 带轮结构有哪些类型?各适用什么场合?

(3)V 带传动的主要参数有哪些?这些参数如何影响传动能力?

(4)V 带传动的特点有哪些?

(5)带传动为什么要张紧?常用张紧方法有哪些?

任务二　V 带传动设计

【学习目标】

(1)了解影响 V 带传动能力的主要因素。

(2)掌握 V 带传动的设计计算方法。

(3)会对 V 带进行工作能力分析。

(4)能根据设备的工作条件和要求设计 V 带传动。

【任务描述】

设计带式输送机中普通 V 带传动。采用 Y 系列三相异步电动机 Y160M-6，其额定功率 $P = 8$ kW，小带轮转速 $n_1 = 970$ r/min，大带轮转速 $n_2 = 540$ r/min，Ⅰ轴与Ⅱ轴之间的距离约为 500 mm，工作中有轻微振动，两班制工作。

【任务分析】

分析带传动的失效形式，明确设计准则；针对工作机的工作条件和传动要求，确定带的型号、基准长度 L_d 和根数 z，计算传动中心距 a，确定带轮基准直径 d_d 及其他结构尺寸等。

【相关知识】

一、带传动的工作能力分析

1. 带传动的受力分析

(1) 初拉力。

为保证带的正常工作，传动带必须张紧在带轮上，带在静止时两边拉力相等，称为初拉力 F_0，如图 5-2-6(a) 所示。

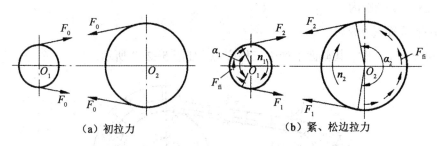

（a）初拉力　　　　　　　（b）紧、松边拉力

图 5-2-6　带传动受力分析

(2) 有效拉力。

当主动轮以 n_1 转速转动时，由于带与带轮接触面之间摩擦力的作用，带两边的拉力不再相等，如图 5-2-6(b) 所示。一边被拉紧，拉力由 F_0 增大到 F_1，称为紧边；一边被放松，拉力由 F_0 减少到 F_2，称为松边。紧松边拉力之差称为有效拉力，也就是带所能传递的圆周力，即 $F = F_1 - F_2$，应等于带与带轮接触面间产生的摩擦力的总和。当带所传递的圆周力超过摩擦力的极限值时，传动带将在带轮上发生全面滑动，这种现象称为打滑。打滑使传动失效，并且加剧了带的磨损，应尽量避免。当 V 带即将打滑时，紧边拉力 F_1 与松边拉力 F_2 之间的关系可用柔韧体摩擦的欧拉公式表示，有

$$\frac{F_1}{F_2} = e^{f\alpha}$$

即

$$F_1 = F_2 e^{f\alpha} \tag{5-2-6}$$

式中, f——摩擦系数, 对于 V 带用 f_v 代替 f;

α ——包角, 单位为 rad;

e ——自然常数, e≈2.718。

工作中, 带的紧边伸长, 松边缩短, 但带的总长不变, 这个关系反应在力关系上就是拉力差相等, 有

$$F_1 - F_0 = F_0 - F_2$$

即

$$F_1 + F_2 = 2F_0 \tag{5-2-7}$$

所以, 在不打滑的条件下带所能传递的最大圆周力为

$$F_{max} = F_1\left(1 - \frac{1}{e^{f\alpha}}\right) = 2F_0\left(\frac{e^{f\alpha}-1}{e^{f\alpha}+1}\right) \tag{5-2-8}$$

(3) 离心拉力。

传动带具有一定质量, 在绕上带轮时随带轮做圆周运动, 由此产生离心力, 由离心力产生离心拉力 F_c。若带速过高, 降低带与带轮之间的正压力, 从而降低摩擦力, 容易出现打滑; 若带速过低, 在一定的有效拉力作用下, 带传动的功率就会减小。为此, 带速应在 5~25 m/s 范围内。

2. 带传动的应力分析

传动带在工作时, 其截面上产生三种应力, 如图 5-2-7 所示。

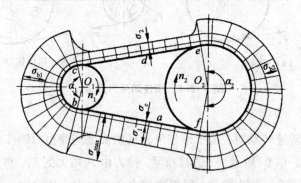

图 5-2-7 带中应力分布

(1) 由紧边拉力和松边拉力产生的拉应力:

① 紧边拉应力 σ_1: $\sigma_1 = \dfrac{F_1}{A}$;

② 松边拉应力 σ_2: $\sigma_2 = \dfrac{F_2}{A}$。

(2) 由离心拉力产生的离心应力 σ_c, 分布在整个带长上, 即

$$\sigma_{\rm c} = \frac{F_{\rm c}}{A} = \frac{qv^2}{A}$$

式中，q——每米带的质量，单位为 kg/m；

v——带速，单位为 m/s。

（3）由带绕过带轮产生的弯曲应力：

$$\sigma_{\rm b} \approx \frac{Eh}{d_{\rm d}}$$

式中，E——带材料的弹性模量，单位为 MPa；

h——带的高度，单位为 mm；

$d_{\rm d}$——带轮的基准直径，单位为 mm。

最大应力发生在紧边和小带轮接触处，如图 5-2-7 所示，其值为

$$\sigma_{\rm max} = \sigma_1 + \sigma_{\rm c} + \sigma_{\rm b1} \tag{5-2-9}$$

带绕在小轮上的弯曲应力大于带绕在大轮上的弯曲应力，其数值与小带轮基准直径有关，即直径越小，带绕在小轮上的弯曲应力越大。为此，每种型号的三角带都限制了最小带轮直径 $d_{\rm dmin}$。

3.带传动的运动分析

由于传动带具有弹性，在拉力作用下会产生弹性伸长，其伸长量随拉力大小而变化。当带绕上主动带轮时，带中拉力由 F_1 降为 F_2，带的弹性变形相应减小，带在逐渐缩短，带与带轮接触面间出现局部相对滑动，使带的速度落后于主动带轮轮缘速度。相反，当带绕上从动带轮时，带的速度超过从动带轮轮缘速度，这种现象称为弹性滑动。弹性滑动是摩擦传动中不可避免的现象，由于弹性滑动，使从动带轮的圆周速度低于主动带轮的圆周速度，从动轮圆周速度相对降低的程度用 ε 表示，称为滑动率，有

$$\varepsilon = \frac{v_1 - v_2}{v_1} \tag{5-2-10}$$

带传动的实际传动比（考虑弹性滑动）：

$$i = \frac{n_1}{n_2} = \frac{d_{\rm d2}}{d_{\rm d1}(1-\varepsilon)} \tag{5-2-11}$$

对于 V 带传动，一般 $\varepsilon = 0.01 \sim 0.02$，通常可不考虑弹性滑动。

二、V 带传动的参数选择和设计计算

1.带传动的失效形式

带传动的主要失效形式是打滑和带的疲劳破坏。带传动的设计准则是保证带在不打滑的前提下，具有足够的疲劳强度和寿命。

2.V 带传动设计步骤和参数选择

设计时，已知条件：传动用途和工作条件；传递的功率 P；带轮转速 n_1，n_2 或传动比

i；外廓尺寸要求；等等。

设计内容包括确定带的型号、基准长度 L_d 和根数 z、计算传动中心距 a、确定带轮基准直径 d_d 和其他结构尺寸、材料及张紧方式等。

具体设计步骤如下。

(1)确定计算功率 P_c。

$$P_c = K_A P \tag{5-2-12}$$

式中，P_c——计算功率，单位为 kW；

P——所需传递的功率，单位为 kW；

K_A——工况系数，按表 5-2-5 选取。

表 5-2-5　工作情况系数 K_A

载荷性质	工作机	原动机					
		空、轻载启动			重载启动		
		每天工作小时数/h					
		<10	10~16	>16	<10	10~16	>16
载荷变动微小	液体搅拌机、通风机和鼓风机(≤7.5 kW)、离心式水泵和压缩机、轻型输送机	1.0	1.1	1.2	1.1	1.2	1.3
载荷变动小	带式输送机(不均匀载荷)、通风机(>7.5 kW)、旋转式水泵和压缩机、发电机、金属切割机床、印刷机、旋转筛、锯木床和木工机械	1.1	1.2	1.3	1.2	1.3	1.4
载荷变动较大	制砖机、斗式提升机、往复式水泵和压缩机、起重机、磨粉机、冲剪机床、橡胶机械、振动筛、纺织机械、重载输送机	1.2	1.3	1.4	1.4	1.5	1.6
载荷变动很大	破碎机(旋转式、颚式)、磨碎机(球磨、棒磨、管磨)	1.3	1.4	1.5	1.5	1.6	1.8

(2)选择带的型号。

根据 P_c，P，K_A，查图 5-2-8，选取 V 带的型号。

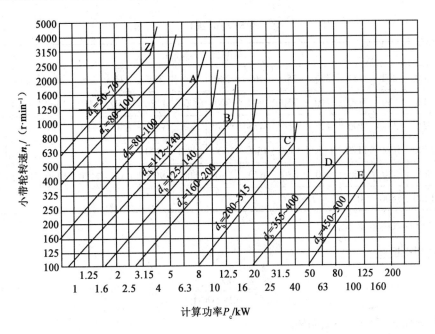

图 5-2-8 普通 V 带选型图

(3)确定带轮的基准直径。

小带轮的基准直径 d_{d1} 按表 5-2-6 选取，应满足 $d_{d1} \geqslant d_{dmin}$；大带轮的基准直径 d_{d2} 按下式计算：

$$d_{d2} = \frac{n_1}{n_2} d_{d1} \qquad (5-2-13)$$

计算值按表 5-2-6 圆整成标准系列值。

表 5-2-6 各种 V 带轮基准直径系列

型号	基准直径 d_d/mm													
Y	20	22.4	25	28	31.5	35.5	40	45	50	56	63	71	80	90
	100	112	125											
Z	50	56	63	71	75	80	90	100	112	125	132	140	150	160
	180	200	224	250	280	315	355	400	500	560	630			
A	75	80	(85)	90	95	100	(106)	112	(118)	125	(132)	140	150	160
	180	200	224	(250)	280	315	(355)	400	(450)	500	560	630	710	800
B	125	(132)	140	150	160	(170)	180	200	224	250	280	315	355	400
	450	500	560	(600)	630	710	(750)	800	900	1000	1120			

表 5-2-6(续)

型号	基准直径 d_d/mm												
C	200	212	224	236	250	(265)	280	300	315	(335)	355	400	450	500
	560	600	630	710	750	800	900	1000	1120	1250	1400	1600	2000	
D	355	(375)	400	425	450	(475)	500	560	(600)	630	710	750	800	900
	1000	1060	1120	1250	1400	1500	1600	1800	2000					
E	500	530	560	600	630	670	710	800	900	1000	1120	1250	1400	1500
	1600	1800	2000	2240	2500									

注:括号内数字尽量不采用。

(4)验算带速。

$$v=\frac{\pi d_{d1}n_1}{60\times 1000} \tag{5-2-14}$$

带速应在 5~25 m/s 范围内。

(5)确定中心距和带长。

根据安装条件或按经验公式即式(5-2-3)初选中心距 a_0;初定中心距后,由式(5-2-4)初算带的基准长度;由初算的基准长度查表 5-2-2 选取接近 L_{d0} 值的基准长度 L_d;再按式(5-2-5)计算出实际中心距。

(6)验算小带轮包角。

按式(5-2-2)验算小带轮包角,使其符合规定值。

(7)确定 V 带的根数。

按下式计算 v 带根数并取整数:

$$z=\frac{P_c}{(P_1+\Delta P_1)K_\alpha K_L} \tag{5-2-15}$$

$$\Delta P_1=0.0001\Delta T n_1 \tag{5-2-16}$$

式中,P_1——单根 V 带基本额定功率,单位为 kW,见表 5-2-7;

ΔP_1——与传动比有关的额定功率增量,单位为 kW;

ΔT——单根 V 带所能传递的转矩修正值,单位为 N·m,见表 5-2-8;

K_α——包角修正系数,见表 5-2-9;

K_L——带长修正系数,见表 5-2-2。

一般取 $z=3$~5 根为宜;$z_{max}\leqslant 10$,以保证带受力均匀。

表 5-2-7　单根 V 带基本额定功率 P_1 (kW) (载荷平稳、$\alpha_1 = \alpha_2 = 180°$、特定带长)

带型	小带轮基准直径 d_{d1}/mm	V 带带速 v_s/(m·s^{-1})									
		3	6	9	12	15	18	21	24	27	30
Y	20	0.04	0.09	—	—	—	—	—	—	—	—
	28	0.06	0.11	0.15	—	—	—	—	—	—	—
	35.5	0.07	0.12	0.17	—	—	—	—	—	—	—
	40	0.08	0.14	0.18	0.21	—	—	—	—	—	—
	50	0.09	0..16	0.21	0.23	0.25	—	—	—	—	—
Z	50	0.14	0.21	0.29	0.33	0.32	—	—	—	—	—
	56	0.15	0.26	0.33	0.39	0.41	—	—	—	—	—
	63	0.17	0.30	0.40	0.47	0.50	0.49	—	—	—	—
	71, 80	0.20	0.33	0.47	0.54	0.61	0.62	0.61	—	—	—
	90	0.21	0.35	0.49	0.56	0.64	0.71	0.71	—	—	—
A	75	0.45	0.72.	0.90	1.03	1.09	1.05	0.98	—	—	—
	80	0.52	0.80	1.12	1.34	1.36	1.81	1.26	—	—	—
	90	0.56	0.97	1.30	1.56	1.74	1.86	1.87	1.80	—	—
	100	0.62	1.10	1.47	1.82	2.07	2.25	2.33	2.32	2.20	1.96
	112	0.69	1.22	1.68	2.07	2.39	2.63	2.77	2.83	2.77	2.58
	125	0.75	1.33	1.85	2.29	2.66	2.95	3.16	3.26	3.26	3.13
	140	0.78	1.45	1.98	2.49	2.89	3.26	3.50	3.66	3.71	3.65
B	125	0.94	1.60	2.13	2.54	2.82	2.98	2.96	2.79	2.43	1.86
	140	1.07	1.86	2.52	3.06	3.48	3.75	3.88	3.83	3.61	3.61
	160	1.21	2.13	2.93	3.60	4.15	4.56	4.83	4.92	4.82	4.52
	180	1.31	2.34	3.24	4.03	4.68	5.20	5.56	5.76	5.77	5.57
	200	1.42	2.46	3.60	4.48	5.12	5.97	6.13	6.28	6.45	6.43
C	200	1.86	3.20	4.30	5.19	5.84	6.26	6.38	6.22	5.73	4.84
	244	2.09	3.66	5.00	6.11	6.99	7.64	8.01	8.06	7.81	7.15
	250	2.29	4.06	5.60	6.90	7.98	8.83	9.40	9.66	9.60	9.13
	280	2.48	4.43	6.15	7.65	8.90	9.94	10.68	11.11	11.27	10.98
	315	2.84	4.73	6.70	8.34	9.71	10.96	11.70	12.15	12.71	12.69
D	355	4.45	7.78	10.64	12.97	14.83	16.20	17.06	17.25	16.73	15.44
	400	4.94	8.79	12.07	14.91	17.35	19.05	20.27	21.09	21.07	20.21
	450	5.35	9.64	13.34	16.61	19.36	21.67	23.22	24.68	24.84	24.48
	500	5.69	10.31	14.33	17.93	21.08	23.63	25.78	26.95	27.78	27.42
	560	6.03	10.97	15.33	19.27	22.72	25.64	28.57	29.70	30.52	30.95

表 5-2-7(续)

带型	小带轮基准直径	V 带带速 v_s/(m · s^{-1})									
	d_{d1}/mm	3	6	9	12	15	18	21	24	27	30
E	500	6.88	12.09	16.58	20.36	23.52	25.83	27.58	28.19	28.09	26.49
	560	7.46	14.60	18.42	22.84	26.60	29.59	31.73	33.03	33.01	32.41
	630	–	14.44	20.10	25.12	29.36	32.95	35.62	37.59	38.38	37.65
	710	–	15.46	21.64	27.15	32.01	36.06	39.27	41.45	43.00	43.37

表 5-2-8 单根 V 带所能传递的转矩修正值 ΔT 单位：N · m

带型	传动比 i							
	1.03 ~ 1.07	1.08 ~ 1.13	1.14 ~ 1.20	1.21 ~ 1.30	1.31 ~ 1.40	1.41 ~ 1.60	1.61 ~ 2.39	≥2.40
Y	0.00	0.02	0.03	0.06	0.08	0.10	0.13	0.15
Z	0.08	0.15	0.23	0.30	0.32	0.38	0.40	0.50
A	0.20	0.40	0.60	0.80	0.90	1.00	1.10	1.20
B	0.5	1.1	1.6	2.1	2.3	2.6	2.9	3.1
C	1.5	2.9	4.4	5.8	6.6	7.3	8.0	9.0
D	5.2	10.3	15.5	21.0	23.0	26.0	28.4	31.0
E	10	20	29	39	44	49	53.4	58

表 5-2-9 小带轮包角修正系数 K_α

小带轮包角/(°)	K_α	小带轮包角/(°)	K_α
180	1	145	0.91
175	0.99	140	0.89
170	0.98	135	0.88
165	0.96	130	00.86
160	0.95	125	0.84
155	0.93	120	0.82
150	0.92		

(8)计算初拉力。

初拉力过大会降低带的寿命，过小容易发生打滑。为保证传动正常工作，单根 V 带所需的初拉力可按下式计算：

$$F_0 = \frac{500P_c}{vz}\left(\frac{2.5}{K_\alpha} - 1\right) + qv^2 \qquad (5-2-17)$$

式中，q——V 带单位长度质量，单位为 kg/m，见表5-2-1。

（9）计算压轴力。

如图5-2-9所示几何关系，得到压轴力计算式：

$$F_Q = 2zF_0 \sin \frac{\alpha_1}{2} \qquad (5-2-18)$$

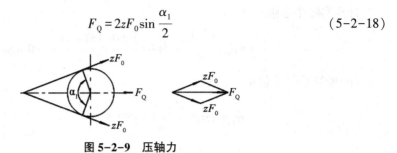

图5-2-9 压轴力

（10）带轮结构设计（略）。

【任务实施】

根据任务描述，V带传动设计计算如下。

（1）确定计算功率P_c。

由表5-2-5查得工况系数$K_A = 1.2$，根据式（5-2-12）计算：

$$P_c = K_A P = 1.2 \times 8 = 9.6 \text{ kW}$$

（2）选择带的型号。

根据$P_c = 9.6 \text{ kW}$，$n_1 = 970 \text{ r/min}$，从图5-2-8中选用B型V带。

（3）确定带轮的基准直径。

由表5-2-6确定小带轮的基准直径$d_{d1} = 140 \text{ mm} > d_{d\min}$，根据传动比计算大带轮的直径为

$$d_{d2} = \frac{n_1}{n_2} d_{d1} = \frac{970}{540} \times 140 = 251.48 \text{ mm}$$

查表5-2-6，取$d_{d2} = 250 \text{ mm}$。

（4）验算带速。

$$v = \frac{\pi d_{d1} n_1}{60 \times 1000} = \frac{\pi \times 140 \times 970}{60 \times 1000} = 7.11 \text{ m/s}$$

带速v在5~25 m/s之间，故带轮基准直径合适。

（5）确定中心距和带长。

由已知条件可得初定中心距$a_0 = 500 \text{ mm}$，则初定带长为

$$L_{d0} = 2a_0 + \frac{\pi}{2}(d_{d1} + d_{d2}) + \frac{(d_{d2} - d_{d1})^2}{4a_0}$$

$$= 2 \times 500 + \frac{\pi}{2}(140 + 250) + \frac{(250 - 140)^2}{4 \times 500}$$

$= 1619.45$ mm

查表 5-2-2，选取接近 L_{d0} 值的基准长度 $L_d = 1600$ mm。

计算实际中心距，即

$$a \approx a_0 + \frac{L_d - L_{d0}}{2} = 500 + \frac{1600 - 1619.45}{2} = 490 \text{ mm}$$

（6）验算小带轮包角。

$$\alpha_1 \approx 180° - \frac{d_{d2} - d_{d1}}{a} \times 57.3°$$

$$\approx 180° - \frac{250 - 140}{490} \times 57.3° = 167.14° > 120°$$

（7）确定 V 带的根数。

$$z = \frac{P_c}{(P_1 + \Delta P_1) K_\alpha K_L}$$

根据 B 型 V 带，$d_{d1} = 140$ mm，$v = 7.11$ m/s；查表 5-2-7，用内插法计算得 $P_1 = 2.1042$ kW，$i = n_1/n_2 = 970/540 = 1.796$；查表 5-2-8 得单根 V 带所能传递转矩修正值 $\Delta T = 2.9$ N·m。所以有

$$\Delta P_1 = 0.0001 \Delta T n_1 = 0.0001 \times 2.9 \times 970 = 0.2813 \text{ kW}$$

查表 5-2-9 得包角修正系数 $K_\alpha = 0.97$，查表 5-2-2 得带长修正系数 $K_L = 0.92$，则

$$z = \frac{P_c}{(P_1 + \Delta P_1) K_\alpha K_L} = \frac{9.6}{(2.10 + 0.28) \times 0.97 \times 0.92} = 4.5$$

综上所述，取 $z = 5$ 根。

（8）计算初拉力。

计算单根 V 带所需的初拉力，查表 5-2-1 得 V 带单位长度质量 $q = 0.17$ kg/m。

$$F_0 = \frac{500 P_c}{vz} \left(\frac{2.5}{K_\alpha} - 1 \right) + qv^2$$

$$= \frac{500 \times 9.6}{7.11 \times 5} \left(\frac{2.5}{0.97} - 1 \right) + 0.17 \times 7.11^2$$

$$= 222 \text{ N}$$

（9）计算压轴力。

$$F_Q = 2z F_0 \sin \frac{\alpha_1}{2} = 2 \times 5 \times 222 \times \sin \frac{167.14}{2} = 2206 \text{ N}$$

（10）带轮结构设计（略）。

【思考与训练】

（1）打滑与弹性滑动有什么区别？

（2）张紧力、包角、带速对带传动有何影响？

（3）带在工作时，横截面上产生几种应力？最大应力发生在什么部位？

（4）V带传动的设计步骤有哪些？

（5）车床变速箱与电动机之间采用V带传动。已知电动机功率$P = 5.5$ kW，转速$n_1 = 1440$ r/min，传动比$i = 2.1$，两班制工作，中心距约为80 mm，试设计此V带传动。

任务三　链传动

【学习目标】

（1）了解滚子链和链轮的结构与材料。

（2）熟悉滚子链和链轮的主要参数。

（3）掌握链传动的张紧方法和润滑方式。

（4）认识链传动，熟悉滚子链条及链轮的国家标准。

（5）正确使用、维护、安装滚子链条。

【任务描述】

自行车轮盘与飞轮之间采用的就是滚子链传动。经过长期使用后，链条可能出现松弛、脱链或断裂现象，需要修理断裂的链条并正确安装链条。

【任务分析】

如图5-2-10所示，链传动由主动链轮、从动链轮和链条及机架组成，依靠链轮齿和链条之间的啮合来传递运动和动力。链传动都有哪些类型？常见的滚子链及链轮结构是什么样的？链轮常用什么材料制造？国家标准中滚子链及链轮的基本参数是什么？链传动用什么方法张紧？有哪些润滑方式？只有了解链传动，才能正确地使用维护链传动。

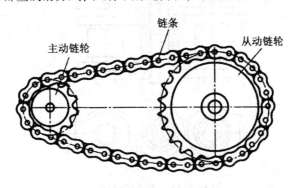

图5-2-10　链传动

【相关知识】

一、链传动的工作特点及应用范围

1.链传动的工作特点

（1）无弹性滑动和打滑现象，平均传动比准确。

（2）属于啮合传动，传动效率较高。

（3）无须很大的张紧力，对轴的作用力较小。

（4）对环境的适应性强，能在恶劣环境条件下工作。

（5）瞬时传动比不为常数，所以传动平稳性差，有一定的冲击和噪声。

2.链传动的应用范围

链传动主要用于工作可靠、两轴平行且相距较远的传动，特别适合环境恶劣的场合及大载荷的低速传动，或具有良好润滑的高速传动等场合，如汽车、摩托车、自行车、建筑机械、农业机械、运输机械、石油化工机械等机械传动。

通常链传动的传递功率 $P \leqslant 100$ kW，链速 $v \leqslant 5$ m/s，传动比 $i \leqslant 8$，中心距 $a \leqslant 6$ m，传动效率 $\eta = 95\% \sim 98\%$。

按照链条的用途，链传动可分为传动链、输送链、起重链等。而传动链按结构不同又可分为滚子链和齿形链，其中滚子链最为常用。

二、滚子链和链轮

1.滚子链的结构和标准

滚子链结构如图5-2-11所示，它由内链板1、外链板2、销轴3、套筒4和滚子5组成，图5-2-12为其拆装图。内链板与套筒、外链板与销轴分别采用过盈配合，而销轴与套筒、套筒与滚子采用间隙配合。当链条与链轮啮合时，内、外链板可相对转动，同时滚子可沿链轮齿廓滚动，以减少链条与轮齿的磨损。为减轻重量，链板制成"8"字形。

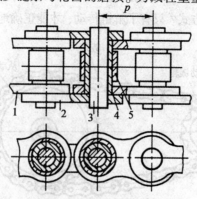

图5-2-11 滚子链结构

1—内链板；2—外链板；3—销轴；4—套筒；5—滚子

图 5-2-12 滚子链拆装图

相邻两销轴之间的距离称为链条节距，用 p 表示，它是链条的主要参数。节距越大，链条各零件尺寸也越大，链条的传动能力也越强。

滚子链有单排和多排结构，p_t 为排距，排数越多，承载能力越高，但制造、安装误差也越大，各排链受载不均匀现象越严重。常用双排链（如图 5-2-13 所示）或三排链，一般排数不超过四排。

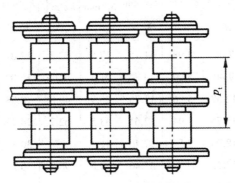

图 5-2-13 双排链

链条长度用链节数 L_p 表示。链节数常用偶数，接头处用开口销或弹簧卡锁紧，通常开口销[如图 5-2-14(a)所示]用于大节距，弹簧卡[如图 5-2-14(b)所示]用于小节距。当采用奇数链节时，需要采用过渡链节[如图 5-2-14(c)所示]。过渡链节的链板为了兼作内外链板，需要弯曲变形，因此受力时会产生附加弯曲应力，导致链的承载能力降低（奇数链链节零件见图 5-2-15 所示）。因此，链节数应尽量取为偶数。

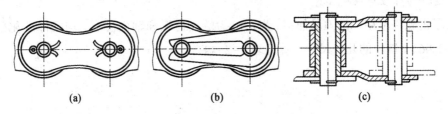

(a)   (b)   (c)

图 5-2-14 滚子链接头形式

图 5-2-15 奇数链链节接头

滚子链已标准化，分为 A，B 两种系列。表 5-2-10 列出了 A 系列滚子链的主要参数和尺寸。

表 5-2-10 A 系列滚子链的主要参数和尺寸

链号	节距 p /mm	排距 p_t /mm	滚子外径 d_1/mm 最大	内链节内宽 b_1/mm 最小	销轴直径 d_2/mm 最大	内链节外宽 b_2/mm 最大	销轴长度 单排 b_3/mm 最大	销轴长度 双排 b_4/mm 最大	内链板高度 h_1/mm 最大	抗拉载荷 F_{lim}/kN 单排	抗拉载荷 F_{lim}/kN 双排	每米质量 q/(kg·m⁻¹)
08A	12.70	14.38	7.95	7.85	3.98	11.18	17.8	32.3	12.07	13.8	27.8	0.6
10A	15.875	18.11	10.16	9.40	5.09	13.84	21.8	399.9	15.09	21.8	43.6	1.0
12A	19.05	22.78	11.91	12.57	5.96	17.75	26.9	49.8	18.08	31.1	62.3	1.5
16A	25.40	29.29	15.88	15.75	7.94	22.61	33.5	62.7	24.13	55.6	111.2	2.6
20A	31.75	35.76	19.05	18.90	9.54	27.46	41.1	77	30.18	86.7	173.5	3.8
24A	38.10	45.44	22.23	25.22	11.14	35.46	50.8	96.3	36.20	124.6	249.1	5.6
28A	44.45	48.87	25.40	25.22	12.71	37.19	54.9	103.6	42.24	169	338.1	7.5
32A	50.80	58.55	28.58	31.55	14.29	45.21	65.5	124.2	48.26	222.4	444.8	10.1
40A	63.50	71.55	39.68	37.85	19.85	54.89	80.3	151.9	60.33	347	693.9	16.1
48A	76.20	87.83	47.63	47.35	23.81	67.82	95.5	183.4	72.39	500.4	1000.8	22.6

滚子链标记：链号—排数×链节数—标准号。例如标记为"12A—1×88 GB/T1243—2006"的滚子链表示：节距为 19.05 mm（链号 12×25.4/16），单排，88 节 A 系列滚子链。

2.链轮的标准与结构

滚子链轮齿形用标准刀具加工。齿形分为端面齿形和轴面齿形，均已标准化（GB/T 1243—2006）。链轮的几何尺寸计算见表 5-2-11。

表 5-2-11　滚子链轮的几何尺寸计算

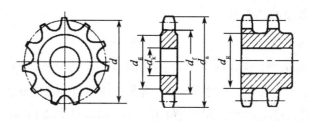

名称	代号	计算公式	备注
分度圆直径	d	$d = p/\sin\dfrac{180°}{z}$	
齿顶圆直径	d_a	$d_{amax} = d + 1.25p - d_1$ $d_{amin} = d + \left(1 - \dfrac{1.6}{z}\right)p - d_1$	d_a 可在 $d_{amax} \sim d_{amin}$ 范围内任意选取；d_1 为配用滚子链的滚子直径
齿根圆直径	d_f	$d_f = d - d_1$	
齿侧凸缘 （或排间槽）直径	d_g	$d_g \leqslant p\cot\dfrac{180°}{z} - 1.04h_2 - 0.76$	h_2 为配用滚子的内链板高度

　　链轮结构类型如图 5-2-16 所示。其中，小直径链轮可做成整体式，如图 5-2-16（a）所示；中等直径链轮多用腹板式，如图 5-2-16（b）所示；大直径链轮可制成组合式，如图 5-2-16（c）所示。

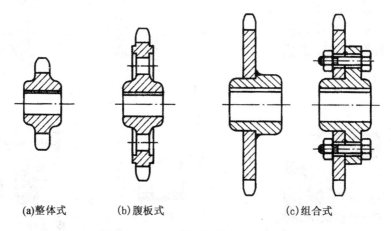

(a)整体式　　(b)腹板式　　(c)组合式

图 5-2-16　链轮结构类型

链轮材料一般为中碳钢淬火处理，高速重载场合用低碳钢渗碳淬火处理，低速时大链轮可采用铸铁。由于小链轮的啮合次数多，所以小链轮的材料应优于大链轮。

三、链传动主要参数的选择

1.链轮齿数和传动比

链轮齿数要选择适当。齿数过少，则传动不均匀、动载荷增大，传动平稳性差，冲击振动大；齿数过多，会增大结构尺寸和重量，容易出现跳齿和脱链现象。一般小链轮齿数 $z_1 \geq 17$，$z_2 \leq 120$。若传动比过大，小链轮包角过小，则容易磨损和跳齿，因此限制 $i \leq 8$，推荐 $i = 2 \sim 3.5$。

2.链条节距 p 和排数

链节距 p 越大，链的承载能力越大，但是引起的冲击、振动和噪音也越大；链排数越多，链的承载能力增强，但链条受力不均且轴向尺寸大。为此，在满足承载能力的前提下，为使结构紧凑、寿命长，应尽量选用小节距的单排链；高速重载时，可选用小节距的多排链。

3.中心距和链节数

若中心距过小，小链轮的包角小，同时参与啮合的齿数少，容易磨损、脱链、跳齿；若中心距过大，会使链条抖动。通常取 $a = (30 \sim 50)p$，$a_{\max} \leq 80p$。

链节数一般为偶数。考虑磨损均匀，链轮齿数 z_1，z_2 应取与链节数互质的奇数，并优先选用数列 17，19，21，23，25，38，57，76，85，114。

四、链传动的失效形式

链传动的失效形式主要指链条的失效，常见滚子链的失效形式如图 5-2-17 所示。

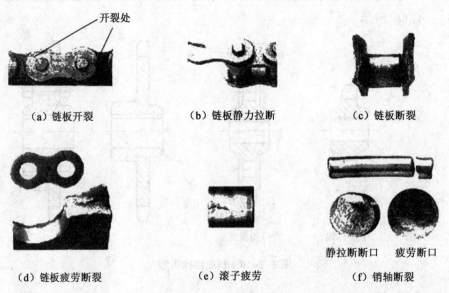

图 5-2-17　滚子链的失效形式

五、链传动的使用与维护

1.链传动的布置

(1)两轮轴线应平行,两轮运转平面应处于同一平面,两轮中心连线尽量水平布置;需要倾斜时,中心线与水平线夹角≤45°。

(2)为了保证良好啮合,传动链应紧边在上、松边在下。

2.链传动的张紧

传动链使用过程中由于磨损而伸长,使链条松弛引起啮合不良而影响正常传动,所以必须进行张紧,可采用如下方法张紧:

(1)调整中心距;

(2)采用张紧轮,张紧轮应设置在松边外侧且靠近小轮;

(3)缩短链长,去掉1~2个链节。

3.链传动的润滑

良好的润滑是提高传动链传动效率、延长其使用寿命的有效途径。润滑方式可根据图 5-2-18 选择,润滑装置见图 5-2-19。

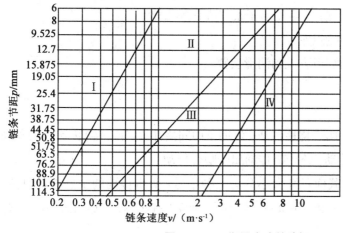

Ⅰ——人工定期润滑
Ⅱ——滴油润滑
Ⅲ——油浴或飞溅润滑
Ⅳ——压力喷油润滑

图 5-2-18　润滑方式的选择

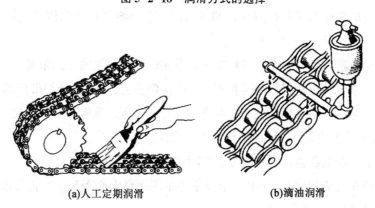

(a)人工定期润滑　　　　　(b)滴油润滑

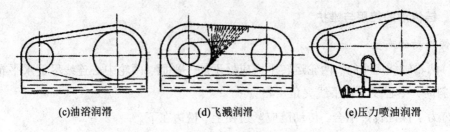

(c)油浴润滑　　　　　　(d)飞溅润滑　　　　　　(e)压力喷油润滑

图 5-2-19　润滑装置

【任务实施】

观察自行车店修理滚子链，找出接头并分析接头方式。熟悉自行车张紧链条的方式，采用滴油方式对链条进行润滑。

【思考与训练】

(1)滚子链的链号与链节距有何关系？

(2)为什么链传动瞬时传动比不是常数？

(3)链传动怎样合理布置？其常见的张紧方法有哪几种？

(4)链传动有哪些应用特点？

(5)怎样确定链传动的润滑方式和润滑装置？

【项目小结】

(1)带传动和链传动都属于挠性传动，借助于中间挠性件(带、链)传递运动和动力。其中，V带传动属于摩擦传动，滚子链传动属于啮合传动。

(2)V带已标准化，按截面尺寸大小分为七种型号；V带传动的主要参数包括传动比、小带轮包角、带的基准长度和中心距等；带轮的结构有实体式、腹板式、孔板式和轮辐式。

(3)带传动的失效形式有打滑和带的疲劳断裂，影响其失效的因素包括初拉力、包角、带速、小带轮直径等。

(4)带传动应进行张紧，可采用调整中心距和设置张紧轮的方式张紧。

(5)为保证带传动正常工作和延长寿命，应正确安装、使用、维护带传动。

(6)滚子链与链轮均已标准化，其重要参数是链节距；链传动瞬时传动比不为常数，使链传动具有运动不均匀性，因此链传动不适宜高速传动。

(7)链节数尽量取偶数；尽量使用小节距多排链，常用两排或三排。

(8)链轮应布置成紧边在上、松边在下；可采用调整中心距和张紧轮张紧；应选择合适的润滑方式和润滑装置。

【项目综合练习】

（1）带传动为什么会出现打滑？

（2）怎样计算带传动和链传动的平均传动比？

（3）V 带和滚子链标准的基本参数是什么？

（4）带传动与链传动张紧的目的有什么不同？

（5）带传动与链传动的传动特点有什么不同？各适用什么场合？

（6）已知带传动功率 $P = 5$ kW，$n_1 = 400$ r/min，$d_{d1} = 450$ mm，$d_{d2} = 650$ mm，中心距 $a = 1500$ mm，$f_v = 0.2$。求带速 v、包角 α_1、有效拉力 F。

（7）设计一破碎机的 V 带传动。已知电动机功率 $P = 5.5$ kW，转速 $n_1 = 1440$ r/min，要求从动轮转速 $n_2 = 600$ r/min，允许转速误差 $\pm 5\%$，两班制工作，中心距不超过 650 mm。

项目三　轴、轴承、联轴器和离合器

图 5-3-1(a)所示为减速装置的传动简图。图中电动机 1 的运动和动力经联轴器 2 传给齿轮减速器 3 的输入轴Ⅰ,再经二级齿轮传动 4 和 5 传至轴端装有联轴器 6 的齿轮减速器输出轴Ⅲ,通过联轴器带动工作机械 7。图 5-3-1(b)所示为减速器输出轴Ⅲ的结构简图,在该轴上安装有轴承、齿轮、键、联轴器等零件。其中,轴和轴承起支撑作用,并使传动零件(如齿轮、联轴器等)具有确定的工作位置,以传递运动和动力;键用来实现齿轮、联轴器与轴的联接。它们共同形成了一个以轴为基准,所有轴上零件都围绕轴心线做回转运动的组合体——轴系部件。

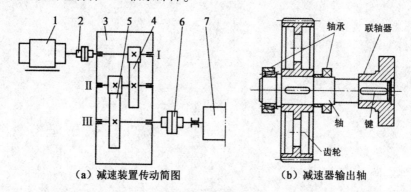

(a) 减速装置传动简图　　　　　　**(b)** 减速器输出轴

图 5-3-1　减速装置

1—电动机;2,6—联轴器;3—齿轮减速器;4—高速级齿轮传动;

5—低速级齿轮传动;7—工作机械

本项目主要学习轴系部件上常见的轴、键及联轴器等零部件的结构类型、应用特点、材料选用及有关设计计算。

任务一　轴

【学习目标】

(1)熟悉轴的材料和类型。

(2)了解轴的结构设计的主要内容。

(3)掌握轴的结构设计。

(4)会进行轴的强度计算。

【任务描述】

分析如图 5-3-1(b)所示减速器的输出轴,其采用了什么材料? 轴径是如何确定的? 轴的结构是如何设计的? 轴上零件如何实现合理的固定?

【任务分析】

通过对图 5-3-1(a)减速装置的传动分析可知: 轴在工作过程中,要承受一定力的作用,经过一段时间后,还会出现磨损或损坏等现象。因此,在进行轴的设计时,要选用适宜的材料,进行必要的强度计算和结构设计。

【相关知识】

一、轴的类型和材料

1.轴的材料

轴的材料主要采用优质碳素结构钢和合金钢。轴的材料应当满足强度、刚度、耐磨性和耐腐蚀性等要求,采用何种材料取决于轴的工作性能及工作条件。

(1)优质碳素结构钢对应力集中敏感性小,价格相对便宜,具有较好的机械强度,主要用于制造不重要的轴或受力较小的轴,应用最为广泛。常用的优质碳素结构钢有 35,40,45 钢。为了提高材料的力学性能和改善材料的可加工性,优质碳素结构钢要进行调质或正火热处理。

(2)合金钢对应力集中敏感性强,价格较碳素钢贵,但机械强度较碳素钢高,热处理性能好,多用于高速、重载和耐磨、耐高温等特殊条件的场合。常用的合金钢有 40Cr,35SiMn,40MnB 等。

轴的毛坯一般采用热轧圆钢和锻件。对于直径相差不大的轴通常采用热轧圆钢,对于直径相差较大或力学性能要求高的轴采用锻件,对于形状复杂的轴也可以采用铸钢或球墨铸铁。

轴的常用材料及力学性能见表 5-3-1。

表 5-3-1　轴的常用材料及其主要力学性能

材料牌号	热处理方法	毛坯直径/mm	硬度 HBW	抗拉强度 σ_b/MPa	屈服点 σ_s/MPa	许用弯曲应力/MPa			备注
				不小于		$[\sigma_{+1}]b$	$[\sigma_0]b$	$[\sigma_{-1}]b$	
Q235A	热轧或锻后空冷	≤100 或 >100~250		400~420 或 375~390	225 215	125	70	40	用于不重要的轴
35	正火	≤100	149~187	520	270	170	75	45	用于一般轴
45	正火	≤100	170~217	600	300	200	95	55	用于较重要的轴
	调质	≤200	217~255	650	360	215	108	60	
40Cr	调质	≤100	241~286	750	550	45	120	70	用于载荷较大但冲击不太大的重要轴
	调质	>100~300		700	500				
35SiMn	调质	≤100	229~286	800	520	270	130	75	用于中、小型轴，可以代替40Cr
42SiMn	调质								
40MnB	调质	≤200	241~286	750	500	245	120	70	用于小型轴，可以代替40Cr

2.轴的类型

按照轴线形状的不同，可以将轴分为曲轴(图 5-3-2)、直轴(图 5-3-3)和软轴(图 5-3-4)。曲轴常用于往复式机械，如内燃机(图 5-3-5)。软轴用于有特殊要求的场合，如管道疏通机、电动工具等。直轴被广泛应用在各种机器上。本节主要讨论常用的直轴。

直轴按其外形不同可分为如图 5-3-3(a)所示的光轴和如图 5-3-3(b)所示的阶梯轴。在一般机械中，阶梯轴的应用最为广泛。直轴按其承载情况不同又可分为心轴、传动轴和转轴三种类型。

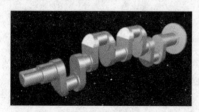

图 5-3-2　曲轴

（a）光轴

(b)阶梯轴

图 5-3-3　直轴

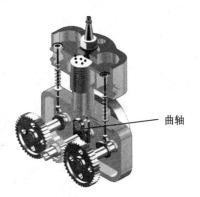

图 5-3-4　安装在电动工具上的软轴　　　图 5-3-5　内燃机气缸

（1）心轴。

心轴指只承受弯矩的轴(仅起支撑转动零件的作用，不传递动力)，按其是否转动又分为转动心轴(图 5-3-6)和固定心轴(图 5-3-7)。

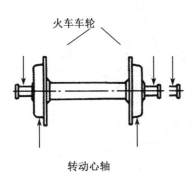

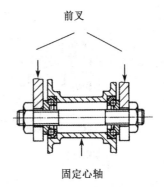

图 5-3-6　火车车轮与轴　　　　　　图 5-3-7　自行车前轴

（2）传动轴。

传动轴指只承受转矩的轴(只传递运动和动力)。例如将汽车前置变速器的运动和动力传至后桥，从而使汽车后轮转动的轴就是传动轴(图 5-3-8)。

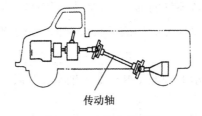

图 5-3-8　汽车传动轴

（3）转轴。

转轴指既承受弯矩又承受转矩的轴(既支撑转动零件又传递运动和动力)。例如齿轮减速器中的轴就是转轴(图 5-3-9)。

图 5-3-9　减速器中的转轴

二、轴的结构设计

轴的结构主要取决于载荷情况，轴上零件的布置、定位及固定方式，毛坯类型、加工和装配工艺，轴承类型和尺寸等条件。

以典型结构图 5-3-10 所示的阶梯轴为例进行讨论。

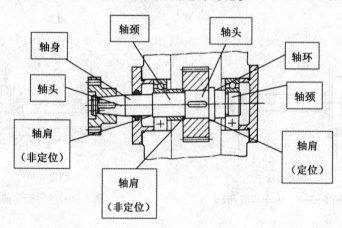

图 5-3-10　阶梯轴的典型结构

1.轴的组成部分

（1）轴头是轴上安装旋转零件的轴段，用于支撑传动零件，是传动零件的回转中心。

（2）轴肩是轴两段不同直径之间形成的台阶端面，用于确定轴承、齿轮等轴上零件的轴向位置。

（3）轴颈是轴上安装轴承的轴段，用于支撑轴承，并通过轴承将轴和轴上零件固定于机身上。

（4）轴身是联接轴头和轴颈部分的非配合轴段。

（5）轴环是直径大于其左右两个直径的轴段，其作用与轴肩相同。

2.轴上零件的固定方法

（1）轴上零件的周向定位与固定。

周向定位与固定是为了限制轴上零件与轴之间的相对转动和保证同心度，以准确地传递运动与转矩。常用的周向定位与固定的方法有销、键、花键、过盈配合和紧定螺钉联接等，见表5-3-2。

表5-3-2 零件的周向固定方法

方式	结构简图	应用说明
过盈配合		轴向、周向同时固定，对中精度高；一般用在传递转矩小，不便开键槽，或要求零件与轴心线对中性高的场合
平键联接		加工容易，拆卸方便；轴向不能限位，不承受轴向载荷；适用于传递转矩较大、对中性要求一般的场合，使用最为广泛
花键联接		适用于传递转矩大、对中性要求高或零件在轴上移动时要求导向性良好的场合
销联接		轴向、周向都固定，不能承受较大载荷；按极限载荷设计的圆柱销可以作为过载时被剪断以保护其他重要零件的安全装置

（2）轴上零件的轴向定位与固定。

轴向定位与固定是为了使轴上零件准确地位于规定的位置上，以保证机器的正常运转。常用的轴向定位与固定的方法有轴肩、轴环、套筒、圆螺母、止动垫圈、弹性挡圈、螺钉锁紧挡圈、轴端挡圈和圆锥面，见表5-3-3。

表 5-3-3 轴上零件的轴向固定方法

固定方式	结构图形	应用说明
轴肩或轴环		固定可靠,承受的轴向力大;具体尺寸的确定可查阅机械零件设计手册
套筒		固定可靠,承受轴向力大,多用于轴上相邻两零件相距不远的场合
锥面		对中性好,常用于调整轴端零件位置或需经常拆卸的场合
圆螺母与止动垫圈		常用于零件与轴承之间距离较大、轴上允许车制螺纹的场合
双圆螺母		可以承受较大的轴向力;螺纹对轴的强度削弱较大,应力集中严重
轴用弹性挡圈		尺寸小,重量轻,只能承受较小的轴向载荷

表 5-3-3(续)

固定方式	结构图形	应用说明
轴端挡圈		承受轴向力小或不承受轴向力的场合
紧定螺钉		只能承受非常小的载荷

3.轴的结构工艺性

为了便于轴的制造、轴上零件的装配和使用维修,轴的结构应进行工艺性设计。设计时须注意以下几点。

(1)轴的形状应力求简单,阶梯数尽可能少且直径应该是中间大、两端小,便于轴上零件的装拆,如图 5-3-10 所示。

(2)轴端、轴颈与轴肩(或轴环)的过渡部位应有倒角或过渡圆角,如图 5-3-11 所示,应尽可能使倒角大小一致,并和圆角半径相同,以便于加工。具体尺寸的确定可查阅《机械零件设计手册》。

(3)轴端若需要磨削或切制螺纹,需留出砂轮越程槽(如图 5-3-12 所示)和螺纹退刀槽(如图 5-3-13 所示)。具体尺寸的确定可查阅《机械零件设计手册》。

(4)当轴上零件与轴过盈配合时,为便于装配,轴的装入端应加工出导向锥面。

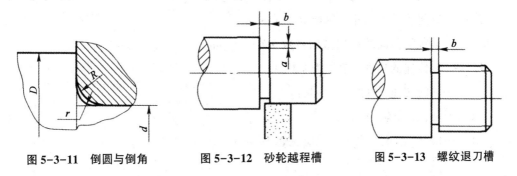

图 5-3-11　倒圆与倒角　　　图 5-3-12　砂轮越程槽　　　图 5-3-13　螺纹退刀槽

三、轴的强度计算

轴在工作时应有足够的疲劳强度,所以设计时必须验算轴的强度。常用的强度验算方法为：按抗扭强度条件估算转轴的最小直径和验算传动轴的强度；按抗弯扭合成强度条件验算转轴的强度。

减速器输出轴的各部位直径均是经计算设计并按照标准直径系列（见表5-3-4）圆整后得到的，其中轴颈直径尺寸还必须符合滚动轴承的内径标准。轴的直径可根据强度计算确定，也可应用经验公式进行估算。其目的是确保轴在支撑轴上零件的同时，能可靠地传递运动和动力。

表5-3-4 标准直径系列

10	11.2	12.5	13.2	14	15	16	17	18	19	20	21.2
22.4	23.6	25	26.5	28	30	31.5	33.5	35.5	37.5	40	42.5
45	47.5	50	53	56	60	63	67	71	75	80	85
90	95	100	106	112	118	125	132	140	150	160	170

注：该表摘自《标准尺寸》（GB/T 2822—2005）。

1.按抗扭强度计算

对于圆截面传动轴，其抗扭强度条件为

$$\tau = \frac{T}{W_T} = \frac{9.55 \times 10^6 P}{0.2 d^3 n} \leqslant [\tau] \tag{5-3-1}$$

或

$$d \geqslant \sqrt[3]{\frac{9.55 \times 10^6 P}{0.2[\tau]n}} = A\sqrt[3]{\frac{p}{n}} \tag{5-3-2}$$

其中

$$T = 9.55 \times 10^6 \frac{P}{n}$$

式中，τ——危险截面的切应力，单位为 MPa；

$[\tau]$——轴的许用扭应力，单位为 MPa，见表5-3-5；

T——轴所承受的转矩，单位为 N·mm；

W_T——轴危险截面的抗扭截面系数，单位为 mm³；

P——轴传递的功率，单位为 kW；

n——轴的转速，单位为 r/min；

d——轴径，单位为 mm；

A——按$[\tau]$而定的系数，其值见表5-3-5。

表 5-3-5　几种常用材料的[τ]及 A 值

轴的材料	Q235-A	Q275, 35	45	40Cr, 35SiMn
$[\tau]$/MPa	$12\sim20$	$20\sim30$	$30\sim40$	$40\sim52$
A	$160\sim135$	$135\sim120$	$120\sim110$	$110\sim100$

注：(1)表中所列的[τ]及 A 值是考虑了弯曲影响而降低了的数值。

　　(2)当弯矩相对转矩较小或只受转矩时，[τ]取较大值，A 取较小值；反之，[τ]取较小值，A 取较大值。

　　(3)当用 Q235-A、Q275 及 35SiMn 时，[τ]取较小值，A 取较大值。

值得注意的是，按式(5-3-1)计算所得的直径 d，当轴上开有一个键槽时应加大 5%，开有两个键槽时应加大 10%，然后再按表 5-3-4 圆整。

2.按抗弯扭合成强度计算

在轴的结构设计完成后，要验算其强度。对于一般钢制的转轴，按第三强度理论得到的抗弯扭合成强度条件为

$$\sigma = \frac{M_e}{W} = \frac{\sqrt{M^2 + (\alpha T)^2}}{0.1 d^3} \leqslant [\sigma_{-1}] \tag{5-3-3}$$

式中，d——危险截面的当量应力，单位为 MPa。

M_e——危险截面的当量弯矩，单位为 N·mm。

M——合成弯矩，单位为 N·mm；$M = \sqrt{M_H^2 + M_v^2}$，M_H 指水平平面弯矩，单位为 N·mm；M_v 指竖直平面弯矩，单位为 N·mm。

W——抗弯截面系数，单位为 mm³。

α——根据转矩性质而定的折合系数。稳定的转矩取 $\alpha=0.3$，脉动循环变化的转矩取 $\alpha=0.6$，对称循环变化的转矩取 $\alpha=1$。若转矩变化的规律不清楚，一般也按脉动循环处理。

$[\sigma_{-1}]$——对称循环应力状态下材料的许用弯曲应力，单位为 MPa，其值见表 5-3-1。

式(5-3-3)可改写成下式计算轴的直径：

$$d \geqslant \sqrt[3]{\frac{M_e}{0.1[\sigma_{-1}]}} \tag{5-3-4}$$

对于有键槽的危险截面，单键时应将轴径加大 5%，双键时加大 10%。

【任务实施】

一、输出轴的材料

为了满足使用要求，该轴选用了 45 钢并经适当热处理。

二、强度计算确定轴径

如图 5-3-14 所示为二级斜齿圆柱齿轮减速器示意图,试设计减速器的输出轴。已知输出轴功率 $P = 9.8$ kW,转速 $n = 260$ r/min,齿轮 4 的分度圆直径 $d_4 = 238$ mm,所受的作用力分别为圆周力 $F_t = 6065$ N,径向力 $F_r = 2260$ N,轴向力 $F_a = 1315$ N,各齿轮的宽度均为 80 mm。齿轮、箱体、联轴器之间的距离如图 5-3-14 所示。

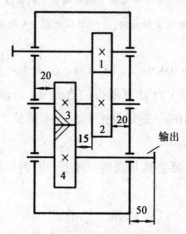

图 5-3-14 二级斜齿圆柱齿轮减速器示意图

1.选择轴的材料

因无特殊要求,故选 45 钢,正火,查表 5-3-1 得 $[\sigma_{-1}] = 55$ MPa,取 A = 115。

2.估算轴的最小直径

$$d \geqslant A \sqrt[3]{\frac{P}{n}} = 115 \sqrt[3]{\frac{9.8}{260}} = 38.56 \text{ mm}$$

因最小直径与联轴器配合,故有一键槽,可将轴径加大 5%,即 $d = 38.56 \times 105\% = 40.488$ mm,选凸缘联轴器,取其标准内孔直径 $d = 42$ mm。

3.轴的结构设计

如图 5-3-15 所示,齿轮由轴环、套筒固定,左端轴承采用端盖和套筒固定,右端轴承采用轴肩和端盖同定。齿轮和左端轴承从左侧装拆,右端轴承从右侧装拆。因为右端轴承与齿轮距离较远,所以轴环布置在齿轮的右侧,以免套筒过长。

(1)轴的各段直径的确定。

与联轴器相连的轴段是最小直径,取 $d_6 = 42$ mm;联轴器定位轴肩的高度取 $h = 3$ mm,则 $d_5 = 48$ mm;选 7210AC 型轴承,则 $d_1 = 50$ mm,右端轴承定位轴肩高度取 $h = 3.5$ mm,则 $d_4 = 57$ mm;与齿轮配合的轴段直径 $d_2 = 5$ mm,齿轮的定位轴肩高度取 $h = 5$ mm,则 $d_3 = 63$ mm。

(2)轴上零件的轴向尺寸及其位置。

轴承宽度 $b = 20$ mm,齿轮宽度 $B_1 = 80$ mm,联轴器宽度 $B_2 = 84$ mm,轴承端盖宽度为

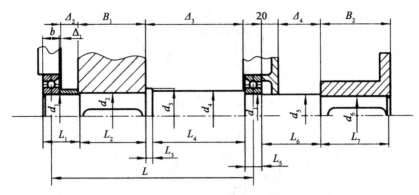

图 5-3-15 轴的结构设计

20 mm。箱体内侧与轴承端面间隙取 $\Delta_1 = 2$ mm，齿轮与箱体内侧的距离如图 5-3-15 所示，分别为 $\Delta_2 = 20$ mm，$\Delta_3 = 15+80+20 = 115$ mm，联轴器与箱体之间间隙 $\Delta_4 = 50$ mm。

与之对应的轴各段长度分别为 $L_1 = 44$ mm，$L_2 = 78$ mm，轴环取 $L_3 = 8$ mm，$L_4 = 109$ mm，$L_5 = 20$ mm，$L_6 = 70$ mm，$L_7 = 82$ mm。轴承的支撑跨度为

$$L = L_1 + L_2 + L_3 + L_4 = 239 \text{ mm}$$

4.验算轴的疲劳强度

（1）画输出轴的受力简图，如图 5-3-16(a)所示。

（2）画水平平面的弯矩图，如图 5-3-16(b)所示。通过列水平平面的受力平衡方程，可求得

$$F_{AH} = 4238 \text{ N}, F_{BH} = 1827 \text{ N}$$

则

$$M_{CH} = 72 \times F_{AH} = 72 \times 4238 = 305136 \text{ N} \cdot \text{mm}$$

（3）画竖直平面的弯矩图，如图 5-3-16(c)所示。通过列竖直平面的受力平衡方程，可求得

$$F_{AV} = 924 \text{ N}, F_{BV} = 1336 \text{ N}$$

则

$$M_{CV1} = 72 \times F_{AV} = 72 \times 924 = 66528 \text{ N} \cdot \text{mm}$$

$$M_{CV2} = 167 \times F_{BV} = 167 \times 1336 = 223112 \text{ N} \cdot \text{mm}$$

（4）画合成弯矩图，如图 5-3-16 (d)所示。

$$M_{CV1} = \sqrt{M_{CH}^2 + M_{CV1}^2} = \sqrt{305136^2 + 66528^2} = 312304 \text{ N} \cdot \text{mm}$$

$$M_{CV2} = \sqrt{M_{CH}^2 + M_{CV2}^2} = \sqrt{305136^2 + 223112^2} = 378004 \text{ N} \cdot \text{mm}$$

（5）画转矩图，如图 5-3-16(e)所示。

$$T = 9.55 \times 10^6 \frac{P}{n} = 9.55 \times 10^6 \times \frac{9.8}{260} = 359962 \text{ N} \cdot \text{mm}$$

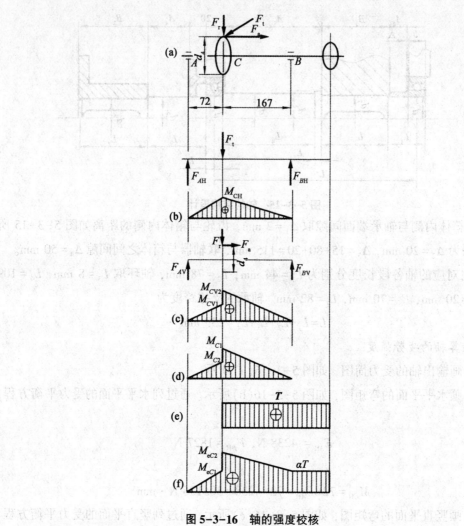

图 5-3-16　轴的强度校核

（6）画当量弯矩图如图 5-3-16(f)，转矩按脉动循环，取 $\alpha= 0.6$，则

$$\alpha T=0.6\times359962=215977 \ \text{N}\cdot\text{mm}$$

$$M_{eC1}=\sqrt{M_{C1}^2+(\alpha T)^2}=\sqrt{312304^2+215977^2}=379710 \ \text{N}\cdot\text{mm}$$

$$M_{eC2}=\sqrt{M_{C2}^2+(\alpha T)^2}=\sqrt{378004^2+215977^2}=435354 \ \text{N}\cdot\text{mm}$$

由当量弯矩图可知 C 截面为危险截面，当量弯矩最大值为 $M_{eC}=435354 \ \text{N}\cdot\text{mm}$

（7）验算轴的直径。

$$d\geqslant\sqrt[3]{\frac{M_{eC}}{0.1[\sigma_{-1}]}}=\sqrt[3]{\frac{435354}{0.1\times55}}=42.94 \ \text{mm}$$

因为 C 截面有一键槽，所以需要将直径加大 5%，则 $d=42.94\times105\%=45.1 \ \text{mm}$，而 C 截面的设计直径为 53 mm，所以强度足够。

（8）绘制轴的零件图，如图5-3-17所示。

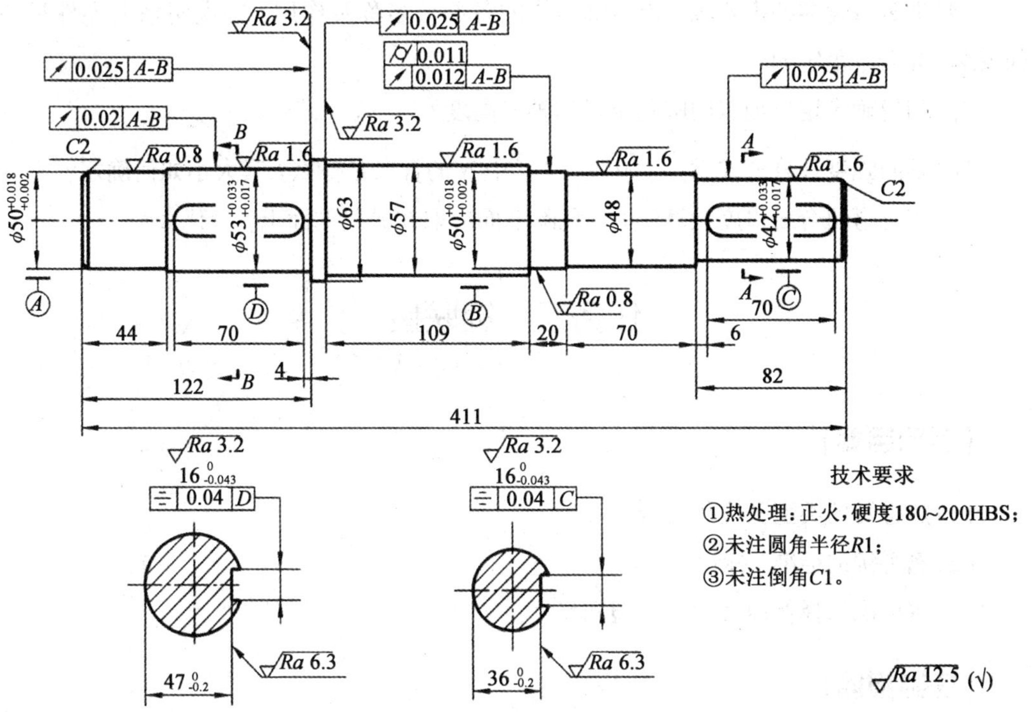

图 5-3-17 轴的零件图

三、分析轴的结构及轴上零件的固定

如图5-3-10所示的减速器输出轴，中间大、两端小，便于装拆轴上零件；在轴端、轴颈与轴肩的过渡部位都有倒角或过渡圆角；在与齿轮孔配合的轴头还设计出了导向锥面。

1.轴上零件的轴向固定

图5-3-10减速器输出轴上的各传动件均进行了轴向固定。其中，左端轴承采用了轴肩和轴承盖固定；齿轮采用了轴环和轴套固定；右端轴承采用了轴套和轴承盖固定；联轴器采用了轴肩和轴端挡圈固定。

2.轴上零件的周向固定

图5-3-10减速器输出轴上的各传动件在轴向固定的同时，也进行了相应的周向固定。其中，滚动轴承与减速器输出轴采用了过盈配合联接；齿轮、联轴器与轴均采用了键联接。

【思考与训练】

（1）分析并说明自行车的前轴、中轴、后轴分别是什么类型的轴。

（2）轴的结构应满足哪些要求？

(3)轴上零件的周向固定、轴向固定有哪些方法？试举例说明。

(4)拆装减速器的齿轮轴，指出轴结构的各部分名称及作用，并说明轴上零件是如何安装、定位、固定的。

(5)如何确定定位轴肩的圆角半径和轴肩高度？

(6)轴的强度计算公式 $M_e = \sqrt{M^2 + (\alpha T)^2}$ 中 α 的含义是什么？其大小如何确定？

(7)按抗弯扭合成强度验算轴时，危险剖面应取在哪些剖面上？为什么？

任务二　键联接

【学习目标】

(1)熟悉键的类型及应用场合。

(2)熟悉键的标准、标记。

(3)按标准选择普通平键的类型和尺寸。

【任务描述】

选择如图 5-3-18 所示的减速器输出轴与齿轮间的平键联接。已知传递的转矩 $T = 300\text{N} \cdot \text{m}$，齿轮的材料为铸钢，载荷有轻微冲击。

【任务分析】

在轴系部件中，为了使齿轮、带轮等轴上回转零件随轴一起转动，通常在齿轮、带轮的轮毂和轴上分别加工出键槽，用键进行联接，起到传递运动和动力的作用。键联接属于可拆联接，在机械中应用很广泛。它具有结构简单、工作可靠、装拆方便及已经标准化等特点。

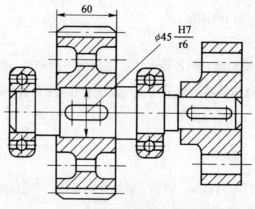

图 5-3-18　减速器输出轴

【相关知识】

一、键联接的类型、特点及应用

在图5-3-18所示的键联接中，齿轮、带轮与轴之间的键联接采用的是普通平键联接。

键联接的类型、特点及应用，见表5-3-6。

表5-3-6　键和键联接的类型、特点及应用

类型		特点	应用
平键联接	普通平键	靠侧面传递转矩，对中性好，易拆装，无轴向固定作用，精度较高；端部形状可制成圆头（A型）、平头（B型）、单圆头（C型）；圆头键轴槽用指形铣刀加工，键在槽中固定良好，但轴上键槽端部的应力集中较大；方头键轴槽用盘形铣刀加工，应力集中较小	单圆头键常用于轴端；普通平键应用最广
	导向平键	键较长，需用螺钉固定在轴槽中，为了便于装拆，在键上加工了起键螺纹孔；能实现轴上零件的轴向移动，构成动联接	变速箱的滑移齿轮即可采用导向平键
	滑键	靠侧面传递转矩，对中性好，易拆装；滑键固定在轮毂上，轮毂带动滑键在轴上的键槽中做轴向滑移	用与轴上零件轴向移动量较大的结构

表 5-3-6(续)

类型		特点	应用
半圆键联接		半圆键的两侧面为工作面；轴上的键槽用盘铣刀铣出，键在槽中能绕键的几何中心摆动，可以自动适应轮毂上键槽的斜度；制造简单，装拆方便，缺点是轴上键槽较深，对轴的削弱较大	适用于载荷较小的联接或锥形轴与轮毂的联接
楔键联接		键的上表面有 1∶100 的斜度，轮毂键槽的底面也有 1∶100 的斜度，装配时将键打入轴和毂槽内，其工作面上产生很大的预紧力；工作时靠键、轴、轮毂之间产生的摩擦力传递转矩，并能承受单方向的轴向力	由于楔键打入时，迫使轴和轮毂产生偏心，因此楔键仅适用于定心精度要求不高、载荷平稳和低速的联接。钩头是为了拆卸方便设计的，应注意加保护罩
切向键联接		由一对楔键组成，装配时，将两键楔紧；键的两个窄面是工作面，其中一个面在通过轴线的平面内，工作面上的压力沿轴的切线方向作用，能传递很大的转矩；当双向传递转矩时，需用两对切向键并分布成 120°~130°	切向键对轴的强度削弱大，轴与轮毂的对中性不好，故主要用于轴径大于 100 mm、对中性要求不高、载荷较大的重型机械中，如大型带轮及飞轮、矿用大型绞车的卷筒及齿轮等与轴的联接

表 5-3-6(续)

类型	特点	应用
花键联接 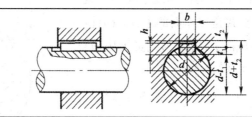 内花键　外花键　齿轮毂孔为内花键 矩形花键联接　渐开线花键联接	轴和毂孔周向均布多个键齿构成的联接称为花键联接，由内花键和外花键组成。齿的侧面是工作面。由于是多齿传递载荷，所以承载能力较高，对轴的强度削弱小，具有定心精度高和导向性能好等优点。 按齿形不同可分为矩形花键联接和渐开线花键联连	适用于定心精度要求高、载荷大或经常滑移的联接

二、平键联接的选择、标记和强度计算

1.平键联接的选择

(1)键的类型选择。

键的类型应根据键联接的结构特点、使用要求和工作条件来选择。

(2)键的尺寸选择。

键的主要尺寸为其截面尺寸(一般以键宽 b 与键高 h 的乘积表示)与长度 L，详见表 5-3-7。键的长度 L 一般可按轮毂的长度而定，即键长等于或略小于轮毂的长度，并符合键的长度系列。而导向平键的长度则按零件所需滑动的距离而定。重要的键联接在选出键的类型和尺寸后，还应进行强度校核计算。

表 5-3-7 普通平键和键槽的剖面尺寸

轴的直径	键		键槽	
d	$b×h$	L	轴 t_1	毂 t_2
自 6~8	2×2	6~20	1.2	1
>8~10	3×3	6~36	1.8	1.4
>10~12	4×4	8~45	2.5	1.8

表 5-3-7(续)

轴的直径	键		键槽	
d	b×h	L	轴 t_1	毂 t_2
>12~17	5×5	10~56	3.0	2.3
>17~22	6×6	14~70	3.5	2.8
>22~30	8×7	18~90	4.0	3.3
>30~38	10×8	22~110	5.0	3.3
>38~44	12×8	28~140	5.0	3.3
>44~50	14×9	36~160	5.5	3.8
>50~58	16×10	45~180	6.0	4.3
>58~65	18×11	50~200	7.0	4.4
>65~75	20×12	56~220	7.5	4.9
>75~85	22×14	63~250	9.0	5.4
键长标准系列	6, 8, 10, 12, 14, 16, 18, 20, 22, 25, 28, 32, 36, 40, 45, 50, 56, 63, 70, 80, 90, 100, 110, 125, 140, 160……			

注：该表摘自《平键键槽的尺寸与公差》（GB/T 1095—2003）和《普通型平键》（GB/T 1096—2003）。

2.平键的标记

平键标记的基本形式：GB/T 1096 键类型 b×h×L。普通 A 型平键可不标出类型。

例："GB/T 1096 键 B16×10×100"表示 $b=16$ mm，$h=10$ mm，$L=100$ mm 的普通 B 型平键。

3.平键的强度计算

键联接的失效形式有压溃、磨损和剪断。由于键为标准件，用于静联接的普通平键，主要失效形式是工作面被压溃；对于滑键、导向平键组成的动联接，主要失效形式是工作面的磨损。因此，通常按工作面上的最大挤压应力（动联接用最大压强）进行强度校核计算，如图 5-3-19 所示。

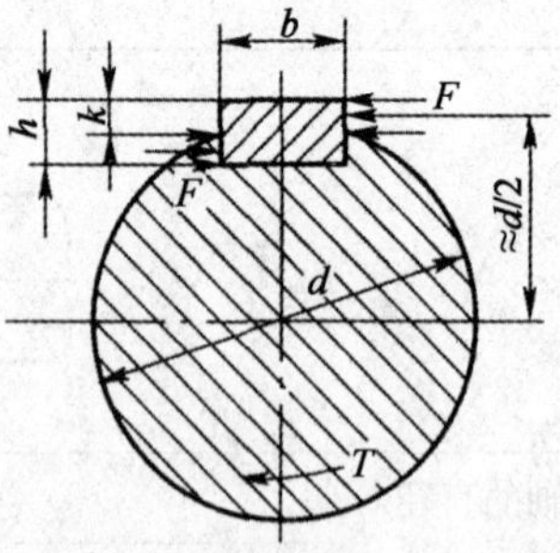

由平键联接的受力分析可知，静联接的最大挤压应力：

$$\sigma_p = \frac{4T}{dhl} \leq [\sigma_p] \qquad (5-3-5)$$

图 5-3-19 平键受力分析

对于导向平键、滑键组成的动联接，计算依据是磨损，应限制压强 p，即

$$p = \frac{4T}{dhl} \leq [p] \qquad (5-3-6)$$

式中，T——转矩，单位为 N·mm；

d——轴的直径，单位为 mm；

h——键的高度，单位为 mm；

l——键的工作长度，单位为 mm；对于 A 型键，$l=L-b$；B 型键 $l=L$；C 型键，$l=(L-b)/2$；

$[\sigma_p]$——许用挤压应力，单位为 MPa，见表 5-3-8；

$[p]$——许用压强，单位为 MPa，见表 5-3-8。

表 5-3-8　键联接的许用挤压应力和许用压强　　　　　　　　单位：MPa

许用值	联接工作方式	键或毂、轴的材料	载荷性质		
			静载荷	轻微冲击	冲击
$[\sigma_p]$	静联接	钢	125~150	100~120	60~90
		铸铁	70~80	50~60	30~45
$[p]$	动联接	钢	50	40	30

【任务实施】

1.确定键的类型与尺寸

齿轮传动要求齿轮与轴对中性要好，以免啮合不良，该联接属于静联接，因此选用普通平键(A 型)。

根据轴的直径 $d=45$ mm，轮毂宽度为 60 mm，查表 5-3-7 得 $b=14$ mm，$h=9$ mm，$L=56$ mm，标记为"GB/T 1096 键 14×9×56"（一般 A 型键可不标出"A"，对于 B 型或 C 型键须标为"键 B"或"键 C"）。

2.强度计算

由表 5-3-8 查得，$[\sigma_p]=100$ MPa，键的工作长度 $l=56-14=42$ mm，则

$$\sigma_P=\frac{4T}{dhl}=\frac{4\times300\times10^3}{45\times9\times42}=70.5 \text{ MPa} < [\sigma_p]$$

故此平键联接满足强度要求。

如果键联接计算不能满足强度要求，可采用以下措施：

(1)适当增加轮毂及键的长度；

(2)可采用两个键按 180°布置，如图 5-3-20 所示。考虑到载荷分布的不均匀性，在强度校核中可按 1.5 个键计算。

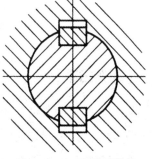

图 5-3-20　双平键联接

【思考与训练】

（1）键的类型有哪些？它的作用是什么？

（2）与平键联接相比，花键联接有哪些特点？

任务三　联轴器和离合器

【学习目标】

（1）了解联轴器和离合器的功用。

（2）熟悉各种联轴器和离合器的结构特点及应用场合。

（3）认识联轴器和离合器，按工作条件选择联轴器的类型和尺寸。

【任务描述】

如图 5-3-21 所示的汽车，发动机在车头的位置，而该车是后轮驱动，前后距离较长，且前后的位置高度不同，要想实现将动力由发动机传递到后轮驱动，就必须找一个中间环节来实现发动机的输出与后轮毂（差速器）的输入联接，这就是本任务要解决的问题。

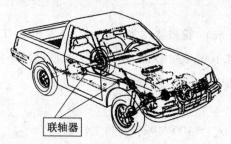

图 5-3-21　汽车

【任务分析】

要想实现上面所说的动力传递，中间的联接环节有传动轴和联轴器。联轴器是用来联接两轴，使其一同转动并传递转矩的装置。用联轴器联接的两根轴，只有在机器停止运转后将其拆卸，才能使两轴分开。有的联轴器和离合器还可以作为安全装置，当轴传递的转矩超过规定值时，即自行断开或滑脱，以保证机器中的主要零件不致因过载而损坏。

【相关知识】

一、联轴器

1.联轴器的作用

联轴器用来联接两根轴或轴和回转件，使它们一起回转，传递转矩和运动。

2.联轴器的类型、结构特点及应用

联轴器的类型、结构特点及应用见表5-3-9。

表5-3-9　常用联轴器的类型、结构特点及应用

类型		图示	结构特点	应用
刚性联轴器	固定式	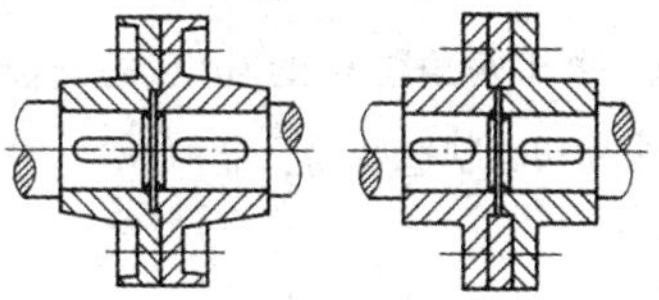	利用两个半联轴器上的凸肩与凹槽相嵌合而对中，结构简单、维护方便，能传递较大的转矩，但两轴的对中性要求很高，全部零件都是刚性的，不能缓冲和减振	广泛用于低速、大转矩、载荷平稳、短而刚性好的轴的联接
刚性联轴器	可移式	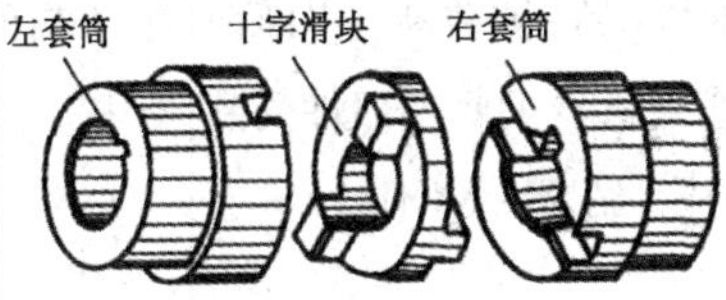 　左套筒　十字滑块　右套筒 十字滑块联轴器	利用十字滑块与两个半联轴器端面的径向槽配合以实现两轴的联接；滑块沿径向滑动可补偿两轴径向偏移，还能补偿角偏移；结构简单、径向尺寸小，但耐冲击性差、易磨损，转速较高时会产生较大的离心力	常用于径向位移较大、冲击小、转速低、传递转矩较大的两轴联接
		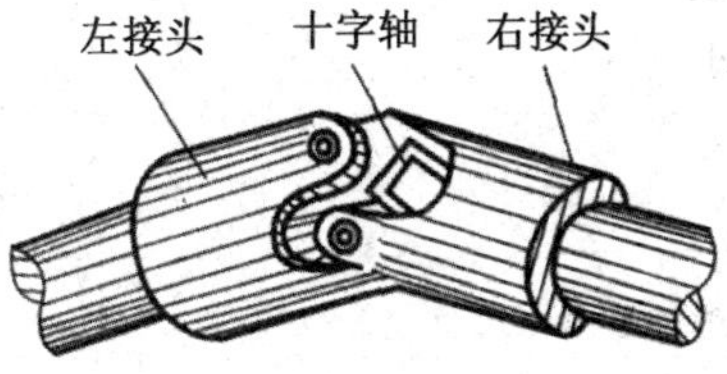 　左接头　十字轴　右接头 万向联轴器	利用十字轴式中间件联接两边的万向接头，而万向接头与两轴联接，两轴间夹角可达35°～45°。允许在较大角位移时传递转矩，为使两轴同步转动，万向联轴器一般成对使用	主要用于轴线相交的两轴联接

表 5-3-9(续)

类型	图示	结构特点	应用
弹性联轴器	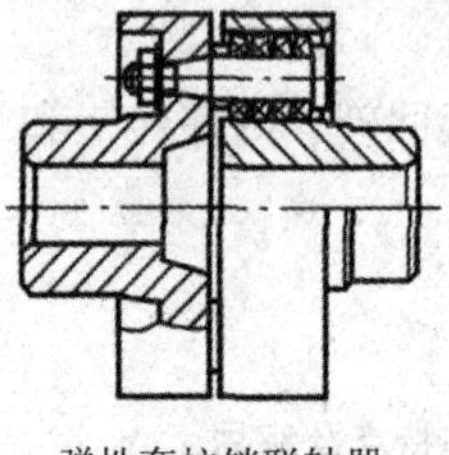 弹性套柱销联轴器	利用一端带有弹性套的柱销装在两个半联轴器凸缘孔中,实现两半联轴器的联接,结构与凸缘联轴器相似;利用弹性套的弹性可补偿两轴的相对位移,并能缓冲和减振	主要用于传递小转矩、高转速、启动频繁和回转方向需经常改变的两轴联接
	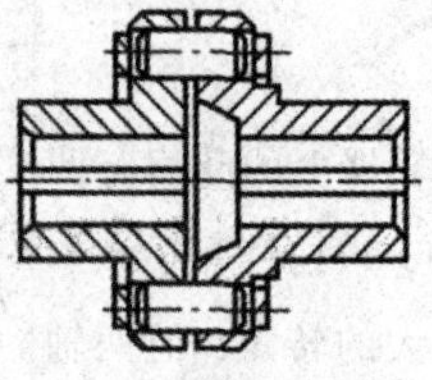 弹性柱销联轴器	利用非金属材料制成的柱销置于两半联轴器凸缘孔中,实现两半联轴器的联接;可允许较大的轴向窜动,但径向位移和偏角位移的补偿量不大;结构简单,制造容易,维护方便	一般用于轻载的场合
安全联轴器	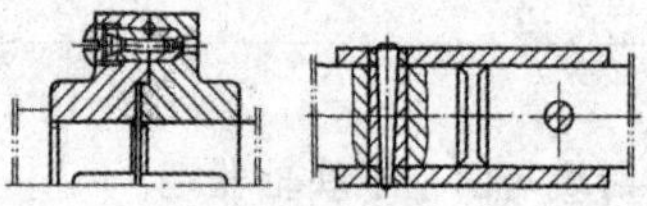 钢棒安全联轴器	钢棒(销)用作凸缘联轴器或套筒联轴器的联接件;当机器过载或受冲击时,钢棒(销)被剪断,中断两轴的联系避免机器重要零部件受到损坏,但钢棒(销)更换不便	主要用于偶然性过载的机器设备中

3.选择联轴器的型号、尺寸

选择联轴器类型后,再根据转矩、轴径和转速,从相关手册或标准中选择联轴器的型号及尺寸。

考虑机器启动变速时的惯性力和冲击载荷等因素,应按计算转矩 T_c 选择联轴器。

计算转矩和工作转矩之间的关系为

$$T_c = KT$$

式中,T_c——计算转矩,单位为 N·m;

K——工作系数,见表 5-3-10;

T——工作转矩,单位为 N·m。

表 5-3-10　工作情况系数 K

原动机	工作机	K
电动机	转速变化很小的机械，如发动机、小型通风机等	1.3
	转速变化较小的机械，如运输机、汽轮压缩机等	1.5
	转速变化中等的机械，如搅拌机、增压机等	1.7
	转矩变化和冲击载荷中等的机械，如织布机、拖拉机等	1.9
	转矩变化和冲击载荷较大的机械，如挖掘机、起重机等	2.0

二、离合器

1.离合器的作用

在机器运转过程中，因联轴器联接的两轴不能分开，所以在实际应用中受到制约。如汽车从启动到正常行驶过程中，要经常换挡变速。为保持换挡时的平稳，减少冲击和振动，需要暂时断开发动机与变速箱的联接，待换挡变速后再逐渐接合。显然，联轴器不适用于这种要求，若采用离合器即可解决这个问题。离合器类似开关，能方便地接合或断开动力的传递，如图 5-3-22 所示。

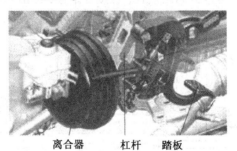

离合器　　杠杆　　踏板

图 5-3-22　离合器

2.离合器的类型、结构特点及应用

(1)牙嵌式离合器。

如图 5-3-23 所示牙嵌式离合器是用爪牙状零件组成嵌合副的离合器。其常用牙形有正三角形、正梯形、锯齿形、矩形。

牙嵌式离合器结构简单、外廓尺寸小、两轴接合后不会发生相对移动，但接合时有冲击，只能在低速或停车时接合，否则凸牙容易损坏。

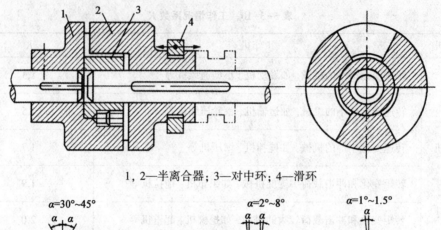

1, 2—半离合器；3—对中环；4—滑环

(a)三角形 z=15～60　　(b)矩形 z=3～5　　(c)梯形 z=5～11　　(d)锯齿形 z=3～15

图 5-3-23　牙嵌式离合器

（2）摩擦式离合器。

如图 5-3-24 所示，摩擦式离合器通过操纵机构可使摩擦片紧紧贴合在一起，利用摩擦力的作用，使主从动轴联接。这种离合器需要较大的轴向力，传递的转矩较小，但在任何转速条件下，两轴均可以分离或接合，且接合平稳，冲击和振动小，过载时摩擦片之间打滑，起保护作用。为了提高离合器传递转矩的能力，可适当增加摩擦片的数量。

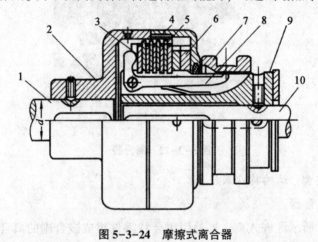

图 5-3-24　摩擦式离合器

1—主动轴；2—外壳；3—压板；4—外摩擦片；5—内摩擦片；
6—螺母；7—滑环；8—杠杆；9—套筒；10—从动轴

（3）特殊功用离合器。

①安全离合器。如上述摩擦式离合器在过载时，摩擦片打滑可以起到安全保护作用。

②超越离合器。如图 5-3-25 所示，超越离合器是通过主从动部分的速度变化或旋

转方向的变化而具有离合功能的离合器。超越离合器属于自控离合器，有单向和双向之分。

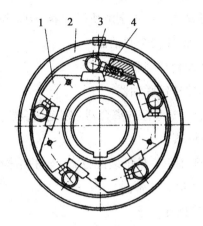

图 5-3-25　超越离合器

1—星轮；2—外环；3—滚柱；4—弹簧

【任务实施】

结合图 5-3-21 中汽车工作的实际状况，分析不同类型的联轴器。可以看到，只有万向联轴器可以实现两轴有角度的联接方式，允许在有较大的角位移时仍然可以正常传递扭矩、传递动力。为使两轴同步转动，万向联轴器一般成对使用。这样就可以将发动机的动力（中间有一传动轴）传递到差速器上，使汽车正常行驶。

【思考与训练】

(1)联轴器、离合器的功能有什么不同？试举例说明。

(2)选择联轴器的类型时要考虑哪些因素？确定联轴器的型号应根据什么原则？

【项目小结】

1.轴系各零部件的类型

(1)轴。

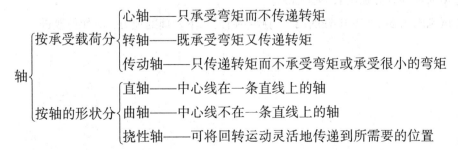

(2)联轴器。

$$联轴器 \begin{cases} 刚性联轴器 \begin{cases} 固定式——凸缘联轴器 \\ 可移式——十字滑块联轴器、万向联轴器 \end{cases} \\ 安全联轴器——钢棒安全联轴器 \\ 弹性联轴器 \begin{cases} 弹性套柱销联轴器 \\ 弹性柱销联轴器 \end{cases} \end{cases}$$

(3)离合器：牙嵌式离合器、摩擦式离合器、超越离合器。

2.轴系各零部件的结构特点

(1)轴的结构形式取决于轴上零件的装配方案。轴的结构应尽量满足以下条件：

①轴上零件定位准确、牢固、可靠；

②轴上零件便于装拆和调整；

③良好的制造工艺性；

④减小应力集中。

在满足以上条件的基础上，以轴的结构简单、轴上零件较少为佳。

(2)联轴器、离合器的结构特点。

3.轴系各零部件的应用

(1)轴上零件的轴向固定和周向固定的设计应用。

(2)联轴器、离合器的选择应用。

【项目综合练习】

(1)试述轴的功用。

(2)轴有哪几种类型？各有何特点？

(3)分析自行车的前轴、中轴、后轴的受力情况，并判断它们都是什么轴。

(4)对轴的材料有什么要求？轴常用的材料有哪些？各用于什么场合？

(5)为什么转轴一般都做成阶梯轴？阶梯轴的各段轴径和长度根据什么条件确定？

(6)在进行轴的结构设计时应考虑哪些问题？

(7)轴上零件的轴向固定和周向固定的目的是什么？各有哪些方法？

(8)提高轴的疲劳强度有哪些措施？

(9)试判断图 5-3-26 中轴的结构有哪些错误和不合理的地方，应如何改进。

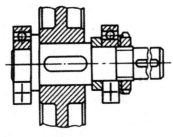

图 5-3-26

（10）键联接有哪些主要类型？各有何主要特点？

（11）普通平键、楔键和切向键各是靠哪个面工作的？其中何种键可以传递轴向力？

（12）为什么采用两个平键时，一般相隔 180°布置？

（13）平键的失效形式和计算准则是什么？

（14）比较花键联接和平键联接的优缺点。

（15）联轴器、离合器的主要作用分别是什么？

（16）常用的联轴器有哪些类型？各有何特点？

（17）下列情况下，分别选用何种类型的联轴器较为合适：

①刚性大、对中性好的两轴；

②轴线相交的两轴间的联接；

③正反转多变、启动频繁、冲击大的两轴间的联接；

④轴间径向位移大、转速低、无冲击的两轴间的联接。

（18）已知轴和带轮的材料分别为钢和铸铁，带轮与轴配合直径 $d=40$ mm，轮毂长度 $l=80$ mm，传递的功率为 $P=10$ kW，转速 $n=1000$ r/min，载荷性质为轻微冲击。

①试选择带轮与轴联接用的 A 型普通平键。

②按比例绘制联接剖视图，并注出键的规格和键槽尺寸。

（19）试分析自行车在下述各处采用什么联接：

①大链轮与小轴；

②曲拐与小轴；

③后轮轴和车架；

④曲拐与脚踏轴。

参考文献

[1] 傅燕鸣.机械设计(基础)课程设计教程[M].上海:上海科学技术出版社,2012.

[2] 孙岩,陈晓罗,熊涌.机械设计课程设计[M].北京:北京理工大学出版社,2007.

[3] 唐金松.简明机械设计手册[M].3版.上海:上海科学技术出版社,2009.

[4] 王大康,卢颂峰.机械设计课程设计[M].2版.北京:北京工业大学出版社,2009.

[5] 濮良贵,纪名刚.机械设计[M].8版.北京:高等教育出版社,2006.

[6] 孙德志,张伟华,邓子龙.机械设计基础课程设计[M].2版.北京:科学出版社,2010.

[7] 边秀娟,庞思红.机械基础[M].2版.北京:化学工业出版社,2018.

[8] 宋宝玉.简明机械设计课程设计图册[M].北京:高等教育出版社,2007.

[9] 骆素君.机械设计课程设计实例与禁忌[M].北京:化学工业出版社,2009.

高职高专特色课程项目化教材

压缩机原理与维护检修	机械设计基础
热力设备检修	工程制图与CAD
制冷空调设备维修	泵维护与检修
电厂锅炉设备及系统	化工装备密封技术
数控车削编程与加工	氟化工产品生产技术
数控铣削编程与加工	高聚物合成技术
金属切削机床加工技术	有机合成技术
工厂供配电技术	化工设备与维护
计算机控制系统	环境保护与治理
电气控制技术	危险化学品管理
液压与气动控制	化工班组管理实务
智能化工业控制系统	
运动控制系统(AB)设计与实践	实用英语教程(石化方向)
工业机器人应用技术	计算机应用基础
单片机应用技术	大学生心理素质训练
电气安全技术	心理委员培训教程
电子技术	
石化企业操作工基本技能培训	炼油技术仿真软件教学指导书
常减压蒸馏操作与控制	石油化工仿真软件教学指导书
机泵检修培训教程	煤化工仿真软件教学指导书
油品储运技术及安全管理	精细化工仿真软件教学指导书
油品加氢工艺生产技术	油气储运仿真软件教学指导书

东北大学出版社
微店

ISBN 978-7-5517-2537-8

9 787551 725378 >

定价：48.00元